"十三五"普通高等教育应用型规划教材
大数据系列

数据分析

基于R语言

潘文超　编著

中国人民大学出版社
·北京·

图书在版编目（CIP）数据

数据分析：基于R语言／潘文超编著．--北京：中国人民大学出版社，2020.9
“十三五”普通高等教育应用型规划教材．大数据系列
ISBN 978-7-300-28501-6

Ⅰ.①数… Ⅱ.①潘… Ⅲ.①数据处理-高等学校-教材 ②程序语言-程序设计-高等学校-教材 Ⅳ.①TP274 ②TP312

中国版本图书馆CIP数据核字（2020）第164458号

“十三五”普通高等教育应用型规划教材·大数据系列
数据分析——基于R语言
潘文超　编著
Shuju Fenxi

出版发行	中国人民大学出版社		
社　　址	北京中关村大街31号	**邮政编码**	100080
电　　话	010－62511242（总编室）		010－62511770（质管部）
	010－82501766（邮购部）		010－62514148（门市部）
	010－62515195（发行公司）		010－62515275（盗版举报）
网　　址	http://www.crup.com.cn		
经　　销	新华书店		
印　　刷	固安县铭成印刷有限公司		
开　　本	787 mm×1092 mm　1/16	**版　　次**	2020年9月第1版
印　　张	24	**印　　次**	2023年12月第2次印刷
字　　数	340 000	**定　　价**	56.00元

序　言

当今社会，数据分析日益重要。不管是在学术科研还是日常工作中，数据分析往往都是关键一环。具备数据分析的能力，在很大程度上可提高学习和工作的效率，达到事半功倍的效果。熟练掌握数据分析方法，是时代对我们提出的新要求。

在此背景下，这本《数据分析》应运而生。本书以实践性和应用性为宗旨，系统详尽地介绍了基于R语言的数据挖掘技术，深入浅出地讲解了各种数据分析方法的操作步骤和适用范围，力图为广大读者提供一本高效的工具型参考书。同时，本书也希望能为数据分析初学者树立一些信心，因为本书的内容浅显易懂，不涉及太多艰深复杂的理论推导，有利于降低入门难度，帮助初学者轻松掌握基于R语言的数据分析方法。读者只要对各种分析方法的特点具备基本认识，就可以直接开始进行数据挖掘的步骤，根据书中所提供的程序代码和所演示的操作方法运行数据，即可快速得出数据分析的结果，非常便利。

《数据分析》一书由潘文超编写而成。潘文超是国际SCI期刊 *International Journal of Computational Intelligence Systems* 的区域编辑、国际SCI期刊 *Mathematical Problems in Engineering* 的客座编辑，主要研究领域为大数据、智能算法、信息技术、经济模型、物流管理、电子商务等。潘文超是果蝇优化算法的发明者，其关于果蝇优化算法的原始论文入选了ESI高被引论文。潘文超著有《果蝇最佳化演算法》《等分线性回归分析——原理与案例分析》；发表国际SSCI和SCI论文40余篇；2014年获得国际Scopus青年科学家杰出研究奖。

本书的顺利出版除了归功于笔者的笔耕不辍外，还要感谢中国人民大学出版社的大力支持。

另外，庄美儿、周家燕、杨佳佳、周莹莹、洪婉婷几位同学也积极协助了本书的检查和修改工作。她们认真负责，对本书的顺利完成作出了贡献。

在各方的努力下，《数据分析》一书终于能与各位读者见面了，实在是非常感恩。由于时间和能力有限，本书的错漏之处在所难免，敬请谅解，也欢迎各位读者批评指正。

目　录

第 5 章 等分线性回归

第 6 章 分位数回归

第 7 章 模糊逻辑

第 8 章 灰关联熵分析与灰预测

第 9 章 层次分析法与模糊综合评价

第 1 章

R 语言简介与基本操作

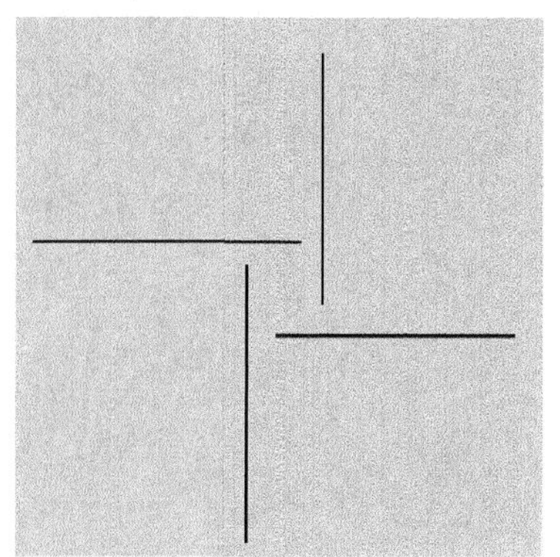

本章要点

- R 语言简介与下载安装
- R 语言的基本操作
- 数值的基本运算

1.1　R 语言简介与下载安装

R 语言诞生于 1980 年前后，是 S 语言的一个分支，可以认为 R 语言是 S 语言的一种实现。而 S 语言是由 AT&T 贝尔实验室开发的一种用来进行资料探索、统计分析和作图的解释型语言。在早期 R 为一种统计分析软件，集统计分析与图形显示于一体。它可以运行于 UNIX 和 Windows 等操作系统上，而且嵌入了一个非常方便实用的说明系统。迄今，R 已经逐渐扩充了多种数据挖掘（data mining）技术，相比于其他统计分析软件，R 还有以下特点：

（1）R 是自由软件。R 完全免费并且开放源代码。我们可以在它的网站及其镜像中下载任何有关的 R 安装包。

（2）R 是一种可程序设计的语言。作为一个开放的统计程序设计环境，其语法通俗易懂，很容易掌握。而且掌握之后，我们可以编制自己的函数来扩展现有的语言。这也就是为什么它的更新速度比一般统计软件（如 SPSS，SAS 等）快得多。大多数最新的数据挖掘技术都可以采用 R 软件操作分析。

（3）R 的所有函数和数据集都保存在程序包中。当一个 R 包被加载时，它的内容可以被访问，我们可以通过命令函数“help( )”调出网页版的 R 包说明手册进行学习。

（4）R 具有很强的互动性。除了图形输出是在另外的窗口外，其他的输入输出窗口都是在同一个窗口进行的，输入语法中如果出现错误会马上在窗口中得到提示。R 对以前输入过的命令有记忆功能，可以通过键盘上下键调出之前使用过的命令程序。此外，R 与其他程序设计语言和数据库之间有很好的链接接口。

R 的使用与 S-PLUS 有很多类似之处，这两种语言有一定的兼容性。只要对 S-PLUS 的使用手册稍加修改就可作为 R 的使用手册。

安装 R 语言软件其实很简单，我们只需要在百度搜索页（或其他搜索引擎页）上输入“R Download”即可进入如图 1.1.1 所示的界面。

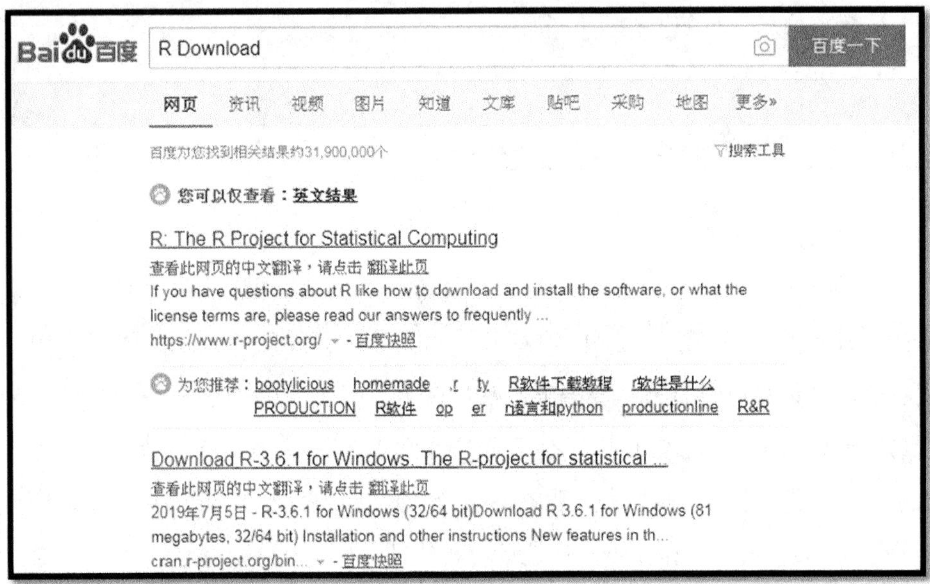

图 1.1.1 搜索 R 软件界面

值得一提的是，R 软件更新速度很快，大约每 2 个月会更新一次。直至笔者截稿日期，R 软件的最新版本为“R 3.6.1”。请读者随时关注最新版本，因为有时采用旧版 R 软件进行数据分析时会产生意想不到的错误，读者也可能会被 R 软件要求下载最新版本才能运行数据挖掘分析。

在图 1.1.1 中点击第二个链接“Download R-3.6.1 for Windows…”即可进入下一个界面，如图 1.1.2 所示。

读者可看到最新版本，在此我们点击“Download R 3.6.1 for Windows”链接下载 R 软件，下载界面如图 1.1.3 所示，软件下载进度会显示于网页左下方。

下载完成后请双击该安装文件，安装界面会随着计算机语系的不同而出现不同的字体，本例为简体中文。

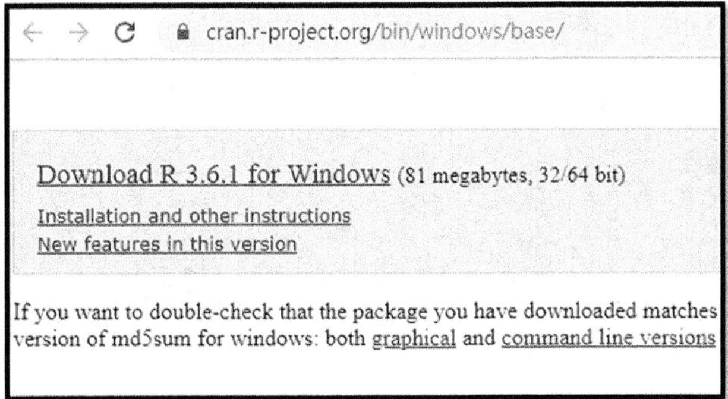

图 1.1.2　R 软件下载界面 1

图 1.1.3　R 软件下载界面 2

下一步骤选择语系，如图 1.1.4 所示。

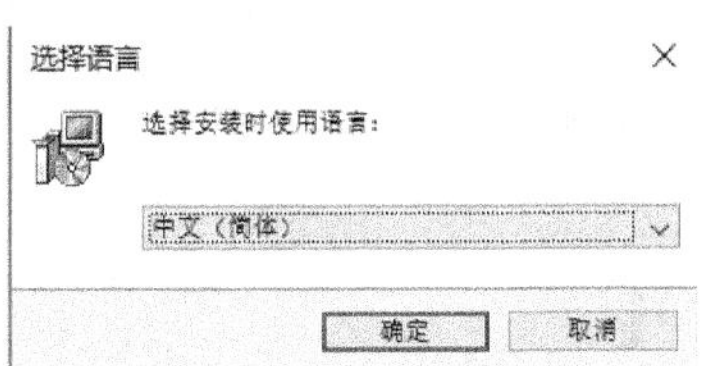

图 1.1.4　设定 R 软件语系

进入版权同意界面，如图 1.1.5 所示。

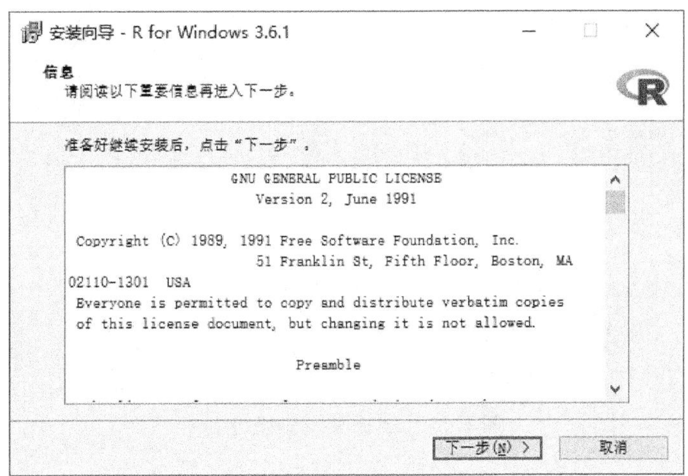

图 1.1.5　版权同意界面

然后设置 R 软件的安装目录，如图 1.1.6 所示。

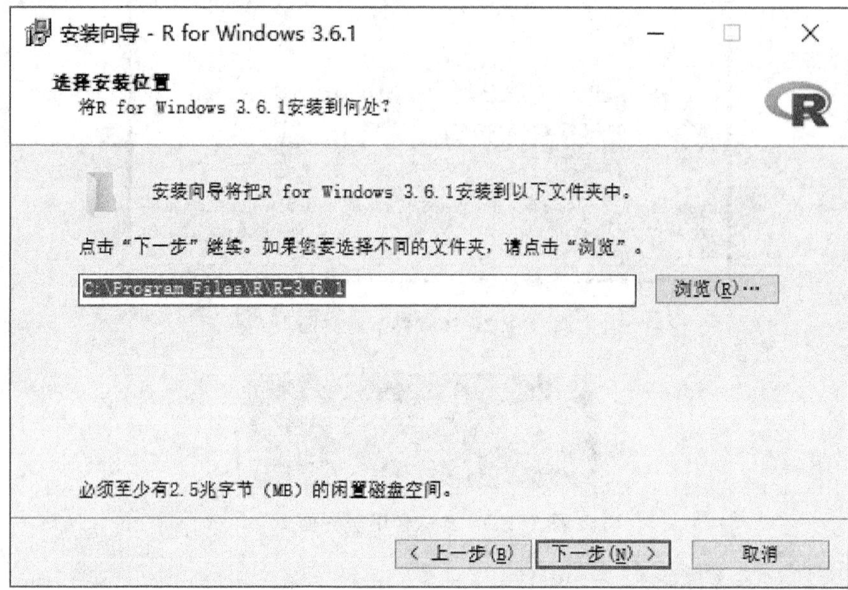

图 1.1.6　设置 R 软件的安装目录

选择需要安装的组件，在此采用默认选项即可，如图 1.1.7 所示。

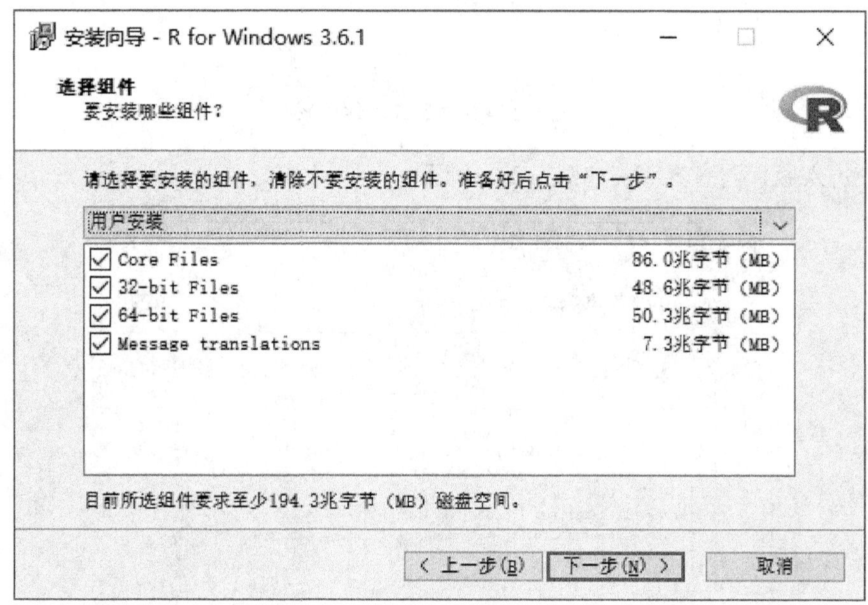

图 1.1.7　选择需要安装的组件

安装类型有预设安装和自定义安装，在此选择预设安装即可，如图 1.1.8 所示。

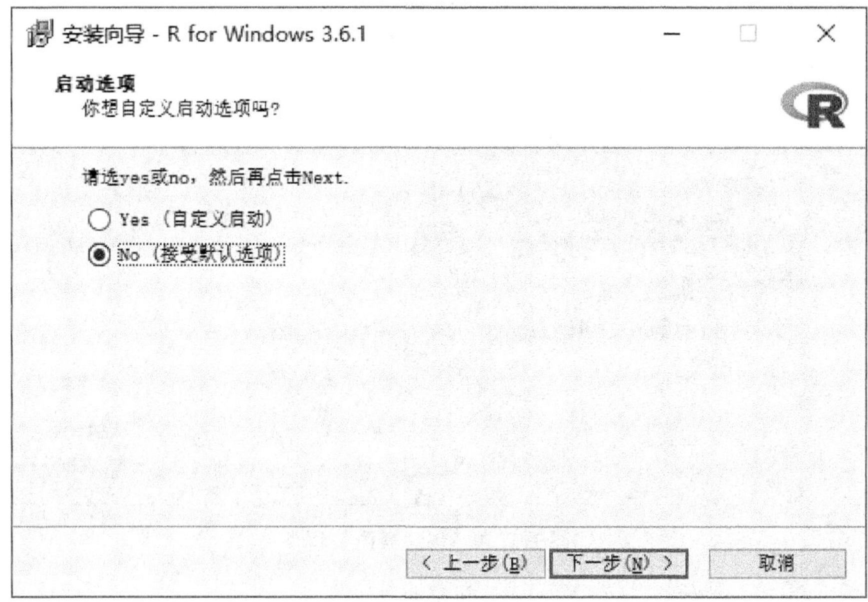

图 1.1.8　选择安装类型

然后选择开始菜单文件夹，如图 1.1.9 所示。

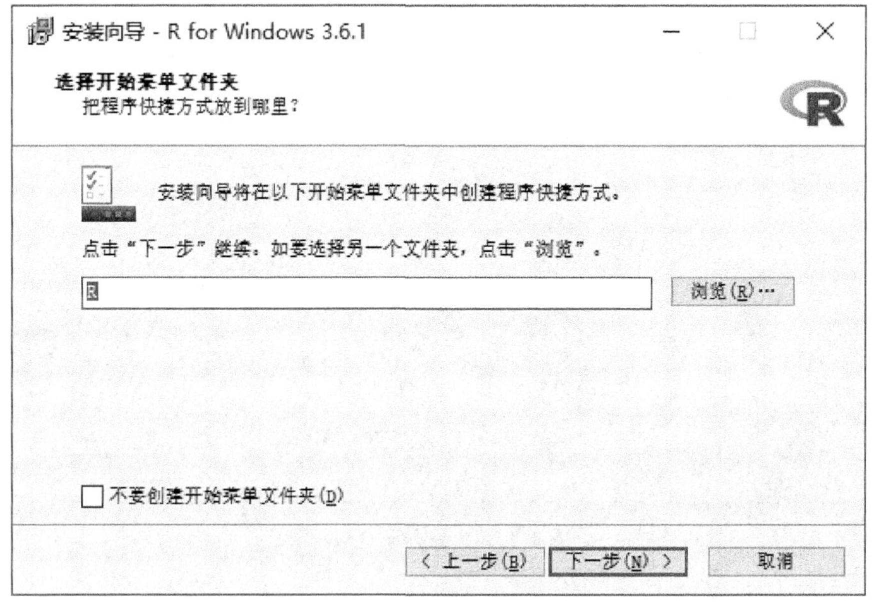

图 1.1.9　选择开始菜单

选择是否创建桌面图标，这个过程很重要，建立桌面图标可以让我们很快地开启 R 软件，因此笔者建议安装，如图 1.1.10 所示。

安装向导 - R for Windows 3.6.1
选择附加任务
要执行哪些附加任务?
请选择安装R for Windows 3.6.1时需要执行的附加任务，然后点击“下一步”。
附加快捷方式:
创建桌面快捷方式(D)
创建快速启动栏快捷方式(Q)
登記冊记录項:
版本信息保存于注册表内。
把R程序同.RData文件联合起来
< 上一步(B)
下一步(N) >
取消

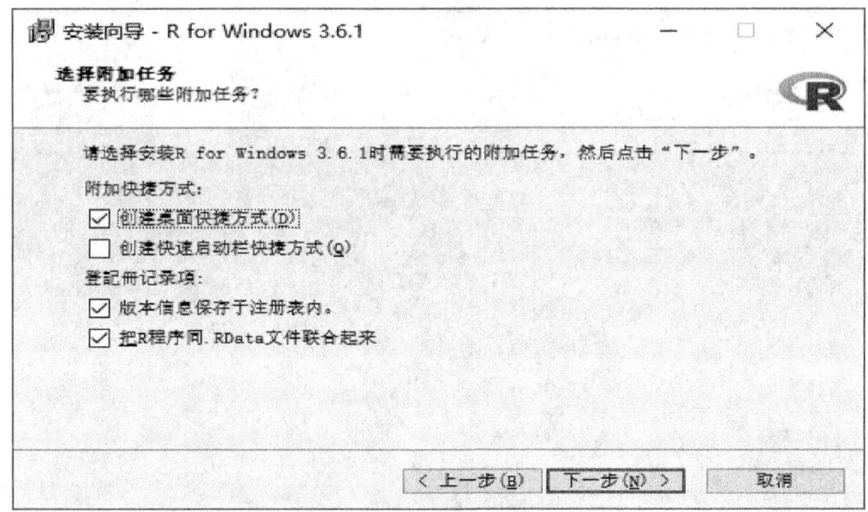

图 1.1.10　创建桌面图标

最后按“下一步”会进入安装过程，如图 1.1.11 所示。

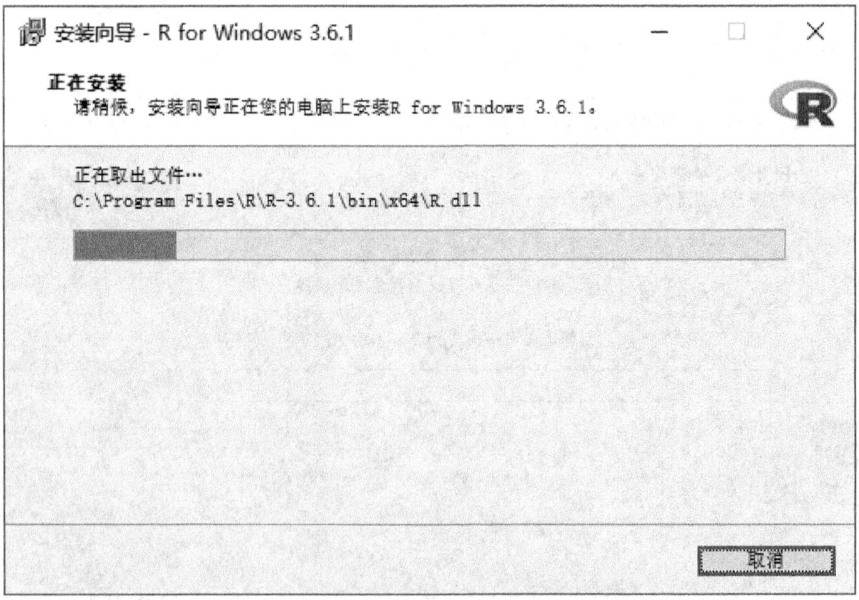

安装向导 - R for Windows 3.6.1
正在安装
请稍候，安装向导正在您的电脑上安装R for Windows 3.6.1。
正在取出文件…
C:\Program Files\R\R-3.6.1\bin\x64\R.dll
取消

图 1.1.11　进入安装过程

1.2　R 语言的基本操作

接下来我们来操作 R 软件，在计算机桌面点击 R 软件 logo，如下所示：

双击 R 软件图标后会开启软件，出现如图 1.2.1 所示的界面。

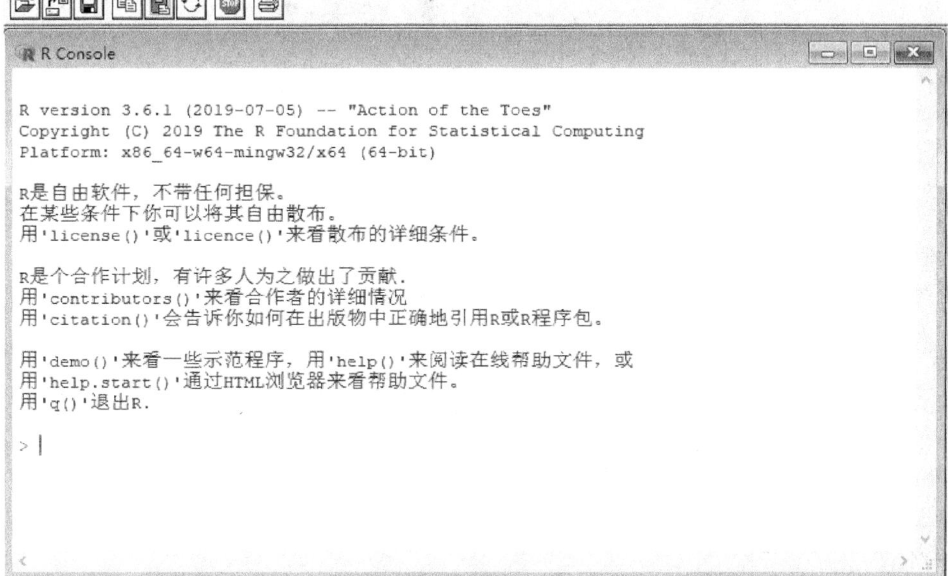

图 1.2.1　R 软件操作界面

在 R 软件中我们可以看到版本信息以及一些特定函数，例如：

用“license( )”或“licence( )”来获得散布的详细条件；

用“demo( )”来查看一些示范程序；

用“help( )”来阅读在线帮助文件；

用“help. start( )”通过 HTML 浏览器来查看帮助文件；

用“q( )”退出 R。

其中经常用到的函数是“help( )”，我们需要通过它来了解一些 R 软件包的使用方式或参数的设置方式。至于关闭 R 软件的方法，使用者可以在命令行中键入命令“q( )”来退出 R，如图 1.2.2 所示。

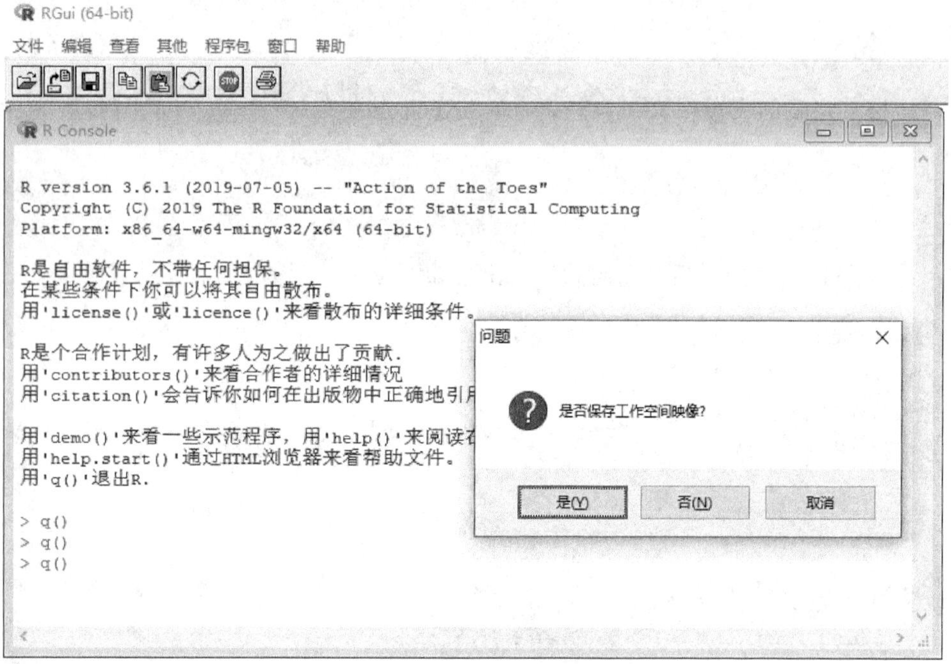

图 1.2.2　关闭 R 软件

此时会出现“是否保存工作空间映像?”的询问。由于用户编辑或分析了很多程序，其中包含许多变量（对象），因此 R 软件会贴心地询问使用者是否保存该变量直到下次重新打开 R 软件时继续使用它们。请读者直接选择“否”，即可关闭 R 软件。除了使用“q( )”来退出 R，大多数人会直接关闭窗口，点击 R 软件右上方的“X”图标。

1.3　数值的基本运算

R 语言在数值的四则运算上非常方便，直接在命令行上输入计算式即可，例如：

```
#加法
>3+4
```

```
[1]7
```

```
#减法
>6-2
```

```
[1]4
```

```
#乘法
>2*3
```

```
[1]6
```

```
#除法
>6/3
```

```
[1]2
```

```
#减、乘混用
>3*4-5
```

```
[1]7
```

```
#加、除混用
>12/3+2
```

```
[1]6
```

上面程序中的“#”表示批注，R 软件在逐行运行命令时，若看到“#”这个特殊字符，后面的命令或文字就忽略不运行了。使用该符号的目的是解释后面程序的意义或其他需要解释的内容。除了四则运算符号外，当然还有其他运算符号，例如：

```
#乘方
>3^2
```

```
[1]9
```

```
#开平方
>9^0.5
```

```
[1]3
```

```
#取余数
>33%%5
```

[1]3

```
#取整数
>33%/%5
```

[1]6

```
#取指数
>3*exp(-1)
```

[1]1.103638

```
#取对数
>2*log(2)
```

[1]1.386294

此外，R 语言可以运用冒号“:”很简单地产生连续数值，例如下面的命令：

```
#产生 1 到 20 的连续数值
>1:20
```

[1]1 2 3 4 5 6 7 8 9 10 11 12 13 14 15 16 17 18 19 20

```
#产生 5 到 45 的连续数值
>5:45
```

[1]5 6 7 8 9 10 11 12 13 14 15 16 17 18 19 20 21 22 23 24 25
26 27 28
[25]29 30 31 32 33 34 35 36 37 38 39 40 41 42 43 44 45

上面 R 的输出结果会随着 R 软件窗口大小动态调整。若要固定长度，可以通过“options( )”函数内的“width”固定输出长度。命令如下：

```
#运用“options”函数调整数值输出长度
>options(width=20)
>1:30
```

```
[1]1  2  3  4  5
[6]6  7  8  9  10
[11]11  12  13  14  15
[16]16  17  18  19  20
[21]21  22  23  24  25
[26]26  27  28  29  30
```

请注意：上方输出结果左侧中括号内的数字代表它右侧是第几个输出。举例而言，第三行的“[11]”代表右侧数字“11”是第 11 个输出。我们可以尝试在 R 中输入数值方程式，要注意的是，一般的数学式不能直接输入至 R 中，必须转化为 R 语言。举例而言，下式：

$$\frac{3^2-2^2}{4^2+3^4}$$

在 R 程序中该如何输入呢？答案是：

```
>(3^2 - 2^2)/(4^2 + 3^4)
```

```
[1]0.05154639
```

其中，运算符号是有优先级的，一般的程序都是“()”括号和次方最先，其次是乘、除、取余数、取整数，最后才是加和减。

我们再尝试一个例子：

```
#运算符号优先级
>5 - 2 * 3^2
```

```
[1] - 13
```

通过这个算例，我们发现它是先计算 3 的平方，得“9”，再将 2 乘以 9，等于 18，最后才是 5 减 18 等于－13。该例的运算顺序由右向左，与一般算式的运算顺序刚好相反，一般程序进行运算时是由左向右。最后再尝试一个数值方程：

$$\frac{2^4-3^2}{\sqrt{3^4+6^3+4^2-5}}$$

在 R 程序中该如何输入呢？答案是：

```
>(2^4 - 3^2)/(3^4 + 6^3 + 4^2 - 5)^0.5
```

```
[1]0.398862
```

其中要注意的是，开平方根相当于 0.5 次方，读者亦可以输入（1/2）替代 0.5。此外，以上面的程序为例，当我们下错命令或命令未完成而按下“Enter”键时，在左侧会出现一个加号“+”，如下：

```
>(2^4 - 3^2)/(3^4 + 6^3 + 4^2 -    #按下“Enter”后,底下出现“+”
 +
```

此时可以在加号“+”后继续输入命令“5）^0.5”，或是按下“Esc”退出键，此时就会出现输入命令提示符号“>”。由于 R 软件有储存先前运行过的命令的功能，因此若读者想再输入该行程序，不需要重新输入，只需按下键盘右下方的箭头键中的向上键“△”或“⇧”，即可调出先前所输入的命令，如此可以节省读者很多时间。

为了熟悉 R 的基本运算，可计算下列数值方程：

1. $5^3-4^4\times\sqrt{9}+2^3-\frac{3}{4}$。

2. $\frac{8^2+6^3}{5^2+3^4}$。

3. $\frac{\sqrt[3]{8^2-5^2+6}}{\sqrt{3^3+2^3-4}}$。

4. $\frac{(3^2-2^3)(4^3+3^2-2^2)}{\sqrt{(2^2+3^2)(4^2+6^2)}}$。

第 2 章
变量与向量

本章要点

- 数值变量与向量的存取
- 字符串变量与向量的存取
- 流程控制

2.1　数值变量与向量的存取

变量（或向量）可以想象成一个盒子，今天我们将铅笔放入盒子中，明天我们也可以把铅笔拿出来再把橡皮擦放进去，因此变量的内涵值是能够改变的，后面的值会覆盖掉先前的值，从而在使用上要特别注意这个问题。一般规定变量名称的第一个字符必须是英文字母或句点“.”，若以句点作为变量的第一个字符，则其后不能接数字，只能接英文字母。与 Java 不同的是，变量不需要事先宣告，但是变量名称要区分大小写，也就是说，“A”和“a”代表不同的变量名称。此外，在 R 语言中，指派符号“=”可以用符号“〈—”替代。例如：

```
〉x〈 - 1
〉y〈 - 2
```

```
〉x
[1]1
〉y
[1]2
```

```
〉x〈 - 10^2
〉y = sqrt(x)
```

```
〉x
[1]100
〉y
```

```
[1]10
```

变量一般会取有意义的名称，例如：

```
CHI<-90 #语文成绩
ENG<-70 #英文成绩
MAT<-85 #数学成绩
AVG<-(CHI+ENG+MAT)/3 #平均成绩
```

```
>AVG
[1]81.66667
```

连续型数值变量的应用：

```
>x<-1:10
```

```
>x
[1]  1  2  3  4  5  6  7  8  9  10
>x^2
[1]  1  4  9  16  25  36  49  64  81  100
>x+3
[1]  4  5  6  7  8  9  10  11  12  13
>y-x
[1]9  8  7  6  5  4  3  2  1  0
>x[3]
[1]3
>x[6]
[1]6
```

其中，变量 x 包含多个数值，一般被称为向量。

描述性统计函数：

```
>a<-mean(x)
>b<-var(x)
>c<-max(x)
>d<-min(x)
>e<-sum(x)
```

```
〉a
[1]5.5
〉b
[1]9.166667
〉c
[1]10
〉d
[1]1
〉e
[1]55
```

前面为连续型数值变量，若数值不连续，则必须使用 C 函数。

```
〉x〈 - c(2,4,7)
〉y〈 - c(1,3,9)
〉z〈 - x + y
〉zz〈 - x * y
```

```
〉x
[1]2   4   7
〉y
[1]1   3   9
〉z
[1]3   7   16
〉zz
[1]2   12   63
```

若数值长度不同，则会出现错误。

```
〉zzz〈 - c(0,4,7,11)
```

```
〉zz * zzz
[1]  0   48   441   22
Warning message:
In zz  *  zzz :较长的对象长度并非较短对象长度的倍数
```

C 函数可以将几个变量合并：

```
>mer<-c(x,y,z,zz)
```

```
>mer
  [1]  2  4  7  1  3  9  3  7  16  2  12  63
```

从向量中提取数值：

```
>mer[7]
[1]3
>mer[c(2,5,8)]
[1]4  3  7
>mer[-5]
[1]  2  4  7  1  9  3  7  16  2  12  63
>mer[-c(4,6,9)]
[1]  2  4  7  3  3  7  2  12  63
```

注意：不能同时使用正负索引。

```
>mer[c(-2,5)]
Error in mer[c(-2,5)]:只有负下标里才能有零
```

创建数值格式向量：

```
>a<-seq(1,11,by=2)
>b<-rep(2,10)#2 重复 10 次
>c<-rep(seq(1,11,by=2),3)#把前面输出的值重复 3 次
>d<-rep(c(2,3),c(5,5))#把 2 和 3 各输出 5 次
>e<-rep(c(3,5),each=3)#把 3 和 5 各输出 3 次
>f<-rep(seq(1,11,2),rep(2,6))#把前面的 6 个值每一个重复 2 次
```

```
>a
[1]  1  3  5  7  9  11
>b
[1]2  2  2  2  2  2  2  2  2  2
>c
[1]  1  3  5  7  9  11  1  3  5  7  9  11  1  3  5  7  9  11
>d
[1]2  2  2  2  2  3  3  3  3  3
```

```
>e
[1]3  3  3  5  5  5
>f
[1]  1  1  3  3  5  5  7  7  9  9  11  11
```

2.2　字符串变量与向量的存取

要注意的是，字符串必须在文字左右加上双引号（""），变量和向量除了可以用数字表示外，也能用字符串表示，但是在向量内所有元素必须是同一种类型，否则 R 将会自动转换。举例而言：

```
>myname<-c("peter","pan")
>mylike<-c("I love R")
>myintroduce<-c(myname,mylike)
```

```
>myname
[1]"peter"  "pan"
>mylike
[1]"I love R"
>myintroduce
[1]"peter"    "pan"    "I love R"
```

```
>version<-361
>myintroduce<-c(myname,mylike,version)
```

```
>version
[1]361
>myintroduce
[1]"peter"  "pan"  "I love R"  "361"
```

上面的数值变量"version"已经被 C 函数转换成字符串，我们再来看一下如何提取子字符串和粘贴子字符串。

```
#提取子字符串
>substr(myname,1,2)
```

```
[1]"pe"  "pa"
```

```
#粘贴子字符串
>paste(myname,"love")
```

```
[1]"peter love"  "pan love"
```

从向量中提取字符串

```
>no2<-myname[2]
```

```
>no2
[1]"pan"
```

2.3 流程控制

R语言流程控制中最常用的两个指令分别为判断指令“if”与循环指令“for”。if判断指令的格式如下：

```
If(条件式){
条件为真(TRUE)的命令
}else{
条件为假(FALSE)的命令
}
```

其中，若只有一行条件为真的命令，则大括号可以省略。举例而言：

```
>x<-runif(1,min=0,max=10)
>if(x>5)y<-"high" else y<-"low"
```

```
>x
[1]2.302423
>y
[1]"low"
```

其中，runif命令用来产生随机数，如：

```
>runif(3,min=0,max=1)
```

```
[1]0.8194230  0.2836973  0.4686467
```

可以用来产生 3 个最小值为 0、最大值为 1 的随机数。另外，命令 rnorm 也可以产生随机数，命令如下：

```
>rnorm(5,mean = 0,sd = 1)
[1]0.6862987   0.2519668   2.2446112   -0.5574475   -1.7914823
…
```

另外，for 循环指令的格式如下：

```
for(name in vector){commands}
```

该语句中设定了一个名为“name”的变量，并令它等于向量中的每一个元素，当它等于向量中的一个元素时，大括号内的所有命令（commands）将会被运行一次。必须直到 for 循环指令中的所有元素都被“name”的变量“等于”过，for 循环指令才会停止。举例而言：

```
>for(i in 1:5)cat(i)#输出循环中变量 i 的内容
12345>
```

我们再试一下从 1 加到 100 总共是多少。

```
>j = 0                              # 变量 j 先设定一个初始值 0
>for(i in 1:100)j = j + i           # 变量 j 从 i 等于 1 时开始累加
>j
[1]5050
```

运行方式是

j 初始值为 0

循环第 1 次时 i=1，j=0+1=1

循环第 2 次时 i=2，j=1+2=3

循环第 3 次时 i=3，j=3+3=6

循环第 4 次时 i=4，j=6+4=10

循环第 5 次时 i=5，j=10+5=15

……

循环第 100 次时 i=100，j=4 950+100=5 050

对于循环的进阶应用，我们还能将 for 循环设定成巢状，一般称为复循环或巢状循环，例如输出九九乘法表：

```
>for(i in 1:9){
+       for(j in 1:9){
+       m = j * i
+       cat(i,'*',j,'=',m,'')
+       }
+ cat('\n')
+ }
```

```
1 * 1 = 1 1 * 2 = 2 1 * 3 = 3 1 * 4 = 4 1 * 5 = 5 1 * 6 = 6 1 * 7 = 7 1 * 8 = 8 1 * 9 = 9
2 * 1 = 2 2 * 2 = 4 2 * 3 = 6 2 * 4 = 8 2 * 5 = 10 2 * 6 = 12 2 * 7 = 14 2 * 8 = 16 2 * 9 = 18
3 * 1 = 3 3 * 2 = 6 3 * 3 = 9 3 * 4 = 12 3 * 5 = 15 3 * 6 = 18 3 * 7 = 21 3 * 8 = 24 3 * 9 = 27
4 * 1 = 4 4 * 2 = 8 4 * 3 = 12 4 * 4 = 16 4 * 5 = 20 4 * 6 = 24 4 * 7 = 28 4 * 8 = 32 4 * 9 = 36
5 * 1 = 5 5 * 2 = 10 5 * 3 = 15 5 * 4 = 20 5 * 5 = 25 5 * 6 = 30 5 * 7 = 35 5 * 8 = 40 5 * 9 = 45
6 * 1 = 6 6 * 2 = 12 6 * 3 = 18 6 * 4 = 24 6 * 5 = 30 6 * 6 = 36 6 * 7 = 42 6 * 8 = 48 6 * 9 = 54
7 * 1 = 7 7 * 2 = 14 7 * 3 = 21 7 * 4 = 28 7 * 5 = 35 7 * 6 = 42 7 * 7 = 49 7 * 8 = 56 7 * 9 = 63
8 * 1 = 8 8 * 2 = 16 8 * 3 = 24 8 * 4 = 32 8 * 5 = 40 8 * 6 = 48 8 * 7 = 56 8 * 8 = 64 8 * 9 = 72
9 * 1 = 9 9 * 2 = 18 9 * 3 = 27 9 * 4 = 36 9 * 5 = 45 9 * 6 = 54 9 * 7 = 63 9 * 8 = 72 9 * 9 = 81
```

最后，我们再提一下绘图命令“plot”。一般而言，我们分析结果数据，往往需要绘制成图形以方便了解或解释，因此绘图命令是常用的。其简单格式如下：

```
Plot(x,y,type = "n",xlab = 'X',ylab = 'Y')
```

其中：

x：变量 x；

y：变量 y；

type：图形的形态；

xlab：X 轴标签；

ylab：Y 轴标签。

读者可以使用 help(plot) 命令调出详细的 plot 命令格式，我们先来看一个简单例子：

```
〉x〈 - runif(100,min = 0,max = 100)
〉y〈 - runif(100,min = 0,max = 50)
〉plot(x,y,xlab = 'X',ylab = 'Y')
```

运行结果如图 2.3.1 所示：

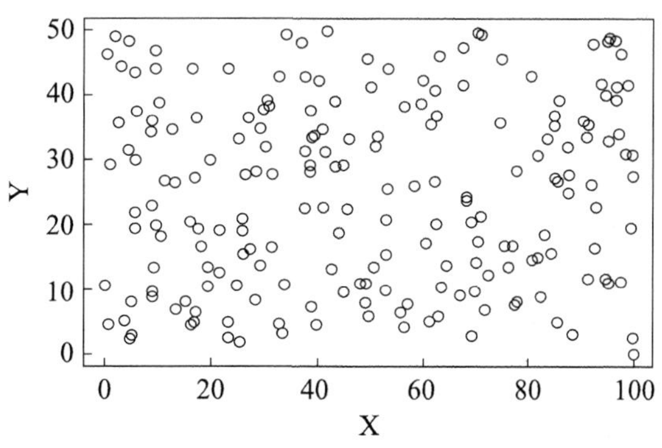

图 2.3.1　X，Y 的散点图

我们将散点图内的空心圆改成实心圆，并且绘制回归线，命令如下：

```
〉points(x,y,pch = 16)    # pch 等于 16 是将空心圆转换为实心圆
〉abline(lm(x～y),lty = 1)
```

运行结果如图 2.3.2 所示。运用 points 命令，已经将图 2.3.1 内的空心圆转换为实心圆，同时运用 abline 命令在图 2.3.2 的左上方也绘制了一条不明显的回归线。在后续章节会经常用到绘图的相关命令，读者可以运用“help( )”命令，充分了解绘图命令的使用方式。

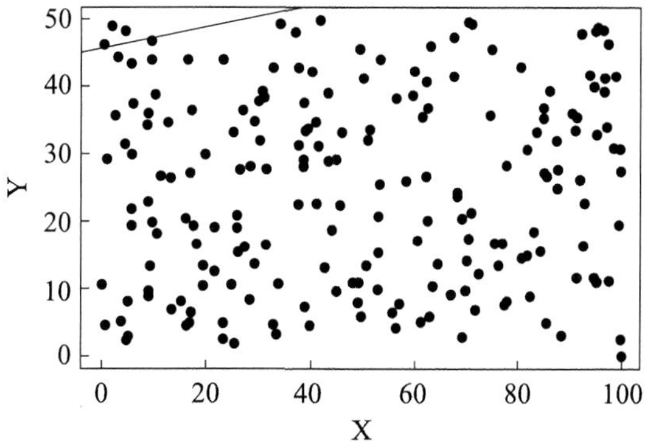

图 2.3.2　X，Y 的空心圆散点图改成实心圆并绘制回归线

为巩固上文内容，请完成如下练习。

1. 请利用 R 语言的“rep”和“seq”命令完成如下题目：

(1) 2 2 2 3 3 3 4 4 4

(2) 1 2 3 1 2 3 1 2 3

(3) 1 1 2 2 3 3 1 1 2 2 3 3

2. 请利用 R 语言的“for”循环命令完成如下题目：

(1)

```
******
******
******
```

(2)

```
*
**
***
****
```

(3)

```
*****
****
***
**
*
```

第 3 章

矩阵与数据框

本章要点

- 矩阵与数据框的存取
- 分析数据的存取
- R 安装包的下载与管理

3.1　矩阵与数据框的存取

矩阵与数据框一般可用于在 R 程序中存放少量分析数据，因此如何运用它们来摆放所需要的分析数据，就成为 R 数据挖掘的重要课题。我们先看看如何使用矩阵和数组。首先要将输入的数据排列为矩阵形式，可以使用函数 matrix( )：

```
>m<-matrix(1:6,nrow=3,ncol=2)
```

```
>m
     [,1] [,2]
[1,]    1    4
[2,]    2    5
[3,]    3    6
```

从这个例子可以看出“1：6”是要摆放的样本数据、“nrow”是行数、“ncol”是列数。此外，从命令输出结果中可以发现“[2,]”代表行索引值为“2”；“[，1]”代表列索引值为“1”。我们可以使用 2 个索引参数读取矩阵中的某个元素（或数据）。例如，我们要读取“4”这个元素，可以如此下命令：

```
>m1<-m[1,2]
```

```
>m1
[1]4
```

此时会将行索引值为“1”、列索引值为“2”的内含值数字 4 读取出来并放入变量 m 中。若我们要读取一行数字，则可以只设定左侧索引值，例如：

```
>m2<-m[2,]
```

```
>m2
[1]2  5
```

若我们要读取一列数字，则可以只设定右侧索引值，例如：

```
>m3<-m[,1]
```

```
>m3
[1]1  2  3
```

当设定值超过索引值时 R 会产生错误信息：

```
>m4<-m[,3]
```

```
Error in m[,3]:下标超出边界
```

我们也可以用 1 个索引参数读取矩阵中的某个元素（或数据）。例如，我们要读取“5”这个元素，可用如下命令：

```
>m5<-m[5]
```

```
>m5
[1]5
```

从这个结果我们知道，单一索引值的排列方式是由上至下、由左至右。

当数字过多以至于无法判断几行几列时，我们可以只设定行数，例如：

```
>m<-matrix(1:6,nrow=3)
```

```
>m
     [,1] [,2]
[1,]    1    4
[2,]    2    5
[3,]    3    6
```

结果与前面相同。

我们再来看一下类似于矩阵的数组（array）的用法：

```
>a<-array(1:6,c(3,2))
>a
```

```
     [,1] [,2]
```

```
[1,]    1    4
[2,]    2    5
[3,]    3    6
```

从结果可以看出 c 函数中第一个数值“3”代表行数，第二个数值“2”代表列数，读取的数值与前面矩阵相同。

此外，这个例子是二维数组，我们可以试一下三维数组：

```
>a<-array(1:12,c(3,2,2))
```

```
>a
,,1
     [,1] [,2]
[1,]    1    4
[2,]    2    5
[3,]    3    6
,,2
     [,1] [,2]
[1,]    7   10
[2,]    8   11
[3,]    9   12
```

从运行结果可知，第一行的“,，1”代表第三个维度的索引值。若要读取数字“4”，可用如下命令：

```
>a[1,2,1]
```

```
[1]4
```

若要读取数字“8”，可用如下命令：

```
>a[2,1,2]
```

```
[1]8
```

与矩阵相同，可以读取一整行或一整列数据。

我们再来看一种结构化的数据摆放函数，称为数据框“data. frame( )”，此函数经常用于摆放研究数据，供 R 语言进行数据挖掘或统计分析。

摆放方式如下：

```
>name<-c("peter","mary","Tom")
>chi<-c(85,90,78)
>eng<-c(70,89,94)
>mat<-c(50,77,64)
>score<-data.frame(name,chi,eng,mat)
```

```
>score
  name  chi eng mat
1 peter  85  70  50
2 mary   90  89  77
3 Tom    78  94  64
```

其中，name，chi，eng，mat 分别是变量名称，我们可直接输入变量名称调出全部数据，例如：

```
>name
```

```
[1]"peter"  "mary"  "Tom"
```

3.2　分析数据的存取

一般而言，数据可直接采用数据框或矩阵方式存取，10.2 节“数据包络分析实例研究——企业营运绩效评估”中的数据就是采用矩阵方式摆放的。例如，给出 10 家匿名企业（DMU）的财务数据，数据来自色诺芬金融数据库（www.ccerdata.cn）中的一般企业财务数据库、年度利润表。该例以营业成本（X1）、销售费用（X2）及管理费用（X3）作为投入项（X），以营业收入（Y1）及净利润（Y2）作为产出项（Y）进行数据包络分析（DEA），这些资料如表 3.2.1 所示。

表 3.2.1　　10 家企业财务数据

企业	营业成本	销售费用	管理费用	营业收入	净利润
A	198 665	81 144	24 004	334 581	14 262
B	1 127 419	14 435	79 059	1 554 585	84 506
C	3 681 955	230 591	73 595	4 126 363	115 674
D	96 392	3 449	4 951	134 591	18 492

续表

企业	营业成本	销售费用	管理费用	营业收入	净利润
E	586 146	28 289	63 232	719 326	81 889
F	894 126	53 216	46 241	1 404 236	173 484
G	140 927	6 300	14 237	172 106	1 307
H	5 929 082	161 297	36 766	6 221 595	72 319
I	99 266	442	17 477	161 181	22 489
J	528	7 438	1 488	13 861	589

将样本数据输入矩阵（matrix），其中 X 有三个投入项，因此设定 ncol＝3；Y 有两个产出项，因此设定 ncol＝2。

```
X<-matrix(c(198665,1127419,3681955,96392,586146,894126,140927,5929082,99266,
528,81144,14435,230591,3449,28289,53216,6300,161297,442,7438,24004,79059,73595,
4951,63232,46241,14237,36766,17477,1488),ncol=3)# 三个投入
Y<-matrix(c(334581,1554585,4126363,134591,719326,1404236,172106,6221595,
161181,13861,14262,84506,115674,18492,81889,173484,1307,72319,22489,589),ncol=
2)# 两个产出
```

运行结果如下：

```
>X
        [,1]    [,2]   [,3]
[1,]    198665  81144  24004
[2,]   1127419  14435  79059
[3,]   3681955 230591  73595
[4,]     96392   3449   4951
[5,]    586146  28289  63232
[6,]    894126  53216  46241
[7,]    140927   6300  14237
[8,]   5929082 161297  36766
[9,]     99266    442  17477
[10,]      528   7438   1488
>Y
       [,1]      [,2]
[1,]  334581    14262
```

```
[2,] 1554585     84506
[3,] 4126363    115674
[4,]  134591     18492
[5,]  719326     81889
[6,] 1404236    173484
[7,]  172106      1307
[8,] 6221595     72319
[9,]  161181     22489
[10,]  13861       589
```

此外，也可采用数据框进行样本数据排列，例如第 11 章“粗糙集”中所用到的数据（见表 3.2.2）。

表 3.2.2　　一个销售购买决策的决策表

顾客 U	C			D
	性别（c1）	是否已婚（c2）	收入（c3）	是否购买
E1	女	否	中	是
E2	男	是	中	是
E3	男	否	高	是
E4	女	否	低	否
E5	男	是	中	是
E6	女	否	高	否

我们可以采用数据框对这些字符数据进行摆放：

```
dt.ex1<-data.frame(
    c("F","M","M","F","M","F"),
    c("N","Y","N","N","Y","N"),
    c("M","M","H","L","M","H"),
    c("Y","Y","Y","N","Y","N"))
colnames(dt.ex1)<-c("X1","X2","X3","Y")
```

其中，colnames( ) 函数是赋予 dt.ex1 数据框内每个 c 函数变量名称，运行结果为：

```
>dt.ex1
  X1  X2  X3  Y
```

```
1 F N M Y
2 M Y M Y
3 M N H Y
4 F N L N
5 M Y M Y
6 F N H N
```

除此之外，我们可以将数据存放于 Excel，并另存于计算机中，建议存盘格式为“. csv”，相关内容可参考第 5 章“等分线性回归”，该章在案例中对广东省地区生产总值（GDP）的影响因子进行分析。假设研究者想要了解国际旅游外汇收入（X1）、科技市场成交额（X2）、房地产投入总额（X3）以及农业总产值（X4）如何影响广东省地区生产总值（Y）。采用的资料来自广东省统计信息网，截至 2015 年共整理出 29 笔样本数据，部分样本数据见表 3.2.3。

表 3.2.3　　本案例的有关数据

Y	X1	X2	X3	X4
72 812.55	17 884.66	662.58	8 538.47	2 793.76
67 809.85	17 106.36	413.25	7 638.45	2 613.18
62 474.79	16 278.07	529.39	6 489.59	2 444.7
57 067.92	15 610.67	364.94	5 352.79	2 229.27
53 210.28	13 906.19	275.06	4 809.91	2 042.16
46 013.06	12 382.61	235.89	3 659.69	1 760.18
39 482.56	10 028.13	170.98	2 961.32	1 551.03
39 796.71	9 174.98	201.63	2 949.25	1 481.69
31 777.01	8 706	132.84	2 517.23	1 328.7
26 587.76	7 532.79	107.03	1 843.51	1 235.4
22 557.37	6 388.05	112.47	1 591.9	1 109.18
18 864.62	5 378.21	57.27	1 355.84	959.97
15 844.64	4 266.93	80.57	1 233.52	851.72
13 502.42	5 091	68.45	1 115.25	841.77
12 039.25	4 483.51	53.97	972.34	817.95
10 741.25	4 112.21	48.21	856.61	807.94
9 250.68	3 272	34.45	710.2	859.66
8 530.88	2 942	24.81	602.72	861.97
7 774.53	2 801	19.6	528.31	851.35
6 834.97	2 638	13.11	528.85	825.6

续表

Y	X1	X2	X3	X4
5 933.05	2 392.68	12.6	563.89	777.72
4 619.02	2013	9.59	404.13	628.17
3 469.28	1 950	18.08	316.53	486.46
2 447.54	1 984	6.39	125.57	428.99
1 893.3	1 560	3.21	49.75	388.9
1 559.03	713	2.03	32.7	359.39
1 381.39	900	1.4	48.15	323.15
1 155.37	1 110	1.97	21.96	277.38
846.69	990	0.82	16.29	214.47

将这些数据由旧到新或由小到大排列。同样地，我们将这些数据利用 Excel 整理成“. csv”文件，如图 3. 2. 1 所示。

	A	B	C	D	E
1	Y	X1	X2	X3	X4
2	846.69	990	0.82	16.29	214.47
3	1155.37	1110	1.97	21.96	277.38
4	1381.39	900	1.4	48.15	323.15
5	1559.03	713	2.03	32.7	359.39

图 3. 2. 1　本案例的部分数据

我们可以先在“C:\”根目录下建立一个活页夹，名为“data”，然后把测试数据（Excel 另存为“. csv”文件）复制到 data 目录内，这份测试数据命名为 testdata. csv。运行如下程序：

```
setwd("C:/data") # 设定读取文件路径
data = read.csv("testdata.csv") # 读取".csv"文件
```

通过 read. csv( ) 函数，就可以调出数据进行分析：

```
>data
        Y       X1      X2      X3      X4
1   846.69   990.00   0.82   16.29   214.47
2  1155.37  1110.00   1.97   21.96   277.38
3  1381.39   900.00   1.40   48.15   323.15
4  1559.03   713.00   2.03   32.70   359.39
…
```

3.3　R 安装包的下载与管理

R 软件中虽然有一些预设（默认）的数据挖掘软件包，但大多数较新的包都在远程服务器上，使用时必须先下载。例如“e1071”决策树包，可以采用“install.packages( )”函数进行下载，命令如下：

```
>install.packages("e1071")
```

```
Installing package into 'C:/Users/Pan/Documents/R/win-library/3.6'
(as 'lib' is unspecified)
—Please select a CRAN mirror for use in this session—
...
```

此时会出现如图 3.3.1 所示的画面。在图 3.3.1 中读者需要选择下载的国家或地区。经笔者测试，选择欧美国家或地区安装成功的概率较大，因此，建议选择欧美国家或地区下载“e1071”安装包。下载成功后要将安装包加载到 R 的缓冲区（缓存），命令如下：

```
>library(e1071)
```

```
Warning message:
package 'e1071' was built under R version 3.6.1
```

由于笔者使用 R 3.6.0 版本下载安装包并加载，因此得到了一个警告信息，要求笔者下载最新版本 R 3.6.1，读者可以忽略。比较重要的是，“install.packages”函数内的“e1071”必须加上双引号(“　”)，而“library”函数内的“e1071”可以不加双引号。

由于每次都通过网络下载会容易遇到一些问题，例如断网、远程服务器出故障或是在没有网络的地方工作等，因此，R 提供了另一种解决方式，那就是直接下载到计算机内某个自定义的目录下，例如下面的命令：

```
>install.packages("e1071",lib="c:/data")
>library(e1071,lib="c:/data")
```

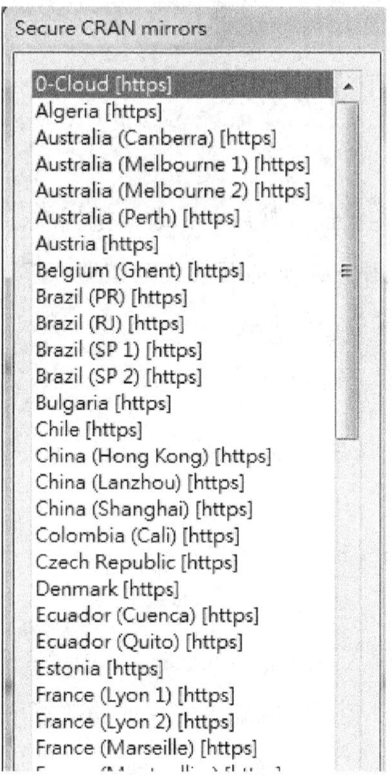

3.3.1　选择下载的国家或地区的界面

此时，“e1071”包就会下载到“c：\ data”目录下，之后只需运行“library (e1071，lib= “c:/data”)”命令即可将“e1071”包从“c：\ data”目录下加载到R的缓冲区，以后不需要再运行“install. packages( )”函数，因此非常方便。但要注意的是，此包较适合目前版本的R，因此，若要长久保存此“e1071”安装包，建议将此版本的R软件安装文件保存起来，或是记录好R软件的版本，以后从网站 https://cran. r-project. org/bin/windows/base/下载对应版本的R软件。

第 4 章
线性规划与多目标优化

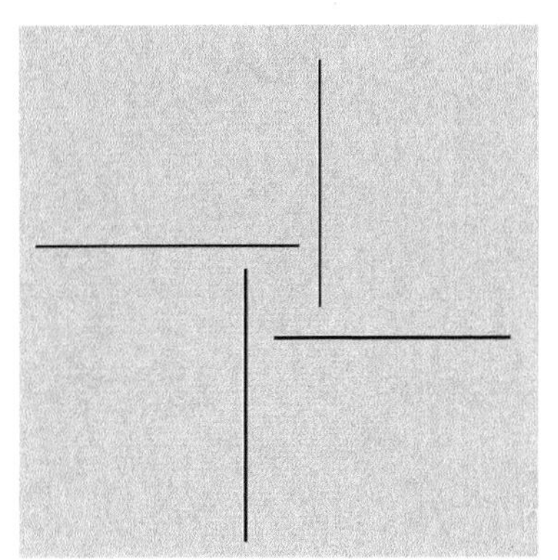

本章要点

- 线性规划与多目标优化简介
- 线性规划问题
- 运输问题
- 多目标优化问题

4.1　线性规划与多目标优化简介

线性规划（linear programming，简称 LP）是指目标函数和约束条件皆为线性的最优化问题。线性规划是优化问题中的一个重要领域。在作业研究中所面临的许多实际问题都可以用线性规划来处理，特别是某些特殊情况，例如配送物流成本选择、生产销售决策选择等，都是重要的优化问题。假设我们要做一项决策，而该决策涉及 n 个变量（x_1，x_2，…，x_n）。若有一个目标函数可以表示为 $z(x_1, x_2, \cdots, x_n)=c_1x_1+c_2x_2+\cdots+c_nx_n$ 这种线性函数，同时这些变量之间的约束关系也可以用 m 个线性不等式表示成

$$a_{i1}x_1+a_{i2}x_2+\cdots+a_{in}x_n\leqslant b_i \quad (i=1, 2, \cdots, m) \tag{4.1.1}$$

那么这就是线性规划问题：

$$\begin{aligned}
&\min z = c_1x_1+c_2x_2+\cdots+c_nx_n \\
&\text{s. t.} \\
&a_{11}x_1+a_{12}x_2+\cdots+a_{1n}x_n\leqslant b_1 \\
&a_{21}x_1+a_{22}x_2+\cdots+a_{2n}x_n\leqslant b_2 \\
&\vdots \\
&a_{m1}x_1+a_{m2}x_2+\cdots+a_{mn}x_n\leqslant b_m \\
&x_1, x_2, \cdots, x_n\geqslant 0
\end{aligned} \tag{4.1.2}$$

若以 $c=(c_1, c_2, \cdots, c_n)$ 表示目标函数的系数，$x=(x_1, x_2, \cdots, x_n)^{\mathrm{T}}$ 表

示变量，$b=(b_1, b_2, \cdots, b_m)^T$表示不等式的右侧值，同时用矩阵$A=(a_{ij})_{m\times n}$表示所有约束函数的系数，那么线性规划问题可写成下列形式：

$$\min（或\max）z=cx$$

$$\text{s. t.}\begin{cases}Ax\leqslant b\\ x\geqslant 0\end{cases} \tag{4.1.3}$$

多目标优化是为解决多目标决策问题而发展起来的一种新的数学模型，也是线性规划的一种推广，是近年来受到广大研究者重视的新研究领域。多目标优化可以按照确定的若干目标值及其实现的优先次序，在给定的约束条件下寻找与目标值的偏离最小的解。由于多目标优化在一定程度上弥补了线性规划的局限性，因此，多目标优化被认为是一种比线性规划更接近于实际决策工程的工具。多目标优化问题的最优解与单目标优化问题的最优解在本质上有明显不同，单目标优化有唯一的最优解，但是多目标优化存在一个最优解集合，称为帕累托（Pareto）最优解。求解多目标优化问题（multi-objective optimization problem，MOP）的一般方法有加权法、约束法和目标规划法等。这些求解方法都是按照某种策略确定多目标之间的权衡方法，将多目标问题转化为单目标问题来求解。多目标问题一般不存在单个最优解，而是一个帕累托最优解集合，求解这些解集往往可以搭配进化算法（例如遗传算法、粒子群算法等）。本书介绍了R中一套非常流行的软件包，名为“NSGA-2”。该软件包易操作，非常适合读者使用。

4.2 线性规划问题

在R中，有很多包可以解决线性规划问题，而Rglpk包不仅可以方便快速地解决大型线性规划问题，并且使用方式简单。核心函数为Rglpk_solve_LP( )，用法如下：

```
Rglpk_solve_LP(obj, mat, dir, rhs, types = NULL, max = FALSE, bounds = NULL, verbose = FALSE)
```

其中：

obj：为目标函数的系数。

mat：为约束矩阵，即式（4.1.3）中的矩阵 A。

dir：为约束矩阵 A 右边的符号（可取“〈”、“〈=”、“==”、“〉”或“〉=”）。

rhs：为约束向量，即式（4.1.3）中的向量 b。

types：为变量类型，可选“B”、“I”或“C”，分别代表 0—1 整数、正整数和正实数，默认值为正整数。

max：为逻辑参数。当其为 TRUE 时，是求目标函数的最大值；默认值为 FALSE，是求目标函数的最小值。

bounds：为 x 的额外约束。

verbose：为是否输出中间过程的控制参数，默认值为 FALSE。本小节以实际例子来说明该函数的用法：

例 1　试求解下述线性规划问题。

$$\max z = 2x_1 + 5x_2 + 4x_3$$

$$\text{s. t.} \begin{cases} 3x_1 + 4x_2 + x_3 \leqslant 50 \\ 2x_1 + 3x_2 + 2x_3 \leqslant 40 \\ 2x_1 + 3x_2 + 4x_3 \leqslant 70 \\ x_1, x_2, x_3 \geqslant 0 \end{cases}$$

求解的 R 程序如下：

```
install.packages("Rglpk")#下载 R 安装包
library(Rglpk)#加载 R 安装包
```

运行结果如下：

```
Loading required package:slam
Using the GLPK callable library version 4.47
…
```

设定相关参数

```
obj<-c(2,5,4)#设定目标函数的系数
mat<-matrix(c(3,2,2,4,3,3,1,2,4),nrow=3)#定义约束矩阵
dir<-c("<=","<=","<=")#符号定义
rhs<-c(50,40,70)# 约束向量值
```

运行结果如下：

```
>obj
[1]2  5  4
>mat
      [,1] [,2] [,3]
[1,]    3    4    1
[2,]    2    3    2
[3,]    2    3    4
>dir
[1]"<="  "<="  "<="
>rhs
[1]50 40 70
```

运行线性规划包来求解：

```
Rglpk_solve_LP(obj,mat,dir,rhs,max=TRUE)
```

运行结果如下：

```
$'optimum'
[1]76.66667
$solution
[1]  0.000000  3.333333  15.000000
$status
[1]0
```

对于上述结果，“$ ‘optimum’”为目标函数的最大值，该值为 76.666 67；“$solution”为决策变量的最优解，$x_1$，$x_2$，$x_3$ 的最优解分别为 0.000 000，3.333 333，15.000 000；“当$status”为 0 时，代表最优解寻找成功，非 0 则表示失败。运行结果“$status”为 0，表示已经找到最优解。全部 R 程序如下：

```
install.packages("Rglpk")
library(Rglpk)
obj<-c(2,5,4)#设定目标函数的系数
mat<-matrix(c(3,2,2,4,3,3,1,2,4),nrow=3)#定义约束矩阵
dir<-c("<=","<=","<=")#符号定义
rhs<-c(50,40,70)#约束向量值
Rglpk_solve_LP(obj,mat,dir,rhs,max=TRUE)
```

例 2　试求解下述线性规划问题。

$$\max z = 4x_1 + 2x_2 + 3x_3$$

$$\text{s. t.} \begin{cases} 2x_1 - 3x_3 \leqslant 8 \\ -3x_2 + 2x_3 \leqslant 3 \\ x_1 + 4x_2 - 2x_3 \leqslant 6 \\ x_1,\ x_2 \text{ 是整数} \end{cases}$$

此问题有学者称为整数规划问题，同样可以采用 Rglpk 包求解，求解的 R 程序如下：

```
install.packages("Rglpk")#下载 R 安装包
library(Rglpk)#加载 R 安装包
```

运行结果如下：

```
Loading required package:slam
Using the GLPK callable library version 4.47
…
```

设定相关参数

```
obj<-c(4,2,3)
mat<-matrix(c(2,0,1,0,-3,4,-3,2,-2),nrow=3)
dir<-c("<=","<=","<=")
rhs<-c(8,3,6)
types<-c("I","I","C")#变量类型 I(Integer),C(Constant)
```

运行结果如下：

```
>obj
[1]4 2 3
>mat
     [,1] [,2] [,3]
[1,]    2    0   -3
[2,]    0   -3    2
[3,]    1    4   -2
>dir
```

```
[1]"<="  "<="  "<="
>rhs
[1]8  3  6
>types
[1]"I"  "I"  "C"
```

运行线性规划包求解：

```
Rglpk_solve_LP(obj,mat,dir,rhs,types,max=TRUE)
```

运行结果如下：

```
$'optimum'
[1]63
$solution
[1]  0  9  15
$status
[1]0
```

全部R程序如下：

```
install.packages("Rglpk")
library(Rglpk)
obj<-c(4,2,3)
mat<-matrix(c(2,0,1,0,-3,4,-3,2,-2),nrow=3)
dir<-c("<=","<=","<=")
rhs<-c(8,3,6)
types<-c("I","I","C")
Rglpk_solve_LP(obj,mat,dir,rhs,types,max=TRUE)
```

4.3 运输问题

运输问题为常见的线性规划问题，但Rglpk包并没有普适性。R针对运输、生产计划等问题有专门的R包lpSovle，其核心函数lp.transport的用法如下：

lp. transport(costs. mat, direction = "min", row. signs, row. rhs, col. signs, col. rhs, presolve = 0, compute. sense = 0, integers = 1:(nc * nr))

其中

costs. mat：为运费矩阵；

direction：决定取最大值还是最小值；

row. signs：产量约束符号；

row. rhs：产量约束向量；

col. signs：销量约束符号；

col. rhs：销量约束向量。

例 3　使用 lpSovle 包求解 3 个生产点和 3 个销售点的最少费用运输问题。有三个纺织厂 A1、A2 和 A3，产量分别为 20 单位、12 单位和 30 单位，三个客户 B1、B2 和 B3 的需求量分别为 16 单位、22 单位和 24 单位。这是一个生产与销售平衡的问题，纺织厂到客户之间的单位运价如表 4.3.1 所示，试求出总运费最少的运输方案。

表 4.3.1　　纺织厂与客户之间的单位运费

	B1	B2	B3	产量
A1	4	7	10	20
A2	6	5	8	12
A3	9	12	9	30
销量	16	22	24	62

求解的 R 程序如下：

```
install.packages("lpSolve") # 下载 R 安装包
library(lpSolve)
```

运行结果如下：

```
Warning message:
package 'lpSolve' was built under R version 3.5.3
…
```

设定相关参数

```
costs< - matrix(c(4,6,9,7,5,12,10,8,9),nrow = 3) # 运费矩阵
row.signs< - rep(" = ",3) # 每家纺织厂的产量皆可售完,因此都取等号
row.rhs< - c(20,12,30) # 销量约束值
```

```
col.signs<-rep("=",3)#每个客户需求量恰好满足,因此都取等号
col.rhs<-c(16,22,24)#需求约束值
```

运行结果如下：

```
>costs
     [,1] [,2] [,3]
[1,]    4    7   10
[2,]    6    5    8
[3,]    9   12    9
>row.signs
[1]"="  "="  "="
>row.rhs
[1]20  12  30
>col.signs
[1]"="  "="  "="
>col.rhs
[1]16  22  24
```

运行 lpSovle 包求解：

```
res<-lp.transport(costs,"min",row.signs,row.rhs,col.signs,col.rhs)
res #输出最少运费
res$solution #输出运输方案
```

运行结果如下：

```
>res #输出最少运费
Success:the objective function is 440
>res$solution #输出运输方案
     [,1] [,2] [,3]
[1,]   10   10    0
[2,]    0   12    0
[3,]    6    0   24
```

上面 res 输出最少运费为 440，res $ solution 输出运输矩阵，运送方案为：A1 - B1：10 单位，A1 - B2：10 单位，A2 - B2：12 单位，A3 - B1：6 单位，

A3－B3：24 单位。全部 R 程序如下：

```
install.packages("lpSolve")#下载 R 安装包
library(lpSolve)
costs<-matrix(c(4,3,9,6,5,11,10,4,10),nrow=3)#运费矩阵
row.signs<-rep("=",3)#各家纺织厂的产量恰好可以售完,故都取等号
row.rhs<-c(20,12,30)#销量约束值
col.signs<-rep("=",3)#各个客户需求量恰好可以满足,故都取等号
col.rhs<-c(16,22,24)#需求约束值
res<-lp.transport(costs,"min",row.signs,row.rhs,col.signs,col.rhs)
res #输出最少运费
res$solution #输出运输方案
```

例 4　使用 lpSovle 包求解 3 个生产点和 3 个销售点的最小费用运输问题。有三个晶圆厂 A1、A2 和 A3，硅芯片产量分别为 250 单位、400 单位和 320 单位，三个客户 B1、B2 和 B3 的需求量分别为 230 单位、400 单位和 300 单位。这是一个生产大于销售的产销不平衡问题，产量约束符号不再都是等号，而是根据实际情况确定相关符号。晶圆厂与客户之间的单位运价如表 4.3.2 所示，试求出总运费最少的运输方案。

表 4.3.2　　晶圆厂与客户之间的单位运费

	B1	B2	B3	产量
A1	8	11	6	250
A2	9	15	16	400
A3	7	16	9	320
销量	230	400	300	930 \ 970

求解的 R 程序如下：

```
install.packages("lpSolve")#下载 R 安装包
library(lpSolve)
```

运行结果如下：

```
Warning message:
package 'lpSolve' was built under R version 3.5.3
…
```

设定相关参数

```
costs<-matrix(c(8,9,7,11,15,16,6,16,9),nrow=3)#运费矩阵
row.signs<-rep("<=",3)#销量小于等于产量
row.rhs<-c(250,400,320)#销量约束值
col.signs<-rep("=",3)#客户需求量可以满足,故都取等号
col.rhs<-c(230,400,300)#需求约束值
```

运行结果如下：

```
>costs
    [,1][,2][,3]
[1,]  8  11  6
[2,]  9  15  16
[3,]  7  16  9
>row.signs
[1]"<="  "<="  "<="
>row.rhs
[1]250  400  320
>col.signs
[1]"="  "="  "="
>col.rhs
[1]230  400  300
```

运行 lpSovle 包求解

```
res<-lp.transport(costs,"min",row.signs,row.rhs,col.signs,col.rhs)
res #输出最少运费
res$solution #输出运输方案
```

运行结果如下：

```
>res #输出最少运费
Success:the objective function is 9520
>res$solution #输出运输方案
    [,1][,2][,3]
[1,]  0  40  210
```

```
[2,]  0  360  0
[3,]  230  0   90
```

上面 res 输出最少运费为 9 520，res $ solution 输出运输矩阵，运送方案为：A1 - B2：40 单位，A1 - B3：210 单位，A2 - B2：360 单位，A3 - B1：230 单位，A3 - B3：90 单位。全部 R 程序如下：

```
install.packages("lpSolve")#下载R安装包
library(lpSolve)
costs<-matrix(c(8,9,7,11,15,16,6,16,9),nrow=3)#运费矩阵
row.signs<-rep("<=",3)#销量小于等于产量
row.rhs<-c(250,400,320)#销量约束值
col.signs<-rep("=",3)#客户需求量可以满足,故都取等号
col.rhs<-c(230,400,300)#需求约束值
res<-lp.transport(costs,"min",row.signs,row.rhs,col.signs,col.rhs)
res #输出最少运费
res$solution #输出运输方案
```

4.4　多目标优化问题

对于一般的多目标优化问题，大多采用 NSGA-2 软件包来求解，关于基因算法（GA）将在第 17 章详细介绍。该函数的格式如下：

```
nsga2 (fn,idim,odim,…,
      constraints=NULL,cdim=0,
      lower.bounds=rep(-Inf,idim),upper.bounds=rep(Inf,idim),
      popsize=100,generations=100,
      cprob=0.7,cdist=5,
      mprob=0.2,mdist=10,
      vectorized=FALSE)
```

其中：

fn：要极小化的函数。

idim，odim：输入及输出向量。

constraints：约束条件函数。

cdim：约束条件向量。

lower-upper bounds：参数的上下界。

popsize：种群大小。

generations：迭代数。

cprob：交配率。

cdist：交配分布索引。

mprob：突变率。

mdist：突变分布索引。

vectorized：如果为“TRUE”，则目标函数和约束函数必须为向量形式。

该函数的输出值包括：

par：输出参数值；

value：优化后的目标值；

pareto. optimal：“TRUE”代表已经找到帕累托最优解。

例 5 使用 NSGA-2 包求解 Binh 1 函数，该函数如下：

$$\min f_1(x,y)=x^2+y^2$$

$$\min f_2(x,y)=(x-5)^2+(y-5)^2$$

$$\text{s. t.}\begin{cases}-5\leqslant x\\ y\leqslant 10\end{cases}$$

运行程序如下：

```
## Binh 1 problem:
install.packages("mco")#下载 R 安装包
library(mco)
binh1<-function(x){
  y<-numeric(2)
  y[1]<-crossprod(x,x)
  y[2]<-crossprod(x-5,x-5)
  return(y)
}
```

```
r1<-nsga2(binh1,2,2,
          generations=150,popsize=100,
          cprob=0.7,cdist=20,
          mprob=0.2,mdist=20,
          lower.bounds=rep(-5,2),
          upper.bounds=rep(10,2))
```

运行结果（输出的图形见图 4.4.1）如下：

```
>r1
$par
            [,1]          [,2]
  [1,]5.003652046    4.9992935715
  [2,]0.003978039   -0.0002074967
  [3,]0.525362087    0.5212933000
...
[100,]0.554499856    0.6601095172
$value
            [,1]          [,2]
  [1,]5.002947e+01   1.383648e-05
  [2,]1.586785e-05   4.996231e+01
  [3,]5.477520e-01   4.008120e+01
  ...
[100,]7.432147e-01   3.859712e+01
$pareto.optimal
  [1]TRUE TRUE TRUE ...
>plot(r1)
```

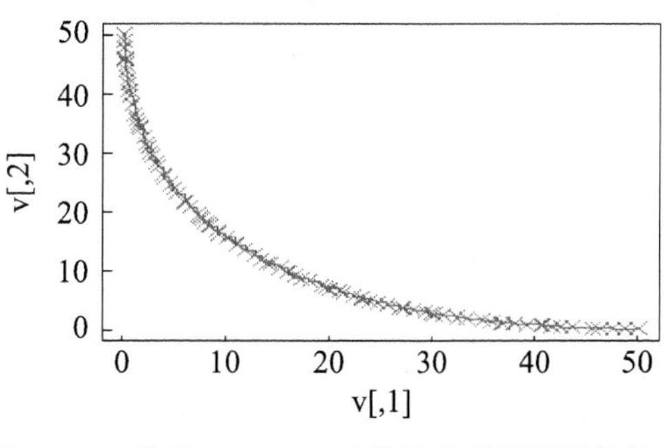

图 4.4.1　找寻 Binh 1 函数的最小值的收敛趋势图

由运行结果可以看出优化后的 2 个参数（0.554 499 856，0.660 109 517 2）及 2 个目标函数值（7.432 147e－01，3.859 712e＋01）在迭代中的变化。从图 4.4.1 中亦可看出找寻 Binh 1 函数的最小值的收敛趋势，再由 pareto. optimal 输出值“TRUE”，代表程序运行结果已经找到帕累托最优解。全部 R 程序如下：

```
##Binh 1 problem:
install.packages("mco")#下载 R 安装包
library(mco)
binh1<-function(x){
  y<-numeric(2)
  y[1]<-crossprod(x,x)
  y[2]<-crossprod(x-5,x-5)
  return(y)
}
r1<-nsga2 (binh1,2,2,
           generations=150,popsize=100,
           cprob=0.7,cdist=20,
           mprob=0.2,mdist=20,
           lower.bounds=rep(-5,2),
           upper.bounds=rep(10,2))
plot(r1)
```

例 6 使用 NSGA-2 包求解三目标最小化 VNT 函数，该函数如下：

$$\min f_1(x,y)=0.5(x^2+y^2)+\sin(x^2+y^2)$$

$$\min f_2(x,y)=(3x-2y+4)^2/8+\frac{(x-y+1)^2}{27}+15$$

$$\min f_3(x,y)=\frac{1}{x^2+y^2+1}-1.1\exp[-(x^2+y^2)]$$

$$\text{s.t.}\ -3\leqslant(x^2+y^2)\leqslant 3$$

运行程序如下：

```
##VNT problem:
install.packages("mco")#下载 R 安装包
```

```
library(mco)
vnt<-function(x){
  y<-numeric(3)
  xn<-crossprod(x,x)
  y[1]<-xn/2+sin(xn);
  y[2]<-(crossprod(c(3,-2),x)+4)^2/8+(crossprod(c(1,-1),x)+1)^2/27+15
  y[3]<-1/(xn+1)-1.1*exp(-xn)
  return(y)
}

r2<-nsga2 (vnt,2,3,
           generations=150,popsize=100,
           lower.bounds=rep(-3,2),
           upper.bounds=rep(3,2))
plot(r2)
```

运行结果如下：

```
>r2
$par
            [,1]         [,2]
  [1,]-2.048936170  -1.072069120
  [2,] 0.001469862  0.001719675
  [3,] 0.001469862  0.001719675
...
[100,]-2.007932847  -1.062519689
$value
            [,1]       [,2]        [,3]
  [1,]1.868713e+00  15.00002  0.152306855
  [2,]7.676665e-06  17.03799  -0.099999488
  [3,]7.676665e-06  17.03799  -0.099999488
...
[100,]1.679209e+00  15.00139  0.156006917
$pareto.optimal
```

[1]TRUE TRUE TRUE…

由运行结果可以看出优化后的 2 个参数（−2.007 932 847，−1.062 519 689）及 3 个目标函数值（1.679 209e+00，15.001 39，0.156 006 917）在迭代中的变化。从图 4.4.1 中亦可看出找寻 Binh 1 函数的最小值的收敛趋势，再由 pareto.optimal 输出值“TRUE”，代表程序运行结果已经找到帕累托最优解。全部 R 程序如下：

```
## VNT problem:
install.packages("mco")#下载R安装包
library(mco)
vnt<-function(x){
  y<-numeric(3)
  xn<-crossprod(x,x)
  y[1]<-xn/2+sin(xn);
  y[2]<-(crossprod(c(3,-2),x)+4)^2/8+(crossprod(c(1,-1),x)+1)^2/27+15
  y[3]<-1/(xn+1)-1.1*exp(-xn)
  return(y)
}
r2<-nsga2 (vnt,2,3,
           generations=150,popsize=100,
           lower.bounds=rep(-3,2),
           upper.bounds=rep(3,2))
plot(r2)
```

4.5 多目标优化案例研究

某工厂生产 A，B 两种型号的电动车，其中 A 型车每辆销售额是 3 200 元，B 型车每辆销售额是 1 900 元。假设每辆 A 型车生产的平均时间是 5 小时，B 型车是 4 小时。此外，可加班 24 小时，在加班时间内生产的 A 型车的销售额为 3 000 元，生产的平均时间是 7 小时；生产的 B 型车的销售额为 1 700 元，生产的平均时间是6小时。销售市场需要A、B两种车型50辆以上，如何使销售额最高及生产的平均时间最少？

假设正常生产A型车 x_1 辆，正常生产B型车 x_2 辆，加班生产A型车 x_3 辆，加班生产B型车 x_4 辆，销售金额为 P，加班时间为 T。按照题意，设定如下多目标优化模型：

$$\max P = 3\,200x_1 + 1\,900x_2 + 3\,000x_3 + 1\,700x_4$$

$$\min T = 5x_1 + 4x_2 + 7x_3 + 6x_4$$

$$\text{s. t. } x_1 + x_2 + x_3 + x_4 \geqslant 50$$

$$x_1, x_2, x_3, x_4 \geqslant 1$$

运行程序如下：

```
## rcar problem:
install.packages("mco") #下载 R 安装包
library(mco)
car<-function(x){
  y<-numeric(2)
#   NSGA-2 函数求最小值,将销售函数取倒数
  y[1]<-1/(3200*x[1]+1900*x[2]+3000*x[3]+1700*x[4])
  y[2]<-5*x[1]+4*x[2]+7*x[3]+6*x[4]
  return(y)
}

z<-function(x){ sum(x)-50 }
rcar<-nsga2 (car,4,2,
            generations=500,popsize=100,
            lower.bounds=rep(1,4),
            upper.bounds=rep(1000,4),constraints=z,cdim=1)
```

```
>rcar
$par
          [,1]        [,2]        [,3]        [,4]
[1,]    9.825812   38.765820    1.000001    1.000094
[2,]1000.000000 1000.000000 1000.000000 1000.000000
```

```
[3,]  990.685474  754.661008   589.282360   1.409520
…
[100,]  88.208592     7.767731     1.004687     1.038436
```

由于题目限制“$x_1+x_2+x_3+x_4\geqslant50$”，因此由结果发现优化结果 x_1 为 88.208 592、x_2 为 7.767 731、x_3 为 1.004 687、x_4 为 1.038 436，其和超过 50。

```
$ value
              [,1]          [,2]
[1,]9.107649e-06      217.1929
[2,]1.020408e-07      22000.0000
[3,]1.568802e-07      12105.5050
…
[100,]3.313391e-06      485.3773
```

目标销售额 y_1 为 3.313 391e−06，由于程序中将销售函数取倒数，因此销售额应该再取倒数，也就是 y_1 为 1/3.313 391e−06=301 805.6，最小化生产的平均时间 y_2 为 485.377 3。

```
$ pareto.optimal
[1]TRUE TRUE TRUE…
```

NSGA-2 分析参数 $ pareto. optimal 的结果为“TRUE”，代表 NAGA-2 函数已经找到最优值。再由图形绘制发现，500 次迭代找寻目标函数的最优解，100 次迭代后逐渐收敛。

```
>plot(rcar)
```

结果见图 4.5.1。

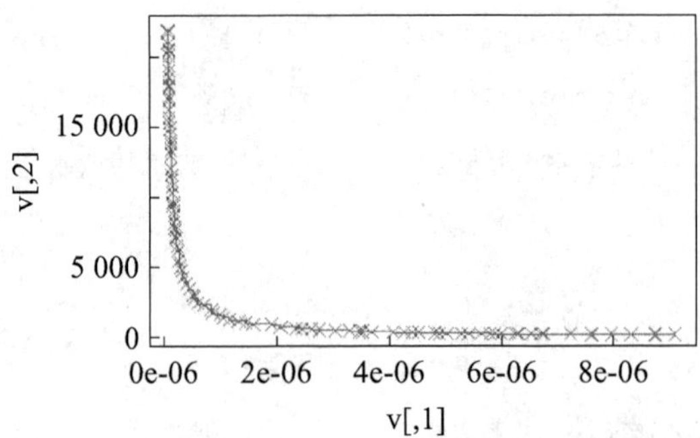

图 4.5.1　找寻 rcar 函数的最小值的收敛趋势图

读者可根据自己的题目修改本程序，本节的全部 R 程序如下：

```
## rcar problem:
install.packages("mco")#下载 R 安装包
library(mco)
car<-function(x){
  y<-numeric(2)
#   xn<-crossprod(x,x)
  y[1]<-1/(3200*x[1]+1900*x[2]+3000*x[3]+1700*x[4])
  y[2]<-5*x[1]+4*x[2]+7*x[3]+6*x[4]
  return(y)
}

z<-function(x){ sum(x)-50 }

rcar<-nsga2 (car,4,2,
             generations=500,popsize=100,
             lower.bounds=rep(1,4),
             upper.bounds=rep(1000,4),constraints=z,cdim=1)
plot(rcar)
```

第 5 章

等分线性回归

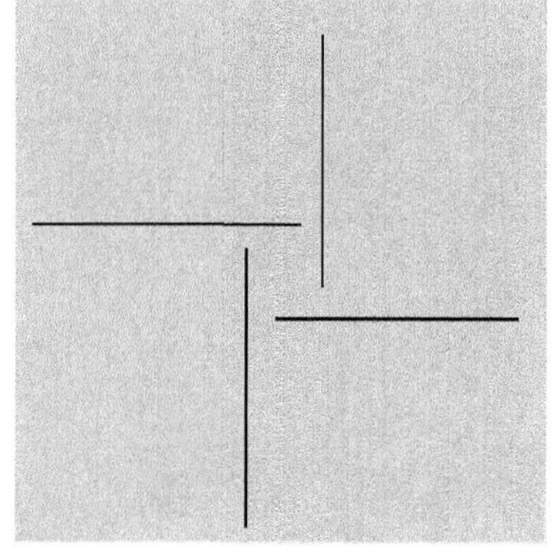

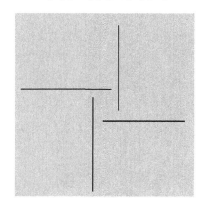

本章要点

- 等分线性回归简介
- 距离等分与样本点等分
- 等分线性回归系数与置信区间的绘制
- 一个简单的案例分析
- 应用等分线性回归于广东省地区生产总值的研究

5.1　等分线性回归简介

利用线性回归模型来分析属于一般正态分布的数据，可获得理想的分析与预测结果。但是在现实中，数据通常会隐含一些极端值，而这些极端值数据正是社会科学研究者应该额外关注的对象。如果使用线性回归模型以其平均值的概念来概括这些极端值，那么往往会使研究结果失真。然而，目前解决极端值数据的模型大多采用 Koenker（1978）的分量回归模型，且有许多相关文献可供参考，但是分位数的概念对于一般人而言较陌生，并且分位数回归模型较线性回归模型复杂，不易理解。因此，笔者（Pan，2017）在国际 SSCI 期刊（《欧亚大陆数学、科学和技术教育杂志》）（*Eurasia Journal of Mathematics*，*Science and Technology Education*）第 13 卷第 8 期发表的一篇名为“A Newer Equal Part Linear Regression Model：A Case Study of the Influence of Educational Input on Gross National Income”的文章提出了另外一种新的回归方法，本章称之为“等分线性回归模型”（equal part linear regression model，EPLRM），做法是将数据以若干等分方式进行线性回归建模，如此便可以独立观察每一等分模型的趋势，并且与一般线性回归模型做比较，目前已经有许多相关文献。该理论是假设 y 是依赖于 x 的一个连续型因变量，建模后的标准线性回归模型可表示为

$$y_i = \beta_0 + \beta_1 x_i + \varepsilon_i$$

其中ε_i服从均值μ为0、标准差为σ^2的正态分布。由于线性回归是采用最小二乘法找出使误差平方和最小的那条直线，因此可写成：

$$\min \sum_i [y_i - (\beta_0 + \beta_1 x_i)]^2$$

由标准方程式中求出β_0和β_1的解，称作普通最小二乘估计（ordinary least squares estimator，简称 OLS estimator），一般用$\hat{\beta}_0$和$\hat{\beta}_1$来表示。

$$\hat{\beta}_1 = \frac{\sum_{i=1}^{n}(x_i - \overline{x})(y_i - \overline{y})}{\sum_{i=1}^{n}(x_i - \overline{x})^2}$$

$$\hat{\beta}_0 = \overline{y} - \bar{\beta}_0 \overline{x}$$

而线性回归模型的判定系数（coefficient of determination）是最常用的拟合优度指标，它衡量回归模型所能捕捉的由自变量（x）解释的因变量的变化占因变量（y）的变化的比例，通常用R^2来表示，其公式为

$$R^2 = \frac{\sum_{i=1}^{n}(\hat{y}_i - \overline{y})^2}{\sum_{i=1}^{n}(y_i - \overline{y})^2}$$

R^2越高，代表回归模型所能捕捉的因变量的变动占总变动的比例越高，故拟合优度较好。当$R^2=1$时，回归平方和等于总平方和，此时回归模型没有任何残差，称作完全拟合（perfect fit）。当$R^2=0$时，残差平方和等于总平方和，此时回归模型对因变量无任何解释能力。在$(1-\alpha)$的置信水平下β_i的置信区间是：

$$(\hat{\beta}_i - t_{\alpha/2} \times s_{\hat{\beta}_i},\ \hat{\beta}_i + t_{\alpha/2} \times s_{\hat{\beta}_i}),\ i = 0,\ 1$$

然而，等分线性回归模型是将线性数据切割为“τ”个等分，分别进行回归建模，如图 5.1.1 所示：

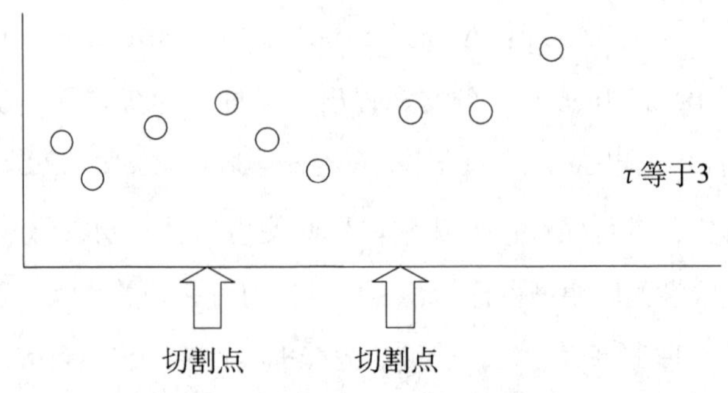

图 5.1.1　τ个等分线性回归模型

图 5.1.1 将 9 个线性数据点切割为 3 个等分，每个等分中有 3 个数据点。不同等分中的 3 个数据点皆有不同的趋势，若采取标准线性回归分析或预测，就可能导致研究结果失真。因此，我们可以采用不同等分中的 3 个数据点分别拟合线性回归模型。这 3 个等分线性回归式可表示成：

$$y_i^\tau = \beta_0^\tau + \beta_1^\tau x_i^\tau + \varepsilon_i^\tau$$

其他诸如最小二乘估计：

$$\hat{\beta}_1^\tau = \frac{\sum_{i=1}^{n}(x_i^\tau - \bar{x}^\tau)(y_i^\tau - \bar{y}^\tau)}{\sum_{i=1}^{n}(x_i^\tau - \bar{x}^\tau)^2}$$

$$\hat{\beta}_0^\tau = \bar{y}^\tau - \bar{\beta}_0^\tau \bar{x}^\tau$$

判定系数与置信区间分别为：

$$R^2 = \frac{\sum_{i=1}^{n}(\hat{y}_i^\tau - \bar{y}^\tau)^2}{\sum_{i=1}^{n}(y_i^\tau - \bar{y}^\tau)^2}$$

$$(\hat{\beta}_i^\tau - t_{\alpha/2} \times s_{\hat{\beta}_i},\ \hat{\beta}_i^\tau + t_{\alpha/2} \times s_{\hat{\beta}_i}),\ i = 0,\ 1$$

可于式中特定位置加上“τ”符号。

读者要特别注意的是，若采用的数据是非时间数列数据，也就是没有排序的数据，建议以因变量（y）的值对全部数据由小而大排序，时间数列数据应该按照先后顺序排列好，本书的程序代码中并无自动排序功能。此外，经过笔者测试，自变量（x）为连续型数值数据时分析结果较好，而因变量（y）则没有限制，读者可以自行测试。最后，读者对于自己的样本数据应该非常了解，最好数据中有许多离群值，采用等分线性回归分析才有意义，读者可先对各等分进行 F 检验。

5.2 距离等分与样本点等分

等分线性回归可以根据实际研究问题的需要，采用距离等分线性回归或者样本点等分线性回归进行分析。图 5.2.1 是采用距离等分将样本点进行分割，也就是从原点到切割点 1 以及从切割点 1 到切割点 2 的距离均相等。然而，从原点到切割点 1 有 5 个样本点，从切割点 1 到切割点 2 有 4 个样本点，在切割点 2

之后则有 3 个样本点。但是若采用距离等分线性回归进行分析，就必须确保每一等分内的样本点要大于或等于 3，才能让线性回归模型得以建立。当样本点无法刚好切割等分时（如 2 的倍数、3 的倍数、…），可采用距离等分切割。

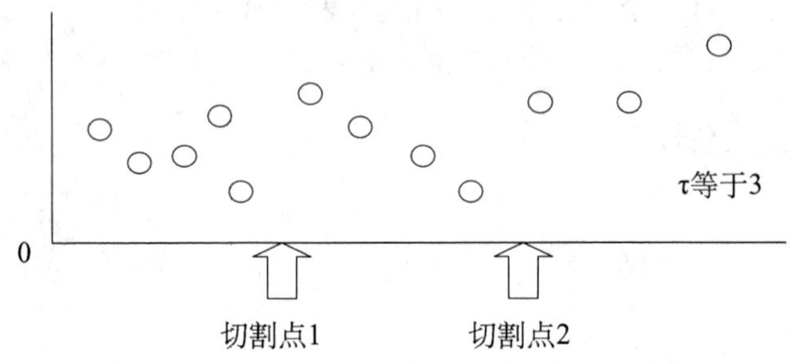

图 5.2.1　3 个等分线性回归模型（距离等分）

图 5.2.2 是采用样本点等分将样本点进行分割，在图 5.2.2 中，每一个等分的距离不同，但是每一个等分内的样本点数相同（即 4 个样本点）。一般而言，样本点等分较容易进行分析，也就是直接将样本点以相同数量进行适当分割即可；而距离等分必须先切割适当的等分后再计算样本点的个数，以确保每一等分内的样本点数必须大于或等于 3，因此，距离等分线性回归大多用于特殊情况。

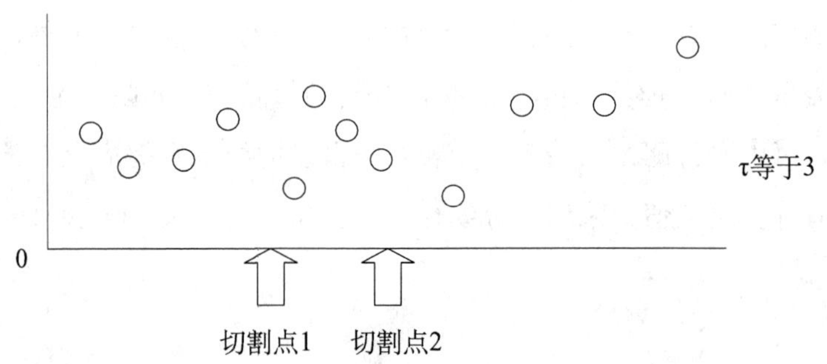

图 5.2.2　3 个等分线性回归模型（样本点等分）

5.3　等分线性回归系数与置信区间的绘制

等分线性回归线的绘制方式是将等分样本点数据由左至右平移而绘制出来的，如图 5.3.1 所示。就是由最左侧开始对等分样本点数据进行回归建模，然后记录其回归估计系数和置信区间的上下限；再将等分样本点数据由左至右平移一个样本点数据进行回归建模，然后记录其回归估计系数和置信区间的上下限；依此类推。

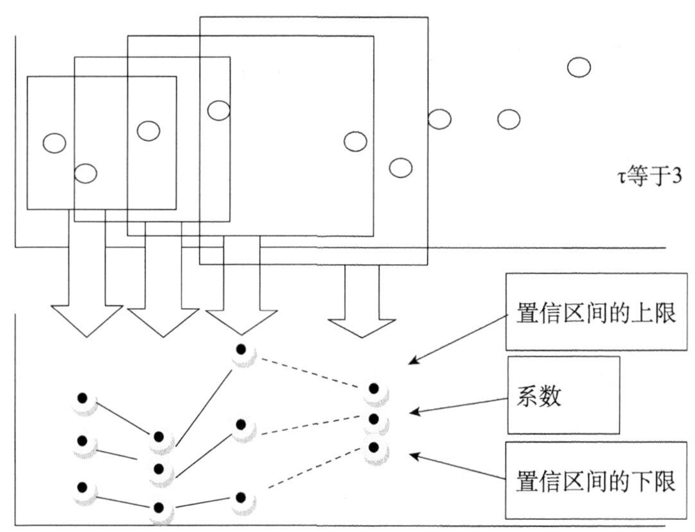

图 5.3.1　3 个等分线性回归的回归线与置信区间的绘制

最后，所绘出的图形类似于采用 R 软件绘制等分线性回归图形所得的图 5.3.2，其中中间的不规则的粗黑线为等分线性回归的系数趋势线，上下灰色区域为等分线性回归的置信区间。

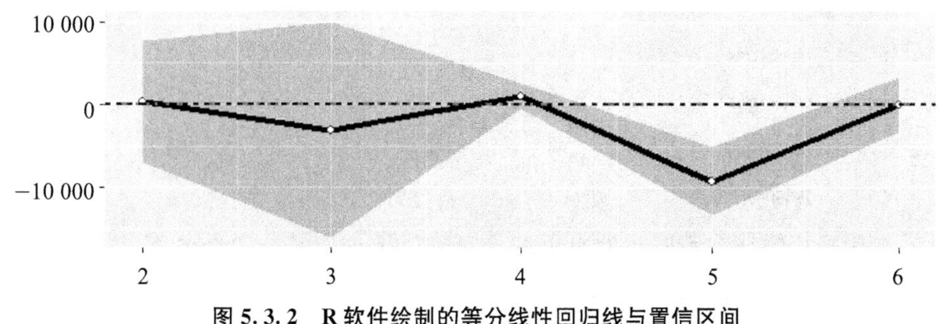

图 5.3.2　R 软件绘制的等分线性回归线与置信区间

5.4　一个简单的案例分析

由于等分线性回归的程序代码很长，程序内包含很多自定义函数，因此需要读者登录如下网址复制后面部分的程序，网址：http://eplrm. byethost31. com/，界面截图见图 5.4.1。

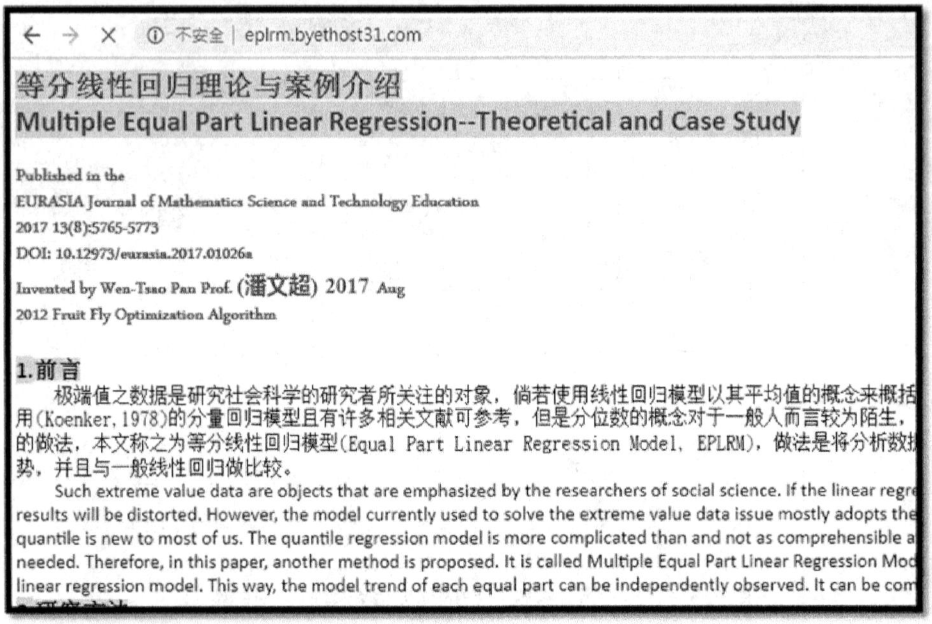
← → ✕ ⓘ 不安全 | eplrm.byethost31.com

等分线性回归理论与案例介绍
Multiple Equal Part Linear Regression--Theoretical and Case Study

Published in the
EURASIA Journal of Mathematics Science and Technology Education
2017 13(8):5765-5773
DOI: 10.12973/eurasia.2017.01026a

Invented by Wen-Tsao Pan Prof. (潘文超) 2017 Aug
2012 Fruit Fly Optimization Algorithm

1.前言
极端值之数据是研究社会科学的研究者所关注的对象，倘若使用线性回归模型以其平均值的概念来概括
用(Koenker, 1978)的分量回归模型且有许多相关文献可参考，但是分位数的概念对于一般人而言较为陌生，
的做法，本文称之为等分线性回归模型(Equal Part Linear Regression Model, EPLRM)，做法是将分析数
势，并且与一般线性回归做比较。
Such extreme value data are objects that are emphasized by the researchers of social science. If the linear regr
results will be distorted. However, the model currently used to solve the extreme value data issue mostly adopts the
quantile is new to most of us. The quantile regression model is more complicated than and not as comprehensible a
needed. Therefore, in this paper, another method is proposed. It is called Multiple Equal Part Linear Regression Mod
linear regression model. This way, the model trend of each equal part can be independently observed. It can be com

图 5.4.1　等分线性回归程序及说明网址

等分线性回归的程序代码中所使用的软件包包括下述几种：

```
install.packages("SparseM")
install.packages("quantreg")
install.packages("boot")
install.packages("ggplot2")
install.packages("grid")
install.packages("Rmisc")
```

读者可以尝试在不同的地点下载，以降低下载安装失败的概率。下载完所有软件包并将之加载到 R 软件的内存空间后，下一步就是建立等分线性回归所有的自定义函数。在建立这些函数的过程中会出现如图 5.4.2 所示的动态画面。

我们举一个简单案例进行分析（见表 5.4.1）：

表 5.4.1　　等分线性回归测试数据

X	1	2	3	4	5	6	7	8	9	10	11	12	13	14	15
Y	21	15	16	12	7	4	12	15	14	10	16	13	7	8	6

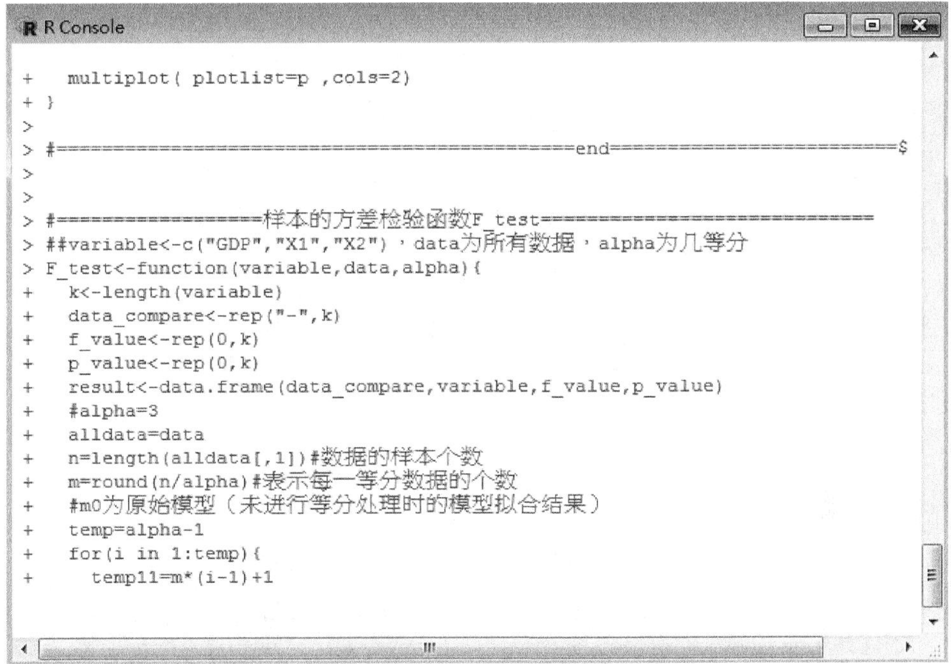
```
+   multiplot( plotlist=p ,cols=2)
+ }
>
> #============================================end========================$
>
>
> #=================样本的方差检验函数F_test============================
> ##variable<-c("GDP","X1","X2")，data为所有数据，alpha为几等分
> F_test<-function(variable,data,alpha){
+   k<-length(variable)
+   data_compare<-rep("-",k)
+   f_value<-rep(0,k)
+   p_value<-rep(0,k)
+   result<-data.frame(data_compare,variable,f_value,p_value)
+   #alpha=3
+   alldata=data
+   n=length(alldata[,1])#数据的样本个数
+   m=round(n/alpha)#表示每一等分数据的个数
+   #m0为原始模型（未进行等分处理时的模型拟合结果）
+   temp=alpha-1
+   for(i in 1:temp){
+     temp11=m*(i-1)+1
```

图 5.4.2　建立等分线性回归所需的自定义函数界面

我们将此数据三等分，每一等分有 5 个数据，同时建立标准线性回归模型与 3 个等分线性回归模型，回归式分别为：

$Y=-0.525X+15.93$　　　　$R^2=0.253$

当 $\tau=1$；$Y=-3.1X+23.5$　　　　$R^2=0.899$

当 $\tau=2$；$Y=1.4X-0.2$　　　　$R^2=0.257$

当 $\tau=3$；$Y=-2.5X+42.5$　　　　$R^2=0.844$

由上方 3 个等分线性回归式我们发现，拟合所得回归线的方向和倾斜程度与标准线性回归皆不同，并且 3 个等分线性回归式的解释能力（R^2）亦高于标准线性回归。我们再观察图 5.4.3，其中横轴为 X、纵轴为 Y，实线为标准线性回归线，而三条虚线为等分线性回归线。我们再次发现，拟合所得回归线的方向和倾斜程度与标准线性回归皆不同，而从图 5.4.3 中我们发现，若以第 1 等分线性回归式（$\tau=1$）估计，当 X 大约大于 3 时，用标准线性回归进行估计会有高估的情况；若以第 2 等分线性回归式（$\tau=2$）估计，当 X 介于 5～10 之间时，用标准线性回归进行估计会有高估的情况；若以第 3 等分线性回归式($\tau=3$)估计，当 X 介于 10～13 之间时，用标准线性回归进行估计会有低估的情况，当 X

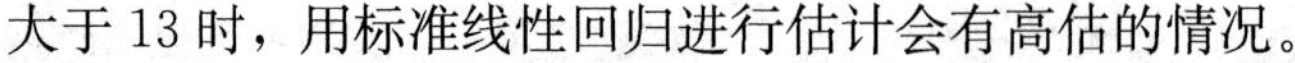
大于 13 时，用标准线性回归进行估计会有高估的情况。

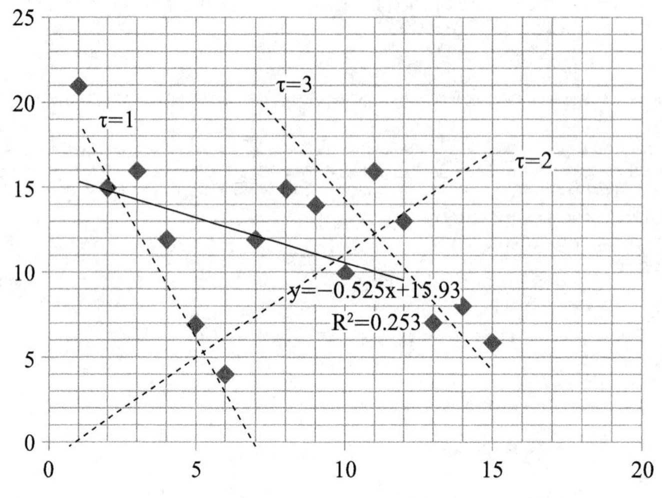

图 5.4.3　标准线性回归与 3 条等分线性回归线

综合来说，利用等分线性回归模型估计数据分布的情况，会明显优于标准线性回归模型。我们将表 5.4.1 中的数据用 Excel 整理成“. csv”文件，在计算机的“C：\ ”根目录下新建一目录，命名为“data”，然后将整理成“. csv”的文件复制到 C：\ data 目录内，并将此“. csv”的文件命名为 testdata. csv。

testdata. csv 的内容如图 5.4.4 所示：

名称

.Rhistory
CSR
CSR3
CSR4
data_F_test
dengfeng
pingyimodel
quantile_health
testdata
testdataBK
testdataBK2

A1

	A	B	C
1	X1	Y	
2	1	21	
3	2	15	
4	3	16	
5	4	12	
6	5	7	
7	6	4	
8	7	12	
9	8	15	
10	9	14	
11	10	10	
12	11	16	
13	12	13	
14	13	7	
15	14	8	
16	15	6	

图 5.4.4　分析数据的摆放方式与命名

首先，登录网址 http://eplrm.byethost31.com/并下载后面的程序，运行下载的安装包并加载 R 软件运作环境的程序，所有程序代码如下所示：

```
install.packages("SparseM")
install.packages("quantreg")
install.packages("boot")
install.packages("ggplot2")
install.packages("grid")
install.packages("Rmisc ")
library(SparseM)
library(quantreg)
library(boot)
library(ggplot2)
library(grid)
library("Rmisc")
```

然后自定义函数，共有约 230 行程序代码，请读者登录网址（http://eplrm.byethost31.com）复制。

```
# ===== 1. 定义一个函数 equal_lm 来处理回归分析并解析数据 =======
#四个参数,第一个 formulation 是方程式,第二个 datak 是资料,
#第三个 modelname 是模型名字,第四个 c 是置信度,k 表示变量个数(y 和 x 一起)
equal_lm<-function(formulation,datak,modelname,c,k){
  variable<-c("constant","x1","x2","x3","x4","x5","x6","x7","x8","x9","x10")
  names<-rep(0,k)
  for(i in 1:k){
    names[i]<-variable[i]
  }
…
…
…
# =================== end ==================================
# ========== 使用说明?Instructions for use ================
```

```
#1)读取数据
#2)简单线性回归,调用 equal_lm,得到计算结果 model0_result1
#3)等分线性回归,调用 DF_mode,得到计算结果 model_dengfen_result
#4)平移模型,调用 py_model,得到计算结果 model_pingyi_result
#画图,调用 plot_conf 进行绘制,得到图像
# ============================================================
# ==== Start From here!! === Start From here!! === Start From here!! =====
```

下面就可以开始逐步分析数据了。

我们首先将分析数据加载到 R 软件运作环境，第一段程序代码如下：

```
# ====================== 1. 读取数据 ============================
#设置工作目录,括号内参数为存放数据的目录,并读取数据
# Set the directory where the data is stored,and read the data
setwd("C:/data")
data = read.csv("testdata.csv")
# =========================================================================
```

运行完成后，R 软件已经了解要去何处读取分析数据。我们继续运行第二段程序代码：

```
# ======================== 2. 简单线性回归 ==========================
#2,简单线性回归,对所有数据,c = 0.90 表示置信度为 0.90,k = 10 表示一共 10 个变量(9
个自变量 + 1 个常数项)
data = read.csv("testdata.csv")
#c = 0.95
model0_result1<-equal_lm(Y~X1,datak = data,modelname = "model0",c = 0.95,k = 2)
model0_result1
# ===================================================================
```

若读者从网页复制程序来分析，请记得将自变量 X 修改成测试数据的数量，本节测试数据只有一个 X1。另外，k 必须设定为 2，即 1 个自变量＋1 个常数

项。运行结果部分截图如图 5.4.5 所示。

```
> #=======================2.简单线性回归=============================
> #2,简单线性回归,对所有数据,c=0.90表示置信度为0.90，k=10表示一共10个变量（9$
> data=read.csv("testdata.csv")
> #c=0.95
> model0_result1<-equal_lm(Y~X1,datak=data,modelname="model0",c=0.95,k=2)
> model0_result1
     names            r_square     conf std.error   t_value          sig
1 constant              model0 15.93333 2.2743205  7.005756 9.261252e-06
2       x1 0.253088106689987 -0.52500 0.2501419 -2.098809 5.593340e-02
  low_confident up_confidient
1     11.019963   20.84670398
2     -1.065399    0.01539872
> #================================================================
> |
```

图 5.4.5　测试数据的简单线性回归结果

简单回归分析结果在此就不再详述。我们继续运行第三段等分线性回归程序，代码如下：

```
# ====================== 3. 等分线性回归 =============================
#等分线性回归,3 等分,c = 0.90 表示置信度,k = 10 表示一共 10 个变量(9 个自变量 + 1 个常数项),alpha = 3 表示三等分
data = read.csv("testdata.csv")
model_dengfen_result< - DF_model(Y～X1,alldata = data,c = 0.90,k = 2,alpha = 3)

model_dengfen_result
#保存结果到 csv 文件,model_dengfen_result 为变量名称,后面的参数为保存的文件名称
write.csv(model_dengfen_result,"dengfeng.csv")
variable< - c("Y","X1")
plot_conf(k = 2,mn = model_dengfen_result,variable)
# ==================================================================
```

同样地，记得要减少自变量并设定 k 等于 2。另外，在程序中 alpha 设定为 3，也就是三等分。运行结果如图 5.4.6 所示。

```
R Console
> data=read.csv("testdata.csv")
> model_dengfen_result<-DF_model(Y~X1,alldata=data,c=0.95,k=2,alpha = 3)
> model_dengfen_result
     names              r_square      conf  std.error      t_value            sig
1 constant                model0  15.93333  2.2743205   7.00575560 9.261252e-06
2       x1 0.253088106689987  -0.52500  0.2501419  -2.09880871 5.593340e-02
3 constant               model 1  23.50000  1.9807406  11.86424915 1.287517e-03
4       x1 0.899812734082397  -3.10000  0.5972158  -5.19075382 1.388659e-02
5 constant               model 2  -0.20000 11.1391203  -0.01795474 9.868023e-01
6       x1 0.257894736842105   1.40000  1.3711309   1.02105494 3.823874e-01
7 constant               model 3  42.50000  8.0962954   5.24931436 1.346313e-02
8       x1 0.844594594594595  -2.50000  0.6191392  -4.03786427 2.732545e-02
  low_confident up_confident
1     11.019963  20.84670398
2     -1.065399   0.01539872
3     17.196399  29.80360061
4     -5.000607  -1.19939290
5    -35.649652  35.24965209
6     -2.963551   5.76355053
7     16.733974  68.26602554
8     -4.470377  -0.52962278
> #保存结果到csv文件，model_dengfen_result为变量名称，后面的参数为保存的文件名称
> write.csv(model_dengfen_result,"dengfeng.csv")
```

图 5.4.6　3 个等分线性回归的分析结果

分析结果中 model0 代表简单线性回归，model1、model2 及 model3 分别为低（第一）等分、中（第二）等分及高（第三）等分线性回归。分析结果分别会产生 r _ square（解释力）、conf（回归系数）、std. error（标准误差）、t _ value（t 值）、sig（显著性）、low _ confident（置信区间下限）及 up _ confident（置信区间上限）。在三个等分线性回归中，低等分（r _ square＝0. 899 8）及高等分（r _ square＝0. 844 6）线性回归模型中的 r _ square 都很高，表示模型的解释能力很高。我们又发现，不论是低等分线性回归还是高等分线性回归，X1 变量的显著性（sig）几乎都达到 5%，表示 X1 在低等分及高等分线性回归中均具有解释因变量 Y 的能力。接下来要绘制等分线性回归线，运行的程序如下：

```
# ========================= 4. 平移模型 =========================
#平移模型,c = 0.95 表示置信度为 0.95,k = 10 表示 10 个变量(9 个自变量和 1 个常数项)
data = read.csv("testdata.csv")
model_pingyi_result< - py_model(Y~X1,data,c = 0.90,k = 2,alpha = nrow(data)/3)


model_pingyi_result
```

```
write.csv(model_pingyi_result,"pingyimodel.csv")
variable<-c("Y","X1")
plot_conf(k=2,mn=model_pingyi_result,variable)
# ===============================================================
```

运行结果如图 5.4.7 所示：

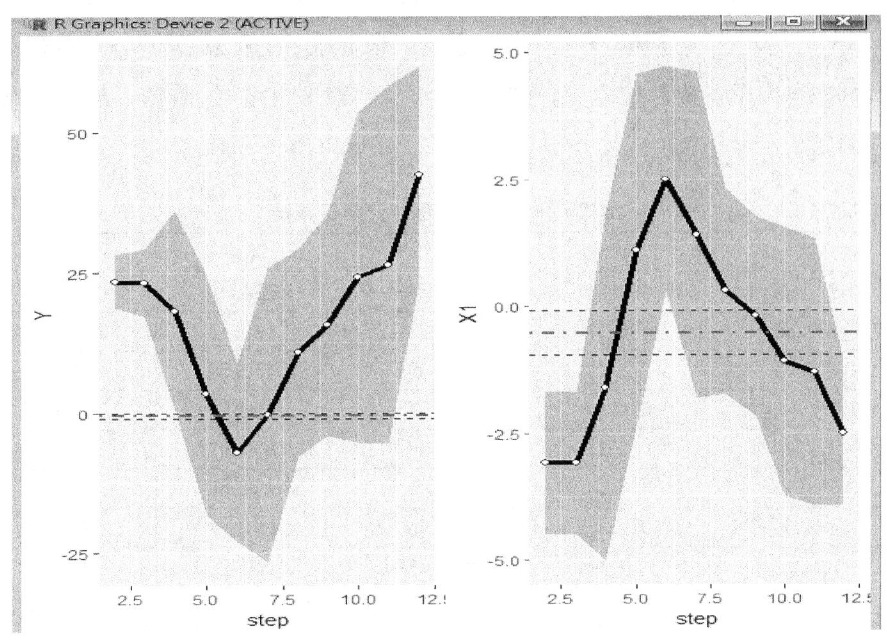

图 5.4.7　X1 等分线性回归分析结果

在本例中，我们是将 15 组分析数据三等分，因此每一等分有 5 组数据，然后利用 5 组数据按由左至右的方式，每移动一组数据就进行一次简单回归分析，并记录回归系数及置信区间，待移动到最右侧后将记录的数据绘制成图 5.4.7。左图代表的是常数项部分，右图代表的是 X1 变量，图中靠近中间的粗虚线是简单线性回归线，其上下的细虚线是简单线性回归的置信区间的上下限；而不规则的粗实线是等分线性回归线，上下的灰色区域是等分线性回归的置信区间。从图 5.4.7 中我们发现，X1 在低等分和高等分时若采用线性回归估计，就会有高估的情况，代表在低等分及高等分处自变量 X1 对因变量 Y 的影响并不显著，但在中等分处若采用线性回归估计，就会有明显低估的情况，代表在中等分处自变量 X1 对因变量 Y 的影响非常显著。

5.5 应用等分线性回归于广东省地区生产总值的研究

本案例是针对广东省地区生产总值（GDP）的影响因子进行分析。假设研究者想要了解国际旅游外汇收入（X1）、科技市场成交额（X2）、房地产投入总额（X3）以及农业总产值（X4）如何影响广东省地区生产总值（Y）。本章采用的数据来自广东省统计信息网，到 2015 年一共整理出 29 组数据，部分数据见表 5.5.1。

表 5.5.1　　本案例的广东省地区生产总值数据

Y	X1	X2	X3	X4
72 812.55	17 884.66	662.58	8 538.47	2 793.76
67 809.85	17 106.36	413.25	7 638.45	2 613.18
62 474.79	16 278.07	529.39	6 489.59	2 444.7
57 067.92	15 610.67	364.94	5 352.79	2 229.27
53 210.28	13 906.19	275.06	4 809.91	2 042.16
46 013.06	12 382.61	235.89	3 659.69	1 760.18
39 482.56	10 028.13	170.98	2 961.32	1 551.03
39 796.71	9 174.98	201.63	2 949.25	1 481.69
31 777.01	8 706	132.84	2 517.23	1 328.7
26 587.76	7 532.79	107.03	1 843.51	1 235.4
22 557.37	6 388.05	112.47	1 591.9	1 109.18
18 864.62	5 378.21	57.27	1 355.84	959.97
15 844.64	4 266.93	80.57	1 233.52	851.72
13 502.42	5091	68.45	1 115.25	841.77
12 039.25	4 483.51	53.97	972.34	817.95
10 741.25	4 112.21	48.21	856.61	807.94
9 250.68	3 272	34.45	710.2	859.66
8 530.88	2 942	24.81	602.72	861.97
7 774.53	2 801	19.6	528.31	851.35
6 834.97	2 638	13.11	528.85	825.6
5 933.05	2 392.68	12.6	563.89	777.72
4 619.02	2 013	9.59	404.13	628.17
3 469.28	1 950	18.08	316.53	486.46
2 447.54	1 984	6.39	125.57	428.99

续表

Y	X1	X2	X3	X4
1 893.3	1 560	3.21	49.75	388.9
1 559.03	713	2.03	32.7	359.39
1 381.39	900	1.4	48.15	323.15
1 155.37	1 110	1.97	21.96	277.38
846.69	990	0.82	16.29	214.47

将这些数据由旧到新或由小到大排列，同样地，我们将这些数据用 Excel 整理成“.csv”文件，如图 5.5.1 所示。

	A	B	C	D	E
1	Y	X1	X2	X3	X4
2	846.69	990	0.82	16.29	214.47
3	1155.37	1110	1.97	21.96	277.38
4	1381.39	900	1.4	48.15	323.15
5	1559.03	713	2.03	32.7	359.39

图 5.5.1　本案例的部分数据

本节用样本点等分线性回归进行分析，探讨国际旅游外汇收入（X1）、科技市场成交额（X2）、房地产投入总额（X3）以及农业总产值（X4）如何影响广东省地区生产总值（Y），同时建立标准线性回归模型与 3 个等分线性回归模型，虽然本章使用的数据为 29 组，但是仍然能够进行分析。此外，本章额外采用轮廓图分析各个变量在不同的等分下对广东省地区生产总值的边际影响，经过作者测试，因变量和自变量皆为连续型数据，很适合采用轮廓图分析，但前提是数据必须非正态分布，较能体现分析结果的差异性。我们先在“C：\”根目录下建立一个名为“data”的文件夹，然后把测试数据（Excel 转存为 .csv 文件）复制到 data 目录内，并将这份测试数据命名为 testdata.csv。

与前几章相同，首先打开 R 软件并在命令窗口中执行网页（http://eplrm.byethost31.com/）后面的程序代码。

前 230 行程序代码包含软件包的安装及加载，也就是将“Start from here!!”以上的所有程序代码复制并粘贴到 R 软件命令窗口中执行。要特别注意，所有软件包必须确认安装完成，若安装失败，则选择其他国家的下载点重新安装，然后从“Start from here!!”下方程序代码开始执行第一段程序代码：

```
# ====================== 读取数据 ============================
#1,设置工作目录(括号内参数为存放数据的目录),并读取数据
setwd("C:/data")
data = read.csv("testdata.csv")
# ==============================================================
```

读者可以尝试在命令行输入 data 指令，可以显现出样本数据，如下所示：

```
>data
        Y        X1       X2     X3      X4
1   846.69   990.00   0.82   16.29   214.47
2  1155.37  1110.00   1.97   21.96   277.38
3  1381.39   900.00   1.40   48.15   323.15
4  1559.03   713.00   2.03   32.70   359.39
…
…
…
…
```

读取数据之后接着执行第二段程序代码：

```
# ====================== 2. 简单线性回归 ========================
data = read.csv("testdata.csv")
model0_result1< - equal_lm(Y~X1 + X2 + X3 + X4, datak = data, modelname = "model0", c =
0.95, k = 5)
model0_result1
# ==============================================================
```

本例中有 4 个自变量，请读者自行修改程序代码中的自变量个数（X1，X2，X3，X4）。此外，本例中有 1 个常数项，因此参数 k 设定为 5，运行结果如下：

```
names          r_square              conf           std.error       t_value
1  constant    model0                -3388.871695   1425.5895330    -2.3771721
2  x1          0.993829399311337     3.355189       0.4452912       7.5348209
```

```
3  x2           -          -1.806098      11.1190719      -0.1624324
4  x3           -           1.488083       1.2522196       1.1883562
5  x4           -           1.527370       3.5189645       0.4340395
         sig        low_confident   up_confident
1  2.576339e-02    -6331.143881    -446.599508
2  8.961169e-08       2.436153        4.274225
3  8.723252e-01     -24.754734       21.142539
4  2.463199e-01      -1.096371        4.072537
5  6.681368e-01      -5.735416        8.790155
```

此时产生了标准多元线性回归的分析结果，表中常数项及 X1 的系数皆达到 90%的显著性水平，代表 X1 对 Y 具有显著的解释能力。

完成后接着执行第三段程序代码：

```
# ====================== 3. 等分线性回归 ================================
#等分线性回归,3 等分,c = 0.90 表示置信度,k = 10 表示 10 个变量(9 个自变量 + 1 个常数
项),alpha = 3
表示 3 等分
data = read.csv("testdata.csv")
model_dengfen_result<-DF_model(Y~X1 + X2 + X3 + X4,alldata = data,c = 0.95,k = 5,al-
pha = 3)
model_dengfen_result
#保存结果到 csv 文件,model_dengfen_result 为变量名称,后面的参数为保存的文件名称
write.csv(model_dengfen_result,"dengfeng.csv")
variable<-c("Y","X1","X2","X3","X4")
plot_conf(k = 5,mn = model_dengfen_result,variable)
# =================================================================
```

分析结果如下所示。其中，由上至下第一个模型（model 0）为标准多元线性回归的统计值，然后分别是等分线性回归的第一等分（model 1）、第二等分（model 2）及第三等分（model 3）线性回归的统计值。

	names	r_square	conf	std. error	t_value
1	constant	model 0	−3.388872e+03	1.425590e+03	−2.3771721
2	x1	0.993829399311337	3.355189e+00	4.452912e−01	7.5348209
3	x2	−	−1.806098e+00	1.111907e+01	−0.1624324
4	x3	−	1.488083e+00	1.252220e+00	1.1883562
5	x4	−	1.527370e+00	3.518964e+00	0.4340395
6	constant	model 1	−1.006827e+03	4.807489e+02	−2.0942894
7	x1	0.992916803934135	2.286959e−01	3.074061e−01	0.7439537
8	x2	−	−3.787405e+00	2.946652e+01	−0.1285325
9	x3	−	2.978956e+00	1.802407e+00	1.6527659
10	x4	−	6.469840e+00	1.776222e+00	3.6424730
11	constant	model 2	−7.996040e+03	9.470710e+02	−8.4429151
12	x1	0.998387106389974	−6.295223e−01	3.328821e−01	−1.8911268
13	x2	−	−1.735381e+01	1.121834e+01	−1.5469144
14	x3	−	1.471850e+01	1.433290e+00	10.2690337
15	x4	−	1.154749e+01	1.520608e+00	7.5939944
16	constant	model 3	−1.096886e+04	1.005312e+04	−1.0910901
17	x1	0.995080518522223	−1.862824e+00	1.748243e+00	−1.0655403
18	x2	−	−3.688123e+00	8.923597e+00	−0.4133001
19	x3	−	−2.603791e+00	2.798747e+00	−0.9303420
20	x4	−	5.057254e+01	2.276835e+01	2.2211768

	sig	low_confident	up_confident
1	2.576339e−02	−6.331144e+03	−446.5995081
2	8.961169e−08	2.436153e+00	4.2742250
3	8.723252e−01	−2.475473e+01	21.1425389
4	2.463199e−01	−1.096371e+00	4.0725372
5	6.681368e−01	−5.735416e+00	8.7901552
6	9.040616e−02	−2.242632e+03	228.9770964
7	4.903663e−01	−5.615166e−01	1.0189084
8	9.027376e−01	−7.953351e+01	71.9586982

```
9   1.592868e-01        -1.654278e+00        7.6121897
10  1.486492e-02        1.903917e+00         11.0357637
11  3.825462e-04        -1.043056e+04        -5561.5165971
12  1.171904e-01        -1.485223e+00        0.2261785
13  1.825553e-01        -4.619147e+01        11.4838476
14  1.504918e-04        1.103411e+01         18.4028938
15  6.287387e-04        7.638640e+00         15.4563324
16  3.365513e-01        -3.888078e+04        16943.0715552
17  3.466764e-01        -6.716725e+00        2.9910779
18  7.005830e-01        -2.846400e+01        21.0877529
19  4.048574e-01        -1.037436e+01        5.1667750
20  9.049377e-02        -1.264255e+01        113.7876264
```

在一般的研究论文中需将上面的运行结果加以整理，因此笔者将上述程序运行结果整理成表 5.5.2，方便大家阅读。

表 5.5.2　　等分线性回归运行结果

	LRM $R^2=0.179$			EPLRM $\tau=1$ $R^2=0.247$			EPLRM $\tau=2$ $R^2=0.133$			EPLRM $\tau=3$ $R^2=0.682$		
Stat.	Conf.	T	Sig.	Conf.	T	Sig.	Conf.	T	Sig.	Conf.	T	Sig.
X1	3.355	−2.38	***	0.229	0.74	***	−0.630	−1.89	**	−1.863	−1.07	***
X2	−1.806	7.53	—	−3.787	−0.13	—	−17.4	−1.55	—	−3.688	−0.41	—
X3	1.488	−0.16	—	2.979	1.65	—	14.7	10.27	***	−2.604	−0.93	—
X4	1.527	1.19	—	6.470	3.64	**	11.5	7.59	—	50.6	2.22	*

由表 5.5.2 我们可发现，LRM 的 X1 变量的显著性水平小于 99%、第一等分的 X4 变量的显著性水平小于 95%，第二等分的 X3 变量及 X4 变量的显著性水平均小于 99%、第三等分的 X4 变量的显著性水平小于 90%。这说明第一等分的 X1 对 Y 具有显著的解释能力，第二等分的 X3 及 X4 对 Y 具有非常显著的解释能力，第三等分的 X4 对 Y 具有显著的解释能力。本例中也就是国际旅游外汇收入（X1）、房地产投入总额（X3）及农业总产值（X4）会明显影响广东省地区生产总值（Y）。

接着执行第四段程序代码，绘制等分回归线及置信区间：

```
# ============================ 4. 平移模型 ============================
#平移模型,c=0.95表示置信度为0.95,k=10表示10个变量(9个自变量和1个常数项)
data = read.csv("testdata.csv")
model_pingyi_result<-py_model(Y~X1+X2+X3+X4,data,c=0.95,k=5,alpha=nrow
(data)/3)
model_pingyi_result
write.csv(model_pingyi_result,"pingyimodel.csv")
variable<-c("Y","X1","X2","X3","X4")
plot_conf(k=5,mn=model_pingyi_result,variable)
# =================================================================
```

在此要特别注意的是，此处的 alpha 值不需要读者输入此参数。绘制的图形如图 5.5.2 所示。

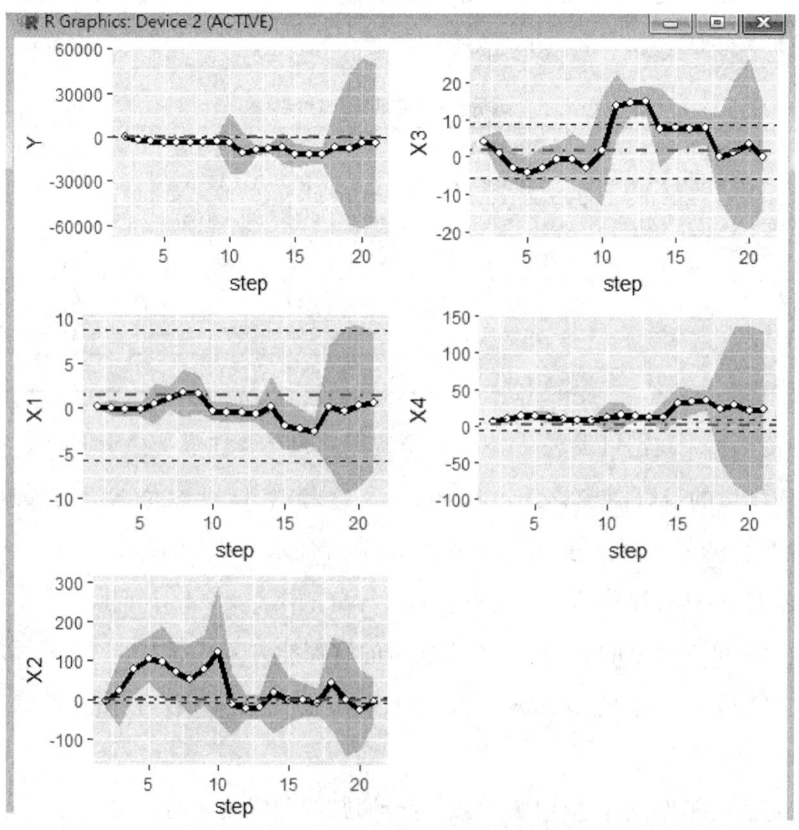

图 5.5.2　等分回归线与置信区间图

其中，粗虚线为标准线性回归线，上下两条细虚线为标准线性回归的置信区间的上下限，而不规则的粗线为等分线性回归线，上下的灰色区域为等分线性回归的置信区间。由图 5.5.2 可以看出 X2 在低等分处，若采用标准线性回归进行估计，会有低估的情况，说明科技市场成交额（X2）不足会显著影响广东省地区生产总值（Y），因此应该设法提升科技市场成交额以提升广东省地区生产总值。而房地产投入总额（X3）在中等分处，若采用标准线性回归进行估计，会有低估的情况，也就是房地产投入总额若不足也会导致广东省地区生产总值无法提升。农业总产值（X4）在高等分处，若采用标准线性回归进行估计，会有低估的情况，因此建议大量提升农业总产值，这样可有效提高广东省地区生产总值。

然后进行三等分中的原始数据 F 检验，执行第五段程序代码：

```
# ============== 5. 使用 F 检验测试样本数据 =============
#三个参数,一个是 data,一个是变量,一个是等分数量
data = read.csv("testdata.csv")
variable<-c("Y","X1","X2","X3","X4")
F_test_result<-F_test(variable,data,3)
F_test_result
write.csv(F_test_result,"data_F_test.csv")
# ==============================================================
```

执行结果如下：

```
   data_compare variable     f_value       p_value

6   model 1 and 2      Y   0.111816109   3.185480e-03
7               -     X1   0.194252130   2.276350e-02
8               -     X2   0.036283877   3.364981e-05
9               -     X3   0.262040898   5.883571e-02
10              -     X4   2.143700696   2.713956e-01
11  model 1 and 3      Y   0.022885604   5.281263e-06
12              -     X1   0.035993256   3.670379e-05
```

```
13              -          X2    0.001177133      9.911059e-12
14              -          X3    0.010225639      1.550526e-07
15              -          X4    0.155814854      1.158228e-02
16 model 2 and 3           Y     0.204671797      2.891371e-02
17              -          X1    0.185291436      2.087904e-02
18              -          X2    0.032442309      2.362107e-05
19              -          X3    0.039023063      5.162010e-05
20              -          X4    0.072684986      6.626925e-04
```

我们再将上述结果整理成表 5.5.3。

表 5.5.3　　三等分中的原始资料差异性 F 检验

变量	τ1－τ2		τ2－τ3		τ1－τ3	
	F _ value	Sig.	F _ value	Sig.	F _ value	Sig.
X1	0.194	**	0.185	**	0.036	***
X2	0.036	***	0.032	***	0.001	—
X3	0.262	*	0.039	—	0.010	—
X4	2.144	—	0.073	—	0.156	**

由表 5.5.3 我们可发现，第一等分原始资料与第二等分原始资料中 X1 和 X2 有明显差异；第一等分原始资料与第三等分原始资料中 X1，X2，X3 和 X4 皆有明显差异；第二等分原始资料与第三等分原始资料中 X1，X2，X3 和 X4 皆有明显差异。读者可以对照图 5.5.2 分析此结果。

本例的分析结果留给读者做最后解释，希望此案例能让读者掌握更多等分线性回归的功能，让读者能应用自如。我们紧接着进一步绘制等分线性回归轮廓图，图形中纵轴由 Y＝a1 * X1＋a2 * X2 求得，其中 X1 和 X2 为自变量，a1 及 a2 为变量的一次式及二次式的估计系数。

```
#求出所有变量的值
x1_list = data $ X1
x2_list = data $ X2
x3_list = data $ X3
x4_list = data $ X4
#x5_list = data $ X5
```

```
#等分回归的系数
dengfen1_ols1_x1 = model_dengfen_result $ conf[2]
dengfen1_ols1_x2 = model_dengfen_result $ conf[3]
dengfen1_ols1_x3 = model_dengfen_result $ conf[4]
dengfen1_ols1_x4 = model_dengfen_result $ conf[5]
#dengfen1_ols1_x5 = model_dengfen_result $ conf[6]

#ol 回归的系数
dengfen1_ols2_x1 = model_dengfen_result $ conf[7]
dengfen1_ols2_x2 = model_dengfen_result $ conf[8]
dengfen1_ols2_x3 = model_dengfen_result $ conf[9]
dengfen1_ols2_x4 = model_dengfen_result $ conf[10]
#dengfen1_ols2_x5 = model_dengfen_result $ conf[12]

dengfen1_ols3_x1 = model_dengfen_result $ conf[12]
dengfen1_ols3_x2 = model_dengfen_result $ conf[13]
dengfen1_ols3_x3 = model_dengfen_result $ conf[14]
dengfen1_ols3_x4 = model_dengfen_result $ conf[15]
#dengfen1_ols3_x5 = model_dengfen_result $ conf[18]

dengfen1_ols4_x1 = model_dengfen_result $ conf[17]
dengfen1_ols4_x2 = model_dengfen_result $ conf[18]
dengfen1_ols4_x3 = model_dengfen_result $ conf[19]
dengfen1_ols4_x4 = model_dengfen_result $ conf[20]
#dengfen1_ols4_x5 = model_dengfen_result $ conf[24]
```

程序中变量个数需根据读者的数据自行调整，程序的主要目的在于截取分析结果的各个变量系数绘制轮廓图，我们接着执行下一部分绘图程序。

```
#定义画图函数,变量 5 个改 4 个,所以将 dengfenK_ols5_x 删掉
plot_x1234<-function(name,xK_list,dengfenK_ols1_x1,dengfenK_ols2_x,dengfenK_ols3_
x,dengfenK_ols4_x,yfiled){
```

```
  len_x = length(xK_list)
  x_list_index = seq(1,len_x)
  y0 = rep(0,len_x)
  y1 = rep(0,len_x)
  y2 = rep(0,len_x)

  y3 = rep(0,len_x)
  for(i in 1:len_x){
y0[i] = xK_list[i] * dengfenK_ols1_x1 + xK_list[i] * xK_list[i] * dengfenK_ols1_x1
y1[i] = xK_list[i] * dengfenK_ols2_x + xK_list[i] * xK_list[i] * dengfenK_ols2_x
y2[i] = xK_list[i] * dengfenK_ols3_x + xK_list[i] * x1_list[i] * dengfenK_ols3_x
y3[i] = xK_list[i] * dengfenK_ols4_x + xK_list[i] * x1_list[i] * dengfenK_ols4_x
}
#画出第一条曲线
  plot(x = x_list_index, y = y0, xlab = name, ylab = "values", ylim = yfiled)
  lines(x = x_list_index, y = y0, col = "black", lty = 2)
  #axis(1,at = seq(1,len_x,5),labels = seq(1,len_x,5))
  points(x = x_list_index, y = y1, col = "red", lty = 1, pch = 2)#画出散点形状
  points(x = x_list_index, y = y1, col = 4, type = "l")#增加一条线
  points(x = x_list_index, y = y2, col = "pink", lty = 1, pch = 2)#画出散点形状
  points(x = x_list_index, y = y2, col = 5, type = "l")#增加一条线
  points(x = x_list_index, y = y3, col = "blue", lty = 1, pch = 2)#画出散点形状
  points(x = x_list_index, y = y3, col = 6, type = "l")#增加一条线
  }
#画四个图,变量 5 个改 4 个
par(mfrow = c(2,2), pty = "m")# mfrow = c(2,2)画出 2 * 2 的图画面,上下各 2 个图
plot_x1234("x1", x1_list, dengfen1_ols1_x1, dengfen1_ols2_x1, dengfen1_ols3_x1, dengfen1_ols4_x1, yfiled = c(-200000000,250000000))
plot_x1234("x2", x2_list, dengfen1_ols1_x2, dengfen1_ols2_x2, dengfen1_ols3_x2, dengfen1_ols4_x2, yfiled = c(-200000000,10000000))
plot_x1234("x3", x3_list, dengfen1_ols1_x3, dengfen1_ols2_x3, dengfen1_ols3_x3, dengfen1_ols4_x3, yfiled = c(-20000,200000000))
```

```
plot_x1234("x4",x4_list,dengfen1_ols1_x4,dengfen1_ols2_x4,dengfen1_ols3_x4,deng-
fen1_ols4_x4,yfiled = c( - 2000000,200000000))
legend("bottomright",legend = c("ols","τ = 1","τ = 2","τ = 3"),col = c("black","red","
pink","blue"),lty = 2)# 添加图例
```

在图5.5.3中，黑色符号代表标准多元线性回归线的二次式，红色、紫色及蓝色（具体的颜色区分见实际操作结果图）符号分别代表等分线性回归的第一、第二及第三等分回归线的二次式。利用二次式可放大各个自变量对因变量的影响程度，有利于我们观察变量内各等分之间的差异。图中左上方为国际旅游外汇收入（X1）对广东省地区生产总值（Y）的影响。由图中标准多元线性回归线可以观察出，当国际旅游外汇收入增加时，广东省地区生产总值呈现明显边际递增的现象；由第一等分回归线可以观察出，当国际旅游外汇收入增加时，广东省地区生产总值呈现轻微边际递增的现象；由第二等分回归线观察，当国际旅游外汇收入增加时，广东省地区生产总值呈现边际递减现象；再由第三等分回归线观察，当国际旅游外汇收入增加时，广东省地区生产总值呈现明显的边际递减现象。

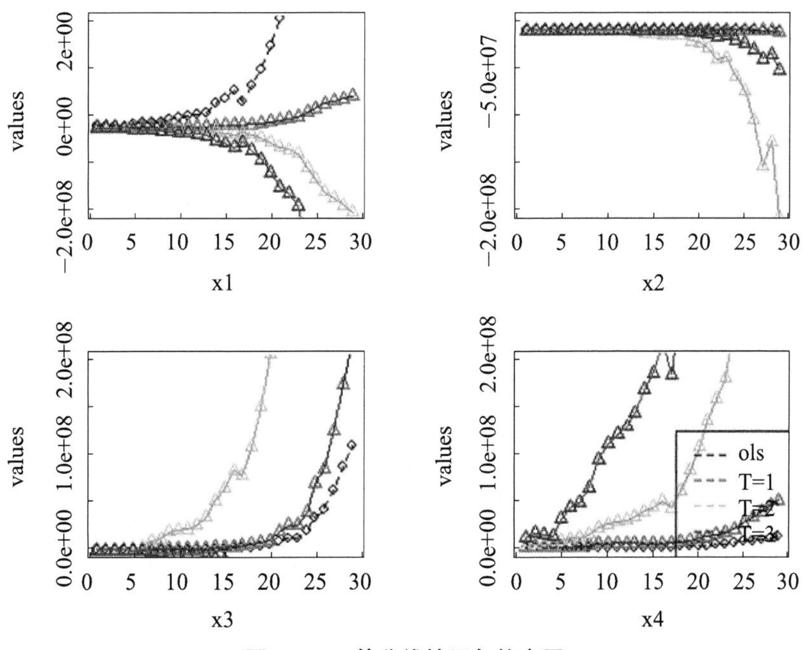

图5.5.3 等分线性回归轮廓图

我们再观察农业总产值（X4）对广东省地区生产总值（Y）的影响。由图形中标准多元线性回归线可以观察出，当农业总产值增加时，广东省地区生产总值呈现轻微的边际递增现象；由第一等分回归线可以观察出，当农业总产值增加时，广东省地区生产总值也呈现轻微的边际递增现象；再由第二及第三等分回归线可以观察出，当农业总产值增加时，广东省地区生产总值则呈现明显的边际递增现象。因此，在第三等分处，当农业总产值增加时，广东省地区生产总值有明显提升。

最后，绘制轮廓图不仅需要样本数据呈现非正态分布，而且因变量与自变量最好是数值型（连续型）变量，这样轮廓图就能较顺利地绘制。

第 6 章

分位数回归

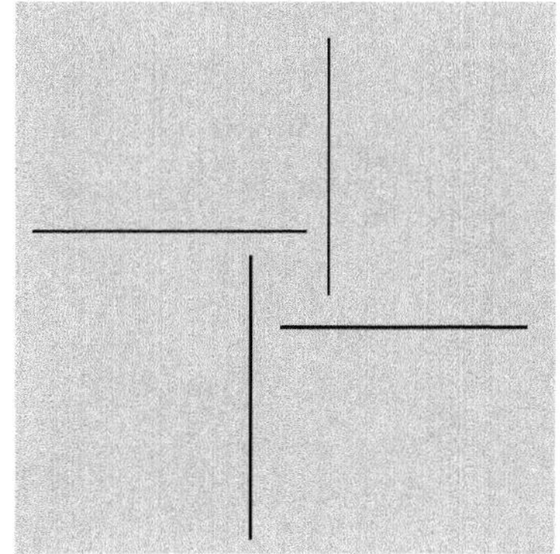

本章要点

- 分位数回归简介
- 残差分布形态的检验
- 绘制不同分位数下的拟合直线与分位数回归线
- 分位数回归案例分析

6.1　分位数回归简介

分位数回归是由 Koenker 和 Bassett（1978）提出的，它是用于估计一组回归变量 X 与因变量 Y 的分位数之间线性关系的建模方法。普通最小二乘回归（OLS）估计量的计算是基于最小化残差平方，这种计算方法使得 OLS 容易受到离群值的影响，使得估计产生偏误，如图 6.1.1 中红色虚线（具体颜色区分见实际操作结果）所示。分位数回归（图中蓝色线）估计量的计算则是基于一种非对称形式的绝对值残差最小化。其中，中位数回归（图中绿色点虚线）用的是最小绝对值离差（LAD）估计。

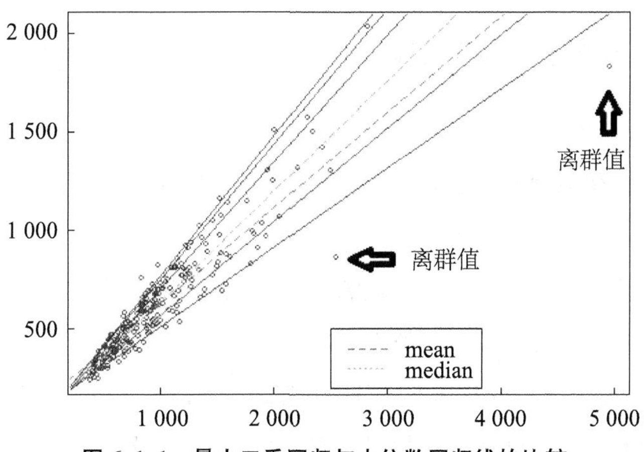

图 6.1.1　最小二乘回归与中位数回归线的比较

分位数回归模型为

$$Q_{y_i}(\tau \mid x_i) = x_i'\beta(\tau)$$

其中：

因变量 y_1，y_2，y_3，…，y_n相互独立；

自变量 x_1，x_2，x_3，…，$x_n \in R^p$；

回归系数 $\beta(\tau)$ 表示分位数水平 τ 的回归系数。

在 R 语言中，可以采用“quantreg”安装包运行分位数回归。分位数回归函数“rq”的格式大致如下：

```
rq(formula,
  tau=.5,
  data,
  subset,
  weights,
  )
```

其中，常用参数包括：

formula：分位数回归式（y～x1＋x2＋x3，…）；

tau：欲估计的分位数；

data：数据集的名称。

6.2 残差分布形态的检验

本节针对分位数回归比较不同分位点的线性模型之间的关系。它主要有两种模型：

（1）位置漂移模型：不同分位点的估计结果之间回归线的斜率相同或近似，但截距不同，也就是说，不同分位点的拟合回归线是平行的。

（2）位置-尺度漂移模型：不同分位点的估计结果之间回归线的斜率和截距都不同，也就是说，不同分位点的拟合回归线不是平行的。

在 KhmaladzeTest 函数中，若参数 nullH 设定为“location”，则：

H0：分位数回归的线性模型是“位置漂移模型”。

H1：分位数回归的线性模型不是“位置漂移模型”。

在 KhmaladzeTest 函数中，若参数 nullH 设定为“location-scale”，则：

H0：分位数回归的线性模型是“位置-尺度漂移模型”。

H1：分位数回归的线性模型不是“位置-尺度漂移模型”。

Koenker 和 Xiao（2002）中提及，若在 1%的置信水平下，检验结果高于 5.350，则拒绝 H0；若在 5%的置信水平下，检验结果高于 4.523，则拒绝 H0。

安装分位数回归软件包：

```
install.packages("quantreg")
library(quantreg)
```

运行结果如下：

```
Installing package into 'C:/Users/Pan/Documents/R/win-library/3.6'
(as 'lib' is unspecified)
…
```

首先进行一般残差分布形态检验并绘制残差检验结果图形。

```
>data(barro) # 采用 R 内建数据集 barro
>T = KhmaladzeTest( y.net~fse2 + mse2 + gedy2 + Iy2 + gcony2, data = barro, taus = seq
(.05,.95,by = .01))
plot(T)
```

运行结果如图 6.2.1 所示。

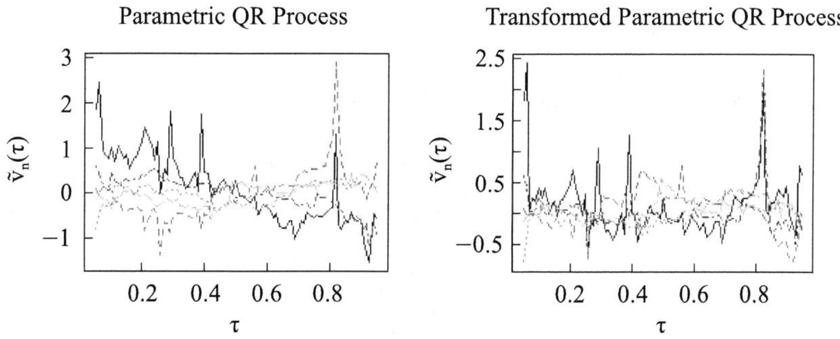

图 6.2.1　各自变量在每 0.01 分位数下的残差检验结果趋势图

图 6.2.1 左侧为原残差检验结果趋势，右侧为转化后的残差检验结果趋势。通过 KhmaladzeTest 函数检验各自变量在每 0.01 分位数下的残差结果所得的趋势图形中，各种不同形状和颜色的线代表不同的变量，若仔细观察两图中的曲线变化，就会发现接近 0.8 分位数位置的残差检验结果有很大的变异，值得进行后续研究。本节再测试一下该模型是属于“位置漂移模型”还是“位置-尺度漂移模型”，程序如下：

```
#位置漂移模型
KhmaladzeTest( y.net~fse2 + mse2 + gedy2 + Iy2 + gcony2, data = barro, taus = seq(.05,
.95, by = .01), nullH = 'location')
```

运行结果如下：

```
Test of H_0:location
Joint Test Statistic:5.164114
Component Test Statistics:1.687536 2.461144 0.9167209 0.88301930.6740667
There were 49 warnings(use warnings()to see them)
```

```
#位置-尺度漂移模型
KhmaladzeTest( y.net~fse2 + mse2 + gedy2 + Iy2 + gcony2, data = barro, taus = seq(.05,
.95, by = .01), nullH = 'location - scale')
```

运行结果如下：

```
Test of H_0:location - scale
    Joint Test Statistic:2.655772
    Component Test Statistics:0.7716465 1.07622 0.8431751 0.2454012 0.5534297
    There were 49 warnings(use warnings()to see them)
```

将上述两种模型的检验结果汇总成表 6.2.1：

表 6.2.1　　两种模型残差分布形态检验表

变量	位置漂移模型	位置-尺度漂移模型
fse2	1.687 536	0.771 646 5
mse2	2.461 144	1.076 22
gedy2	0.916 720 9	0.843 175 1

续表

变量	位置漂移模型	位置-尺度漂移模型
Iy2	0.883 019 3	0.245 401 2
gcony2	0.674 066 7	0.553 429 7
Total	5.164 114	2.655 772

由表 6.2.1 我们可发现，检验结果包括个别变量和总体的检验值，我们关注的是总体的检验结果。模型一的假设是“位置漂移模型”，其检验结果为 5.164 114；模型二的假设是“位置-尺度漂移模型”，其检验结果为 2.655 772。由于模型一的检验结果 5.164 114 明显高于临界值 4.523，因此拒绝 H0，也就是模型不是“位置漂移模型”；再观察模型二的检验结果，2.655 772 明显低于临界值 4.523，因此接受 H0，也就是模型是“位置-尺度漂移模型”。因此，该模型应该是“位置-尺度漂移模型”。本节完整的程序如下：

```
install.packages("quantreg")
library(quantreg)
data(barro)
T = KhmaladzeTest( y.net~fse2 + mse2 + gedy2 + Iy2 + gcony2,data = barro,taus = seq(.05,
.95,by = .01))
plot(T)
KhmaladzeTest( y.net~fse2 + mse2 + gedy2 + Iy2 + gcony2,data = barro,taus = seq(.05,
.95,by = .01),nullH = 'location')
KhmaladzeTest( y.net~fse2 + mse2 + gedy2 + Iy2 + gcony2,data = barro,taus = seq(.05,
.95,by = .01),nullH = 'location - scale')
```

6.3　绘制不同分位数下的拟合直线与分位数回归线

通过不同分位数下的拟合直线，我们可以看出不同分位数下回归系数的变动情况。首先利用 R 内置数据集“engel”，分别采用 0.05，0.1，0.25，0.75，0.9，0.95 分位数建立分位数回归。在数据集“engel”中，自变量为年收入（income）、因变量为食品消费额（foodexp）。我们先安装分位数回归软件包。

```
install.packages("quantreg")
library(quantreg)
```

运行结果如下：

```
Installing package into 'C:/Users/Pan/Documents/R/win-library/3.6'
(as 'lib' is unspecified)
…
```

使用R内置数据库“engel”，设定分位数“.1，.25，.5，.75，.9，.95”，然后运行分位数回归函数“rq”。

```
data(engel)
attach(engel)
taus<-c(.1,.25,.5,.75,.9,.95)
rqss=rq((foodexp)~(income),tau=taus)
summary(rqss)
```

运行结果如下：

```
Call:rq(formula=(foodexp)~(income),tau=taus)
tau:[1]0.1
Coefficients:
             coefficients lower bd  upper bd
(Intercept)  110.14157    79.88753  146.18875
income       0.40177      0.34210   0.45079

Call:rq(formula=(foodexp)~(income),tau=taus)
tau:[1]0.25
Coefficients:
             coefficients lower bd  upper bd
(Intercept)  95.48354     73.78608  120.09847
income       0.47410      0.42033   0.49433
```

```
Call:rq(formula = (foodexp)~(income),tau = taus)
tau:[1]0.5
Coefficients:
             coefficients lower bd  upper bd
(Intercept)  81.48225    53.25915  114.01156
income       0.56018     0.48702   0.60199
...
```

由结果可以看出各分位数回归的常数项和自变量的系数（coefficients）以及置信区间的上下限（upper bd，lower bd）。

然后绘制样本数据的散点图：

```
plot(income,foodexp,xlab = "Household Income",ylab = "Food Expenditure",type = "n",cex
 = .5)
points(income,foodexp,cex = .5,col = "blue")
```

运行结果如图 6.3.1 所示：

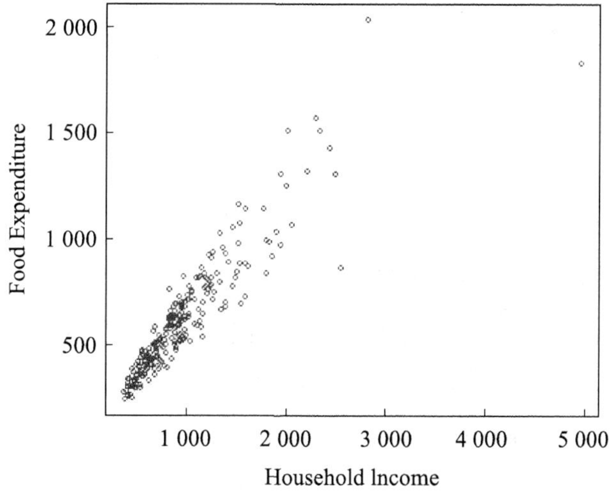

图 6.3.1　样本数据的散点图

从图 6.3.1 中我们可以看出，收入越高的居民的食品消费支出也越高，同时收入越高的居民在食品消费支出上的差异也越大。我们再比较不同分位数下回归线的差异，程序如下：

```
for(i in 1:length(taus)){ #绘制不同分位数下的拟合直线
abline( rq(foodexp~income,tau = taus[i]),col = "gray" )
}
abline(lm(foodexp~income),col = "red",lty = 2)
abline(rq(foodexp~income),col = "green",lty = 3)
legend(2500,500,c("mean","median"),col = c("red","green"),lty = c(2,3))
```

运行结果如图 6.3.2 所示：

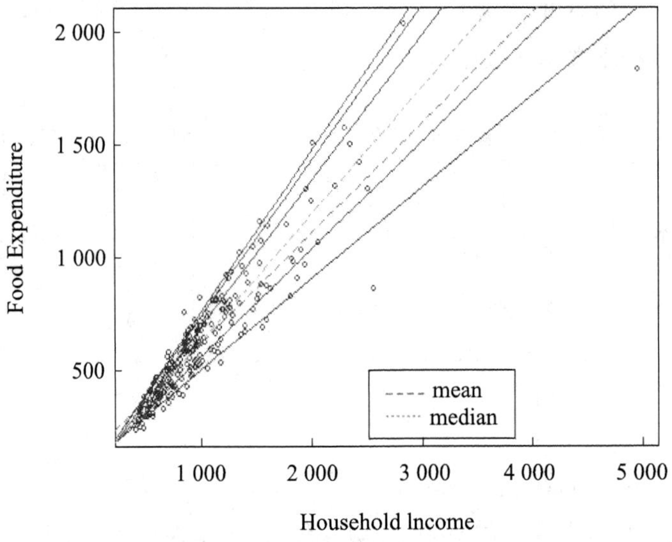

图 6.3.2　不同分位数下的回归线

图 6.3.2 中红色（具体颜色区分见实际操作结果）长虚线（·-）为最小二乘回归线，绿色点虚线（…）为中位数回归线，其余蓝色的直线分别代表不同分位数（0.1，0.25，0.5，0.75，0.9，0.95）下的回归线。从图 6.3.2 中我们可以看出，在不同分位数下，回归线的斜率皆不相同，因此若仅采用最小二乘回归线去估计样本，就会产生明显的偏误。再观察分位数回归线与最小二乘回归线之间的差异，我们绘制分位数回归线，程序如下：

```
quantreg = rq(income~foodexp,tau = 10:90/100)
quantreg = summary(quantreg)
plot(quantreg)
```

运行结果如图 6.3.3 所示。

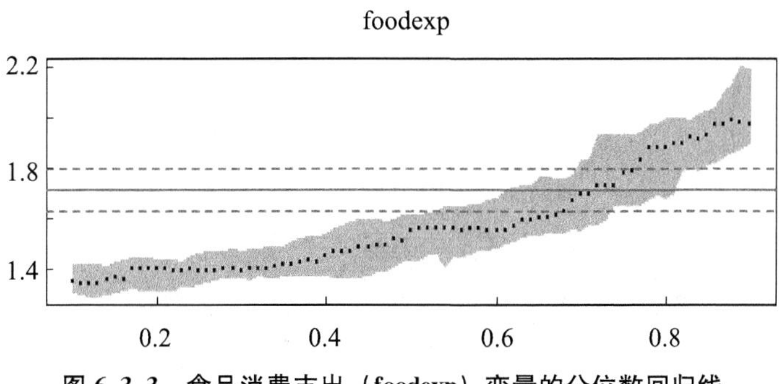

图 6.3.3　食品消费支出（foodexp）变量的分位数回归线

在图 6.3.3 中，位于中间的横实线为最小二乘回归估计线，上下的横虚线为最小二乘回归估计线的置信区间；由左下至右上的黑色不规则虚线为分位数回归线，上下灰色阴影部分为该分位数回归线的置信区间。观察最小二乘回归估计线与分位数回归线之间的差异，我们发现：在低分位数（约 0.7 分位数以下），若利用最小二乘回归去估计食品消费支出（foodexp）变量对年收入（income）的影响，则会有高估的情况；在高分位数（约 0.8 分位数以上），若利用最小二乘回归去估计食品消费支出（foodexp）变量对年收入（income）的影响，则会有严重低估的情况。也就是说，食品消费支出越高的居民，年收入越高，由曲线的趋势来看两者呈现正相关关系。

本节完整的程序如下：

```
install.packages("quantreg")
library(quantreg)
data(engel)
attach(engel)
taus< - c(.1,.25,.75,.9,.95)
rqss = rq((foodexp)~(income),tau = taus)
summary(rqss)
plot(income,foodexp,xlab = "Household Income",ylab = "Food Expenditure",type = "n",cex
 = .5)
points(income,foodexp,cex = .5,col = "blue")
for(i in 1:length(taus)){ #绘制不同分位数下的拟合直线,颜色为灰色
```

```
abline( rq(foodexp~income,tau = taus[i]),col = "blue" )
}
abline(lm(foodexp~income),col = "red",lty = 2)
abline(rq(foodexp~income,tau = .5),col = "green",lty = 3)
legend(2500,500,c("mean","median"),col = c("red","green"),lty = c(2,3))
quantreg = rq(income~foodexp,tau = 10:90/100)
quantreg = summary(quantreg)
plot(quantreg)
```

6.4 分位数回归案例分析

本节采用“quantreg”软件包内置数据集 barro。该数据记录了世界各国 GDP 的增长率和其他因子，共有 161 组数据，其中前 71 组数据在 1965—1975 年间取得，后 90 组数据在 1985—1987 年间取得。这些因子变量包括：

y. net：GDP 年增长率；

lgdp2：人均 GDP；

mse2：男性高中教育情况；

fse2：女性高中教育情况；

fhe2：女性高等教育情况；

mhe2：男性高等教育情况；

lexp2：人均期望寿命；

lintr2：人均资本占有；

gedy2：教育投入占 GDP 的比例；

Iy2：投资占 GDP 的比例；

gcony2：公共设施建设占 GDP 的比例；

lblakp2：黑市借贷佣金率；

pol2：政治稳定性指数；

ttrad2：贸易增长率。

本节选取 lgdp2、mse2、fse2、fhe2、mhe2、gedy2、gcony2 和 pol2 等自变量（X），以 y. net 为因变量（Y）进行分位数回归分析，探讨这些自变量在不同分位数下如何影响因变量（即 GDP 年增长率）。程序如下：

```
#下载并加载"quentreg"软件包
install.packages("quantreg")
library(quantreg)
```

运行结果如下：

```
Installing package into 'C:/Users/Pan/Documents/R/win-library/3.6'
   (as 'lib' is unspecified)
   —Please select a CRAN mirror for use in this session—
```

在运行“library（quantreg）”的过程中，若出现“there is no package called ‘quantreg’”（无此安装包），请到计算机下载路径寻找该安装包，R 中提示在“C：\ Users \ Pan \ AppData \ Local \ Temp \ RtmpAZUCsp \ downloaded _ packages”路径下会有一个 quantreg. zip 文件，将它解压缩成文件夹，命名为“quantreg”并将它复制到“C:”根目录下，重新运行命令：

```
library(quantreg, lib = "c:/")
```

即可将其载入。

调出数据集“barro”并使用，并定义自变量和因变量：

```
data(barro) #安装并加载"quantreg"包后就会有数据集 barro
attach(barro)
# 定义变量
Y< - cbind(y.net)
X< - cbind(lgdp2,mse2,fse2,fhe2,mhe2,gedy2,gcony2,pol2)
```

运行结果如下：

```
>Y
              y.net
  [1,]  4.150304e-02
  [2,]  2.424350e-02
```

```
 [3,]  7.134808e-03
...
>X
        lgdp2     mse2   fse2   fhe2   mhe2   gedy2    gcony2   pol2
 [1,]7.330405  0.132  0.067  0.005  0.022  0.03815  0.06014  0.0832500
 [2,]6.591674  0.439  0.089  0.004  0.013  0.02675  0.12550  0.0000000
 [3,]6.432940  0.176  0.017  0.005  0.015  0.03860  0.27716  0.1000000
...
```

对 X，Y 进行描述统计：

```
# 描述性统计量
summary(Y)
summary(X)
```

运行结果如下：

```
y.net
Min.    :-0.056124
1st Qu. :0.003529
Median  :0.019648
Mean    :0.019123
3rd Qu. :0.034555
Max.    :0.081147
...
```

建立最小二乘回归模型：

```
# OLS 回归
olsreg<-lm(Y~X,data=barro)
summary(olsreg)
```

运行结果如下：

```
Call:lm(formula=Y~X,data=barro)
Residuals:
     Min        1Q    Median        3Q       Max
```

```
-0.046478   -0.015715   0.000006   0.012838   0.055937

Coefficients:
               Estimate     Std.Error    t value     Pr(>|t|)
(Intercept)    0.111040     0.024092     4.609       8.51e-06 ***
Xlgdp2         -0.009902    0.003115     -3.179      0.001791 **
Xmse2          0.022333     0.006357     3.513       0.000584 ***
Xfse2          -0.016708    0.006794     -2.459      0.015043 *
Xfhe2          -0.016507    0.035093     -0.470      0.638761
Xmhe2          0.016341     0.027445     0.595       0.552457
Xgedy2         -0.103501    0.147132     -0.703      0.482848
Xgcony2        -0.176065    0.036681     -4.800      3.76e-06 ***
Xpol2          -0.035252    0.007221     -4.882      2.64e-06 ***
—
Signif. codes:  0'***'  0.001'**'  0.01'*'  0.05'.'  0.1"  1
Residual standard error:0.02102 on 152 degrees of freedom
Multiple R-squared:  0.3172,    Adjusted R-squared:  0.2813
F-statistic:8.826 on 8 and 152 DF,  p-value:7.006e-10
```

上面的结果会列示出残差值的最小值、四分之一分位数、中位数、四分之三分位数和最大值。此外也给出了回归系数表，包括系数估计值、标准误、t 值和 p 值，其中，“***”表示 p 值介于 0～0.001，“**”表示 p 值介于 0.001～0.01，“*”表示 p 值介于 0.01～0.05，“•”表示 p 值介于 0.05～0.1，“ ”表示 p 值介于 0.1～1。由运行结果可知，整体 OLS 回归模型中 Xlgdp2、Xmse2、Xfse2、Xgcony2 和 Xpol2 等变量显著。模型残差的标准误为 0.021 02（自由度为 152），而模型的解释能力 R^2 为 0.317 2，修正后的 R^2 为 0.281 3，皆远低于 0.5，因此模型的解释能力稍微不够。

然后运行各分位数回归：

```
# 分位数回归
quantreg25<-rq(Y~X,data=barro,tau=0.25) #0.25 分位数回归
summary(quantreg25)
quantreg50<-rq(Y~X,data=barro,tau=0.5) #0.5 分位数回归
```

```
summary(quantreg50)
quantreg75〈 - rq(Y~X,data = barro,tau = 0.75)#0.75 分位数回归
summary(quantreg75)
```

运行结果如下：

Call:rq(formula = Y~X,tau = 0.25,data = barro)

tau:[1]0.25

Coefficients:

	coefficients	lower bd	upper bd
(Intercept)	0.10659	0.04020	0.18665
Xlgdp2	-0.00914	-0.01995	-0.00123
Xmse2	0.00936	-0.00642	0.03279
Xfse2	-0.00420	-0.03984	0.00635
Xfhe2	0.02621	-0.09516	0.13309
Xmhe2	-0.01184	-0.14768	0.06763
Xgedy2	-0.20446	-0.49997	0.19990
Xgcony2	-0.24239	-0.37197	-0.10965
Xpol2	-0.05331	-0.07121	-0.02465

Call:rq(formula = Y~X,tau = 0.5,data = barro)

tau:[1]0.5

Coefficients:

	coefficients	lower bd	upper bd
(Intercept)	0.10103	0.05391	0.14169
Xlgdp2	-0.00829	-0.01353	-0.00198
Xmse2	0.02121	0.00375	0.03968
Xfse2	-0.01761	-0.03327	-0.00423
Xfhe2	-0.00206	-0.08735	0.04969
Xmhe2	0.00356	-0.03544	0.08170
Xgedy2	0.02530	-0.34642	0.11427
Xgcony2	-0.21362	-0.27232	-0.09214

```
Xpol2              -0.03760      -0.05488      -0.02663

Call:rq(formula = Y~X, tau = 0.75, data = barro)
tau:[1]0.75
Coefficients:
              coefficients    lower bd      upper bd
(Intercept)    0.12274       0.06544       0.17265
Xlgdp2        -0.01235      -0.01572      -0.00467
Xmse2          0.03384       0.01696       0.04317
Xfse2         -0.02866      -0.03776      -0.01759
Xfhe2         -0.05536      -0.12296       0.01367
Xmhe2          0.03566      -0.03454       0.10559
Xgedy2         0.21863      -0.34452       0.46253
Xgcony2       -0.09179      -0.21611      -0.05727
Xpol2         -0.02803      -0.04816      -0.00239
```

从上述结果我们可以看到，在 0.25 分位数系数表中各自变量的系数以及置信区间上下限，变量 Xmse2（即男性高中教育情况）和 Xfhe2（即女性高等教育情况）的系数为正，因此这两个变量与 Y 变量（即 GDP 年增长率）呈现正相关关系，也就是高等教育程度越高，GDP 年增长率也越高；其余变量呈现负相关关系，因此这些变量的程度越高，GDP 年增长率反而越低。在 0.5 和 0.75 分位数系数表中，变量 Xfhe2 的系数由正转负，与 Y 变量变成负相关关系；此外，变量 Xmhe2 和变量 Xgedy2 由负转正，与 Y 变量变成正相关关系。

最后绘制分位数回归图形：

```
# 绘图
quantreg.all<-rq(Y~X, tau = seq(0.05, 0.95, by = 0.05), data = barro)
quantreg.plot<-summary(quantreg.all)
plot(quantreg.plot)
```

运行结果如图 6.4.1 所示。

图 6.4.1 中的水平直线是最小二乘回归线，上下虚线为 OLS 的置信区间；横向不规则的黑色虚线为分位数回归线，其上下的灰色区域为该分位数回归的

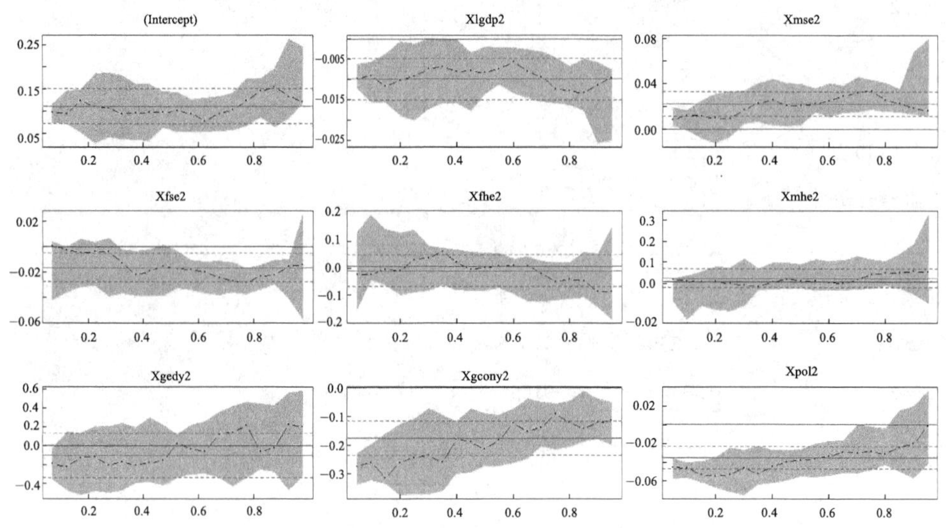

图 6.4.1　各自变量的分位数回归趋势图

置信区间。由图 6.4.1 可见 Xfhe2（即女性高等教育情况）的分位数回归趋势变化，在低分位数处若利用最小二乘回归会有低估的情况（也就是最小二乘回归线在分位数回归线的下方）且和因变量（Y）有负相关关系，也就是说，女性高等教育越低时 GDP 年增长率反而越高，随着女性高等教育程度逐渐增高，GDP 年增长率越来越低，这个现象的形成原因值得进一步探讨。

另外，gedy2（教育投入占 GDP 的比例）、gcony2（公共设施建设占 GDP 的比例）和 pol2（政治稳定性指数）在高分位数处若利用最小二乘回归会有严重低估的情况（也就是最小二乘回归线在分位数回归线的下方），表示该两项投入必须充足才可以明显带动 GDP 年增长率。相反，gcony2（公共设施建设占 GDP 的比例）和 pol2（政治稳定性指数）在低分位数处若采用最小二乘回归会有高估的情况（也就是最小二乘回归线在分位数回归线的上方，相比较而言，对 Y 的影响不显著），表示若该两项投入不足，则无法带动 GDP 年增长率，两者和 GDP 年增长率呈正相关关系。

本节完整的程序如下：

```
#下载并加载"quantreg"软件包
install.packages("quantreg")
library(quantreg)
data(barro)
```

```
attach(barro) # 加载数据
# 定义变量
Y( - cbind(y.net)
X( - cbind(lgdp2,mse2,fse2,fhe2,mhe2,gedy2,gcony2,pol2)
# 描述性统计量
summary(Y)
summary(X)
# OLS 回归
olsreg( - lm(Y~X,data = barro)
summary(olsreg)
# 分位数回归
quantreg25( - rq(Y~X,data = barro,tau = 0.25)
summary(quantreg25)
quantreg50( - rq(Y~X,data = barro,tau = 0.5)
summary(quantreg50)
quantreg75( - rq(Y~X,data = barro,tau = 0.75)
summary(quantreg75)
# Simultaneous quantile regression
quantreg2575( - rq(Y~X,data = barro,tau = c(0.25,0.75))
summary(quantreg2575)
# 绘图
quantreg.all( - rq(Y~X,tau = seq(0.05,0.95,by = 0.05),data = barro)
quantreg.plot( - summary(quantreg.all)
plot(quantreg.plot)
```

第 7 章
模糊逻辑

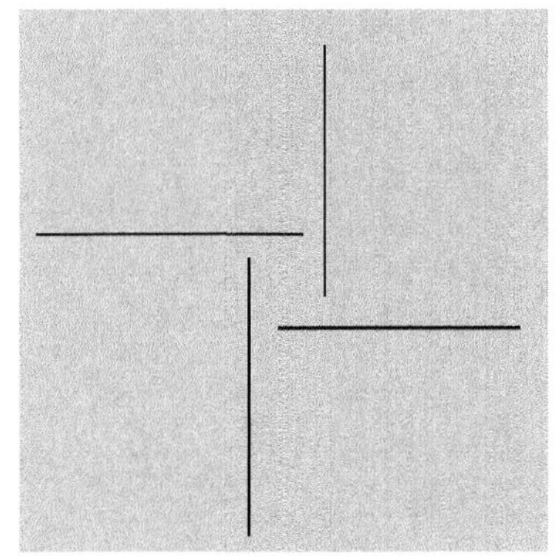

本章要点

- 模糊逻辑简介
- 模糊逻辑应用实例分析
- 应用模糊逻辑合并变项实例分析

7.1　模糊逻辑简介

模糊逻辑控制是采用模糊集合理论的一种控制技术，它是将模糊数学应用于控制系统，也是一种非线性的智能控制系统。在模糊控制中通常采用“IF”条件判断语句和“THEN”结果语句的方式来呈现，其中条件判断语句是利用人的常识判断对控制对象进行控制。因此，所谓的模糊逻辑控制就是利用人的知识能力，模糊地进行系统控制的方法。模糊逻辑系统控制框架如图 7.1.1 所示。

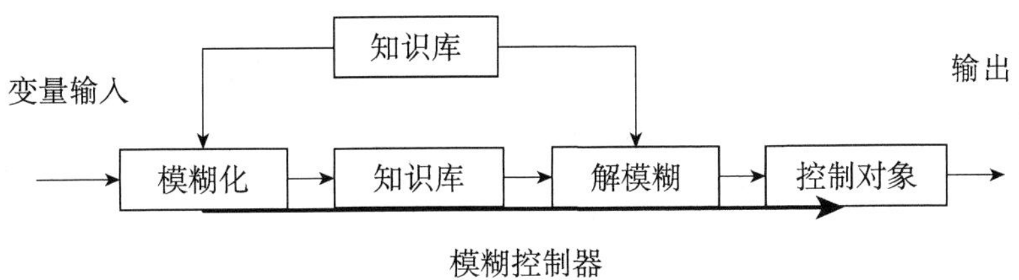

图 7.1.1　模糊逻辑系统控制框架

本章采用 R 软件包“FuzzyToolkitUoN”进行模糊逻辑控制。控制系统的架构中一般包括 5 个重要部分。

1. 变量的定义

自变量分别为考试分数（X1）以及作业分数（X2），而因变量（Y）为模糊化输出的学生成绩。在 R 软件包中可以定义模糊化变量，函数为：

```
FIS<<-addVar(FIS, varType, varName, varBounds)
```

其中：

FIS：模糊推论系统（fuzzy inference system，FIS）的名称，必须提供；

varType：变量类型，必须指定是输入“input”还是输出“output”；

varName：完整的变量名称；

varBounds：变量值域区间，例如“1：10”。

例如：

FIS<<－addVar（MyFIS，“input”，“考试分数”，0：100）

或者

FIS<<－addVar（FIS，“output”，“学生成绩”，0：100）

2. 输入与输出模糊化

图 7.1.2 与图 7.1.3 是将考试分数（X1）与作业分数（X2）输入变量模糊化的隶属函数图形，通过此隶属函数图形将考试分数（X1）或者作业分数（X2）变量模糊化输入为低、中、高三种等级的占比。例如，图 7.1.2 将考试分数 40 分模糊化成低分占 75%、中分占 25%；图 7.1.3 将作业分数 65 分模糊化成中分占 75%、高分占 25%。模糊化输出的计算如表 7.1.1 所示。

表 7.1.1　　决策规则与隶属函数关系

		考试分数		
		低	中	高
作业分数	低	低	低	中
	中	低	中	高
	高	中	高	高

表 7.1.1 中的模糊化输出一般采用最小法则：

- 考试分数（低）与作业分数（中）的输出结果（Y）为 Min（0.75，0.75）＝0.75；
- 考试分数（低）与作业分数（高）的输出结果（Y）为 Min（0.75，0.25）＝0.25；
- 考试分数（中）与作业分数（中）的输出结果（Y）为 Min（0.25，0.75）＝0.25；
- 考试分数（中）与作业分数（高）的输出结果（Y）为 Min（0.25，0.25）＝0.25；
- 其他输出为 0。

因此，考试分数（低）占 75%与作业分数（高）占 25%两者的输出结果取最小值，为 0.25。在 R 软件包中可以定义多种隶属函数［包括高斯（gaussMF）、梯形（trapMF）及三角形（triMF）］以便将变量模糊化，其函数为：

gaussMF/trapMF/triMF（mfName，x，mfParams）

其中：

mfName：隶属函数名称字符串；

x：隶属函数矢量区间；

“mfParams”：若为 gaussMF，则输入参数必须是 3 个数值的矢量，其中 c（1.5，0，1）中的三个数字分别代表标准差、平均数和最大值。

例如：

input1 对应的隶属函数为：

MF1=gaussMF（“low”，0：10，c(1.5，0，1))

MF2=gaussMF（“middle”，0：10，c(1.5，5，1))

MF3=gaussMF（“high”，0：10，c(1.5，10，1))

input2 对应的隶属函数为：

MF4=trapMF（“few”，0：10，c(0，0，1，3，1))

MF5=trapMF（“many”，0：10，c(7，9，10，10，1))

output1 对应的隶属函数为：

MF6=triMF（“low”，0：30，c(0，5，10，1))

MF7=triMF（“middle”，0：30，c(10，15，20，1))

MF8=triMF（“high”，0：30，c(20，25，30，1))

3. 逻辑知识库

逻辑知识库也称为模糊规则库，一般形式为：

“If … and … then … ”

例如图 7.1.2 与图 7.1.3 中的模糊规则库：

if 考试分数（低）and 作业分数（高）then Min（0.75，0.25)=0.25

在 R 软件包中可以定义模糊规则库，其函数为 addRule，例如新增一个规则：

FIS=addRule(FIS，c(3，1，1，1，2))

其中，第一个数字“3”对应 input1 中的 MF3；第二个数字“1”对应 input2 中的 MF5；第三个数字“1”对应 output1 中的 MF6；第四个数字代表权重，一般设定为 1；第五个数字代表“1＝AND，2＝OR”，此例为 2，即“OR”。

4. 逻辑判断

模仿人类采用模糊的概念进行判断，应用之前步骤的模糊规则库及模糊推论得到模糊逻辑控制结果信号，这一步是模糊控制最重要的理论基础。

5. 解模糊

此步骤是将推论结果的模糊值转化为明确的控制信号数值，在 R 软件包中可以定义推论结果转化为明确的控制信号，其函数为：

evalFIS（data，FIS）

其中：

Data：推论结果的模糊值；

FIS：模糊推论系统名称。

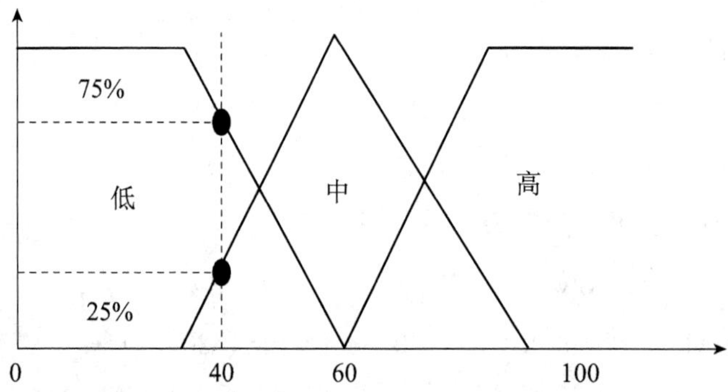

图 7.1.2　考试分数（X1）和学生成绩（Y）的隶属函数关系

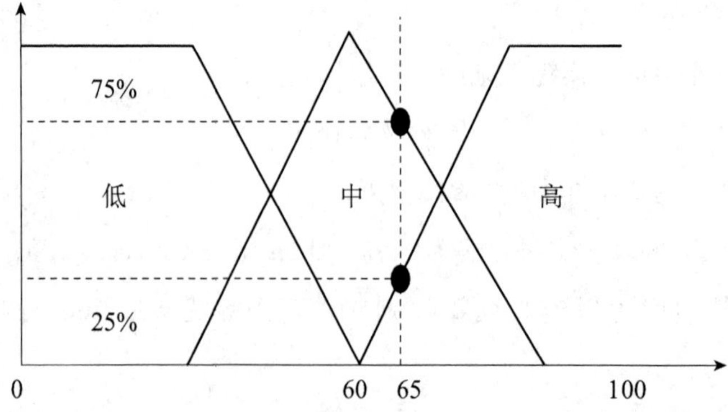

图 7.1.3　作业分数（X2）和学生成绩（Y）的隶属函数关系

7.2　模糊逻辑应用实例分析

首先下载 R 安装包 “FuzzyToolkitUoN”，可以利用任何浏览器搜索该安装包，本节以 Google 搜索为范例，搜索界面如图 7.2.1 所示。读者可以先下载该安装包的使用说明 “FuzzyToolkitUoN. pdf”，阅读该安装包相关函数的使用方式及范例。然后下载该安装包的 Windows 版本，也就是将压缩文件 “FuzzyToolkitUoN _ 1.0. zip” 下载至桌面后解压缩为一个文件夹，再将整个文件夹复制到 “C: \ ” 根目录，待后续在范例程序中使用。

例 1　两个输入变量，一个输出变量。

如前面的例子，输入变量是考试分数（X1）和作业分数（X2），输出变量为学生成绩（Y），也就是将考试分数和作业分数模糊化为学生成绩，R 程序如图 7.2.1 所示。

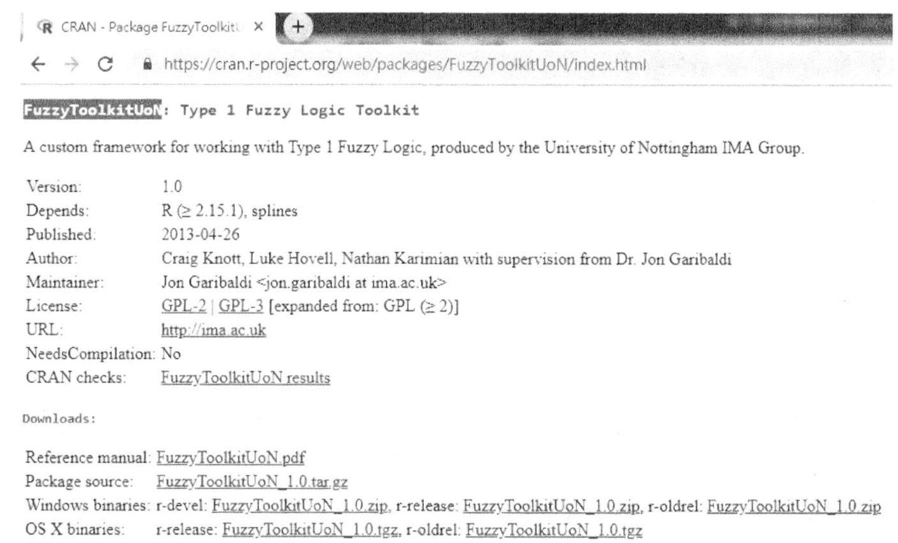

图 7.2.1　以 Google 为范例的搜索界面

从 “C: \ ” 根目录加载 “splines” 和 “FuzzyToolkitUoN” 安装包：

```
library("splines",lib = "c:/")#加载“splines”和“FuzzyToolkitUoN”安装包
library("FuzzyToolkitUoN",lib = "c:/")
```

运行结果如下：

```
〉library("splines",lib="c:/")#加载"splines"和"FuzzyToolkitUoN"安装包
〉library("FuzzyToolkitUoN",lib="c:/")
Warning message:
package"FuzzyToolkitUoN" was built under R version 3.6.0
```

模糊推论系统命名及定义变量：

```
FIS<<-newFIS("ex1")#模糊推论系统命名
FIS<<-addVar(FIS,"input","考试分数",0:100)# 定义变量
FIS<<-addVar(FIS,"input","作业分数",0:100)
FIS<<-addVar(FIS,"output","学生成绩",0:100)
```

运行结果如下：

```
〉FIS
$'name'
[1]"ex1"
$type
[1]"mamdani"
$version
[1]"1.0"
$andMethod
[1]"min"
…
```

定义高斯隶属函数的参数：

```
MF1=gaussMF("low",0:100,c(15,25,1))#数字1表示标准差,数字2表示平均数,数字3表示最大值
MF2=gaussMF("middle",0:100,c(15,50,1))
MF3=gaussMF("high",0:100,c(15,75,1))
MF4=gaussMF("low",0:100,c(15,25,1))#数字1表示标准差,数字2表示平均数,数字3表示最大值
MF5=gaussMF("middle",0:100,c(15,50,1))
MF6=gaussMF("high",0:100,c(15,75,1))
```

```
MF7 = gaussMF("low",0:100,c(15,25,1))#数字1表示标准差,数字2表示平均数,数字3表示最大值
MF8 = gaussMF("middle",0:100,c(15,50,1))
MF9 = gaussMF("high",0:100,c(15,75,1))
```

运行结果如下：

```
〉MF1
 $ 'mfName'
[1]"low"
 $ mfType
[1]"gaussmf"
…
```

新增输入输出变量隶属函数至模糊推论系统：

```
FIS = addMF(FIS,"input",1,MF1)
FIS = addMF(FIS,"input",1,MF2)
FIS = addMF(FIS,"input",1,MF3)
FIS = addMF(FIS,"input",2,MF4)
FIS = addMF(FIS,"input",2,MF5)
FIS = addMF(FIS,"input",2,MF6)
FIS = addMF(FIS,"output",1,MF7)
FIS = addMF(FIS,"output",1,MF8)
FIS = addMF(FIS,"output",1,MF9)
```

运行结果如下：

```
〉FIS
 $ 'name'
[1]"ex1"
 $ type
[1]"mamdani"
…
```

设定模糊规则至模糊推论系统：

```
#数字 1 表示 input1,数字 2 表示 input2,数字 3 表示 output1,数字 4 表示权重,一般设定为1,数字 5 表示"1 = AND,2 = OR".
FIS = addRule(FIS,c(1,1,1,1,1))
FIS = addRule(FIS,c(2,3,2,1,1))
FIS = addRule(FIS,c(3,2,3,1,1))
FIS = addRule(FIS,c(3,3,3,1,1))
```

运行结果如下：

```
…
$ ruleList
     [,1] [,2] [,3] [,4] [,5]
[1,]  1    1    1    1    1
[2,]  2    3    2    1    1
[3,]  3    2    3    1    1
[4,]  3    3    3    1    1
```

绘制隶属函数图形：

```
plotMF(FIS,"input",1)
plotMF(FIS,"input",2)
plotMF(FIS,"output",1)
```

运行结果如图 7.2.2 所示。

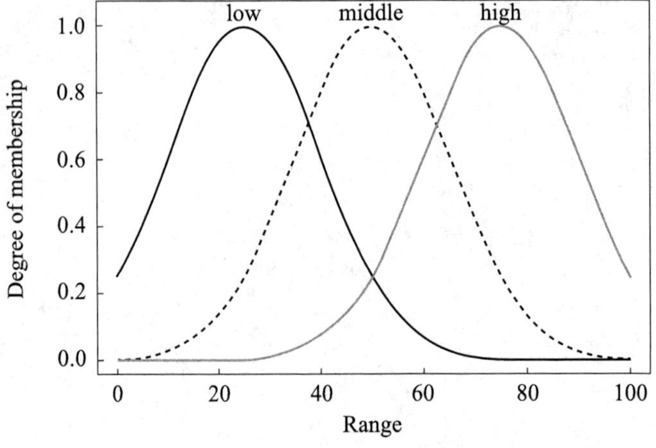

图 7.2.2　输出变量的高斯函数图形

图 7.2.2 是输出变量（output1）的隶属函数图形，可以将两个输入变量（考试分数（X1）和作业分数（X2））转化为一个输出变量（学生成绩（Y））。

输入考试分数和作业分数两个变量的数据：

```
data = c(46,29,80,96,76,92,95,100,50,40,46,22,30,37,23,32,80,24,23,90)
data = matrix(data,ncol = 2,byrow = T)
```

运行结果如下：

```
>data
      [,1][,2]
[1,]  46  29
[2,]  80  96
[3,]  76  92
[4,]  95  100
[5,]  50  40
[6,]  46  22
[7,]  30  37
[8,]  23  32
[9,]  80  24
[10,]  23  90
```

最后，将考试分数和作业分数两个变量的数据代入模糊推论系统进行推论。

```
#将变量数据代入模糊推论系统进行推论
evalFIS(data,FIS)
```

运行结果如下：

```
>evalFIS(data,FIS)
Setting number of points to 101
       [,1]
[1,]39.92519
[2,]65.77564
[3,]65.29009
[4,]70.28256
[5,]50.00000
```

[6,]39.92519

[7,]28.36336

[8,]27.16655

[9,]70.63755

[10,]50.00000

上述为模糊推论结果数据，本例完整的程序如下：

```
library('splines',lib = "c:/")
library('FuzzyToolkitUoN',lib = "c:/")
FIS<<-newFIS("ex1")
FIS<<-addVar(FIS,"input","考试分数",0:100)
FIS<<-addVar(FIS,"input","作业分数",0:100)
FIS<<-addVar(FIS,"output","学生成绩",0:100)
MF1 = gaussMF("low",0:100,c(15,25,1))#数字1表示标准差,数字2表示平均数,数字3表示最大值
MF2 = gaussMF("middle",0:100,c(15,50,1))
MF3 = gaussMF("high",0:100,c(15,75,1))
MF4 = gaussMF("low",0:100,c(15,25,1))
MF5 =  gaussMF("middle",0:100,c(15,50,1))
MF6 = gaussMF("high",0:100,c(15,75,1))
MF7 = gaussMF("low",0:100,c(15,25,1))
MF8 =  gaussMF("middle",0:100,c(15,50,1))
MF9 = gaussMF("high",0:100,c(15,75,1))
FIS = addMF(FIS,"input",1,MF1)
FIS = addMF(FIS,"input",1,MF2)
FIS = addMF(FIS,"input",1,MF3)
FIS = addMF(FIS,"input",2,MF4)
FIS = addMF(FIS,"input",2,MF5)
FIS = addMF(FIS,"input",2,MF6)
FIS = addMF(FIS,"output",1,MF7)
FIS = addMF(FIS,"output",1,MF8)
FIS = addMF(FIS,"output",1,MF9)
```

```
FIS = addRule(FIS,c(1,1,1,1,1)) # 数字 1 表示 input1,数字 2 表示 input 2,数字 3 表示
output 1,数字 4 表示权重,一般设定为 1,数字 5 表示"1 = AND,2 = OR".
FIS = addRule(FIS,c(2,3,2,1,1))
FIS = addRule(FIS,c(3,2,3,1,1))
FIS = addRule(FIS,c(3,3,3,1,1))
plotMF(FIS,"input",1)
plotMF(FIS,"input",2)
plotMF(FIS,"output",1)
data = c(46,29,80,96,76,92,95,100,50,40,46,22,30,37,23,32,80,24,23,90)
data = matrix(data,ncol = 2,byrow = T)
# 将变量数据代入模糊推论系统进行推论
evalFIS(data,FIS)
```

例 2　三个输入变量，一个输出变量。

本例以大学食堂内的饮食为例，模糊输入自变量包括饭菜的价格（X1）、饮料果汁的价格（X2）及汤的价格（X3），模糊输出因变量为餐饮价格（Y），也就是利用模糊逻辑推论将“饭菜的价格”、“饮料果汁的价格”及“汤的价格”推论或合并为一个“餐饮价格”输出。因此，在一般文献中，模糊推论系统常常被应用于合并变项问题。

R 程序如下：

从“C:\”根目录加载“splines”和“FuzzyToolkitUoN”安装包：

```
library("splines",lib = "c:/") # 加载"splines"和"FuzzyToolkitUoN"安装包
library("FuzzyToolkitUoN",lib = "c:/")
```

运行结果如下：

```
>library("splines",lib = "c:/") # 加载"splines"和"FuzzyToolkitUoN"安装包
>library("FuzzyToolkitUoN",lib = "c:/")
Warning message:
package"FuzzyToolkitUoN" was built under R version 3.6.0
```

模糊推论系统命名及定义变量：

```
FIS<<-newFIS("ex2") # 模糊推论系统命名
```

```
FIS<<-addVar(FIS,"input","饭菜的价格",0:10)#定义变量
FIS<<-addVar(FIS,"input","饮料果汁的价格",0:10)# 满意度定义在区间0-10
FIS<<-addVar(FIS,"input","汤的价格",0:10)
FIS<<-addVar(FIS,"output","餐饮价格",0:20)#餐饮价格定义在区间0-20
```

运行结果如下：

```
>FIS
$'name'
[1]"ex2"
$type
[1]"mamdani"
…
```

定义高斯、梯形和三角形隶属函数的参数：

```
MF1=gaussMF("low",0:10,c(1,0,1))#标准差,平均数与最大值
MF2=gaussMF("middle",0:10,c(1,5,1))
MF3=gaussMF("high",0:10,c(1,10,1))

MF4=trapMF("few",0:10,c(0,0,4,8,1))
MF5=trapMF("many",0:10,c(4,8,10,10,1))

MF6=triMF("few",0:10,c(0,4,8,1))
MF7=triMF("many",0:10,c(4,8,10,1))

MF8=triMF("low",0:20,c(0,5,10,1))
FIS9=triMF("middle",0:20,c(5,10,15,1))
MF10=triMF("high",0:20,c(10,15,20,1))
```

运行结果如下：

```
>MF1
$'mfName'
[1]"low"
```

```
$ mfType
[1]"gaussmf"
…
```

新增输入输出变量隶属函数至模糊推论系统：

```
FIS = addMF(FIS,"input",1,MF1)
FIS = addMF(FIS,"input",1,MF2)
FIS = addMF(FIS,"input",1,MF3)
FIS = addMF(FIS,"input",2,MF4)
FIS = addMF(FIS,"input",2,MF5)
FIS = addMF(FIS,"input",3,MF6)
FIS = addMF(FIS,"input",3,MF7)
FIS = addMF(FIS,"output",1,MF8)
FIS = addMF(FIS,"output",1,MF9)
FIS = addMF(FIS,"output",1,MF10)
```

运行结果如下：

```
>FIS
$ 'name'
[1]"ex2"
$ type
[1]"mamdani"
…
```

设定模糊规则至模糊推论系统：

```
#数字 1 表示 input1,数字 2 表示 input2,数字 3 表示 output1,数字 4 表示权重,一般设定为
1,数字 5 表示"1 = AND,2 = OR".
FIS = addRule(FIS,c(1,1,1,1,1,2))
FIS = addRule(FIS,c(1,2,2,2,1,1))
FIS = addRule(FIS,c(2,2,2,2,1,1))
FIS = addRule(FIS,c(3,2,2,3,1,2))
```

运行结果如下：

```
…
$ruleList
    [,1] [,2] [,3] [,4] [,5] [,6]
[1,]  1    1    1    1    1    2
[2,]  1    2    2    2    1    1
[3,]  2    2    2    2    1    1
[4,]  3    2    2    3    1    2
```

绘制隶属函数图形：

```
plotMF(FIS,"input",1)
plotMF(FIS,"input",2)
plotMF(FIS,"input",3)
plotMF(FIS,"output",1)
```

运行结果如图 7.2.3 所示。

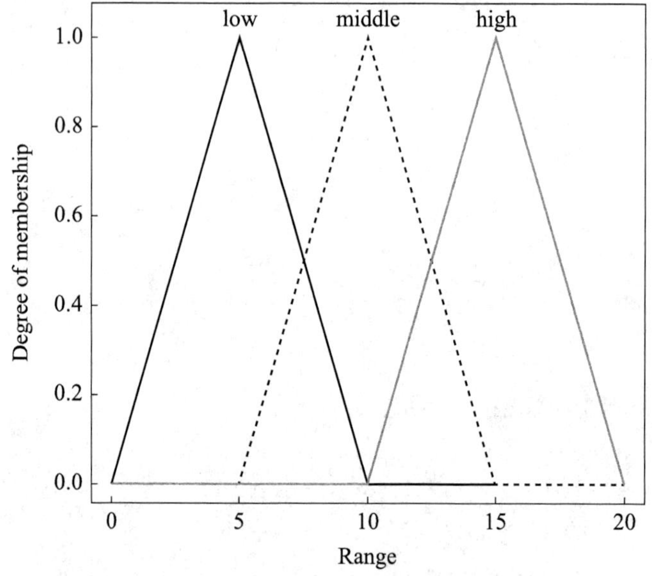

图 7.2.3　输出变量的三角形隶属函数图形

图 7.2.3 是输出变量（output1）的三角形隶属函数图形，可以将三个满意度输入变量转化为一个餐饮价格满意度输出变量。

输入饭菜的价格、饮料果汁的价格及汤的价格三个变量的数据，并且运行解模糊，程序如下：

```
data = c(5,6.4,3.3,5.2,4.4,1.2,6.8,6.8,3.7)
data = matrix(data,ncol = 3,byrow = T)
evalFIS(data,FIS)
```

运行结果如下：

```
>data
     [,1]  [,2]  [,3]
[1,]  5.0   6.4   3.3
[2,]  5.2   4.4   1.2
[3,]  6.8   6.8   3.7
>evalFIS(data,FIS)
Setting number of points to 101
         [,1]
[1,]9.643449
[2,]6.607870
[3,]9.777813
```

因此，解模糊后的餐饮价格输出分别为（9.643 449，6.607 870，9.777 813）。

本例完整的程序如下：

```
library('splines',lib = "c:/")
library('FuzzyToolkitUoN',lib = "c:/")
FIS<<-newFIS("ex2")
FIS<<-addVar(FIS,"input","饭菜的价格",0:10)
FIS<<-addVar(FIS,"input","饮料果汁的价格",0:10)
FIS<<-addVar(FIS,"input","汤的价格",0:10)
FIS<<-addVar(FIS,"output","餐饮价格",0:20)
MF1 = gaussMF("low",0:10,c(1,0,1))#数字 1 表示标准差,数字 2 表示平均数,数字 3 表示
最大值
MF2 = gaussMF("middle",0:10,c(1,5,1))
MF3 = gaussMF("high",0:10,c(1,10,1))
```

```
MF4 = trapMF("few",0:10,c(0,0,4,8,1))
MF5 = trapMF("many",0:10,c(4,8,10,10,1))
MF6 = triMF("few",0:10,c(0,4,8,1))
MF7 = triMF("many",0:10,c(4,8,10,1))
MF8 = triMF("low",0:20,c(0,5,10,1))
MF9 = triMF("middle",0:20,c(5,10,15,1))
MF10 = triMF("high",0:20,c(10,15,20,1))
FIS = addMF(FIS,"input",1,MF1)
FIS = addMF(FIS,"input",1,MF2)
FIS = addMF(FIS,"input",1,MF3)
FIS = addMF(FIS,"input",2,MF4)
FIS = addMF(FIS,"input",2,MF5)
FIS = addMF(FIS,"input",3,MF6)
FIS = addMF(FIS,"input",3,MF7)
FIS = addMF(FIS,"output",1,MF8)
FIS = addMF(FIS,"output",1,MF9)
FIS = addMF(FIS,"output",1,MF10)
FIS = addRule(FIS,c(1,1,1,1,1,2)) # 数字 1 表示 input1,数字 2 表示 input2,数字 3 表示
output1,数字 4 表示权重,一般设定为 1,数字 5 表示"1 = AND,2 = OR".
FIS = addRule(FIS,c(1,2,2,2,1,1))
FIS = addRule(FIS,c(2,2,2,2,1,1))
FIS = addRule(FIS,c(3,2,2,3,1,2))
plotMF(FIS,"input",1)
plotMF(FIS,"input",2)
plotMF(FIS,"input",3)
plotMF(FIS,"output",1)
data = c(5,6.4,3.3,5.2,4.4,1.2,6.8,6.8,3.7)
data = matrix(data,ncol = 3,byrow = T)
evalFIS(data,FIS)
```

7.3　应用模糊逻辑合并变项实例分析

由前面两个例子我们知道，模糊逻辑除了可以做系统模糊控制之外，还可以进行多变量的合并应用。本实例为财务预警回归模型，以常用的回归建模为例说明在变量过多的情况下如何采用模糊变量合并来缩减变量个数。数据如表 7.3.1 所示。

表 7.3.1　　　　　　　　　财务预警五力分析的数据

周转力（X1）		成长力（X2）		报酬力（X3）		危机或正常公司（Y）（1=正常，0=危机）
应收款项周转率（x1）	存货周转率（x2）	营收成长率（x3）	固定资产成长率（x4）	股东权益报酬率（x5）	资产报酬率（x6）	
0.78	1.78	−4.01	−9.81	−3.53	−1.38	1
0.83	3.13	−6.24	−3.45	0.71	0.35	0
0.96	1.64	−1.9	−12.93	−2.84	−2.84	0
1.1	2.21	12.44	−0.48	1.32	0.72	0
2.08	1.74	16.8	−2.96	0.12	0.34	0
3.01	6.1	22.83	−9.14	−4.91	−1.54	1
0.54	0.83	16.6	19.08	0.06	0.41	0
6.53	0.06	−16.5	−2.16	−2.31	−0.7	0
3.88	0.55	−12.95	−1.59	1.08	0.84	0
3.01	1.73	6.87	−9.41	−3.69	0.3	1
1.2	1.81	18.25	−9	−4.87	−1.01	1
1.76	0.79	9.33	7.17	4.96	2.95	0
1.45	1.23	−22.19	13.94	0.71	0.47	0
1.1	0.86	−6.6	−8.98	22.64	−0.88	1
2.04	2.01	5.13	−2.32	5.79	3.05	1
1.59	1.03	−1.89	−1.83	1.2	0.94	0
1.51	1.97	7.12	−5.89	8.23	−0.46	1
3.26	6.3	−4.78	0.77	4.2	2.42	0
1.27	4.02	−20.66	−1.36	−3.98	−1.33	1
0.88	0.56	−11.76	−1.59	−5.04	−2.52	1

表 7.3.1 是某地区上市公司（包括 9 家正常公司、11 家危机公司）关于财务五力中的周转力（应收款项周转率、存货周转率）、成长力（营收成长率、固定资产成长率）和报酬力（股东权益报酬率、资产报酬率）的 20 组数据。我们将这六个自变量（X）数据模糊化为三个自变量，也就是将应收款项周转率（x1）和存货周转率（x2）模糊化为周转力（X1）、将营收成长率（x3）和固定资产成长率（x4）模糊化为成长力（X2）、将股东权益报酬率（x5）和资产报酬率（x6）模糊化为报酬力（X3）。首先必须将这些样本数据标准化为 0～1 之间的数据，由于 R 的模糊逻辑安装包要求数据必须为“正值”且大于“1”，因此将标准化后的数据乘以 10，计算结果如表 7.3.2 所示。

表 7.3.2　　样本数据标准化并乘以 10

周转力（X1）		成长力（X2）		报酬力（X3）		危机或正常公司（Y）（1=正常，0=危机）
应收款项周转率（x1）	存货周转率（x2）	营收成长率（x3）	固定资产成长率（x4）	股东权益报酬率（x5）	资产报酬率（x6）	
4.90	4.68	5.96	7.25	5.86	5.38	1
4.89	4.38	6.46	5.84	4.91	4.99	0
4.86	4.71	5.49	7.94	5.70	5.70	0
4.83	4.58	2.31	5.18	4.78	4.91	0
4.61	4.68	1.34	5.73	5.04	5.00	0
4.40	3.72	0.01	7.10	6.16	5.41	1
4.95	4.89	1.38	0.83	5.06	4.98	0
3.62	5.06	8.74	5.55	5.58	5.23	0
4.21	4.95	7.95	5.42	4.83	4.88	0
4.40	4.69	3.55	7.16	5.89	5.00	1
4.80	4.67	1.02	7.07	6.15	5.30	1
4.68	4.90	3.00	3.48	3.97	4.42	0
4.75	4.80	10.00	1.97	4.91	4.97	0
4.83	4.88	6.54	7.07	0.04	5.27	1
4.62	4.62	3.93	5.59	3.78	4.39	1
4.72	4.84	5.49	5.48	4.80	4.86	0
4.74	4.63	3.49	6.38	3.24	5.17	1
4.35	3.67	6.13	4.90	4.14	4.53	0
4.79	4.18	9.66	5.37	5.96	5.37	1
4.88	4.95	7.68	5.42	6.19	5.63	1

需要注意的是，本节仅采用 20 组数据构建财务预警回归模型，便于说明建模过程。读者若要进行后续财务预警预测，必须有足够的数据，将其标准化之后分为两组：一组为训练数据，用来构建模型；另一组为测试数据，用来测试模型的财务预警能力和稳定性。然后进行模糊逻辑合并变项，本节以营收成长率（x3）和固定资产成长率（x4）模糊化为成长力（X2）为例，至于应收款项周转率（x1）和存货周转率（x2）模糊化为周转力（X1）、股东权益报酬率（x5）和资产报酬率（x6）模糊化为报酬力（X3）请读者自行练习。R 程序如下：

```
library('splines',lib="c:/")#加载安装包并设定模糊推论系统名称
library('FuzzyToolkitUoN',lib="c:/")
FIS<<-newFIS("财务预警回归模型")
```

运行结果如下：

```
>FIS
$'name'
[1]"财务预警回归模型"
…
```

定义模糊变量：

```
FIS<<-addVar(FIS,"input","营收成长率",0:10)
FIS<<-addVar(FIS,"input","固定资产成长率",0:10)
FIS<<-addVar(FIS,"output","企业成长力",0:10)
```

由于标准化数据乘以 10，因此数据介于 0 和 10 之间。然后定义模糊隶属函数，隶属函数采用高斯函数。

```
MF1=gaussMF("low",0:10,c(1.5,2.5,1))#数字 1 表示标准差,数字 2 表示平均数,数字 3
表示最大值
MF2=gaussMF("middle",0:10,c(1.5,5.0,1))
MF3=gaussMF("high",0:10,c(1.5,7.5,1))
MF4=gaussMF("low",0:10,c(1.5,2.5,1))#数字 1 表示标准差,数字 2 表示平均数,数字 3
表示最大值
```

```
MF5 = gaussMF("middle",0:10,c(1.5,5.0,1))
MF6 = gaussMF("high",0:10,c(1.5,7.5,1))
MF7 = gaussMF("low",0:10,c(1.5,2.5,1)) # 数字 1 表示标准差,数字 2 表示平均数,数字 3 表示最大值
MF8 = gaussMF("middle",0:10,c(1.5,5.0,1))
MF9 = gaussMF("high",0:10,c(1.5,7.5,1))
```

将这些变量及隶属函数设定至模糊推论系统，程序如下：

```
FIS = addMF(FIS,"input",1,MF1)
FIS = addMF(FIS,"input",1,MF2)
FIS = addMF(FIS,"input",1,MF3)
FIS = addMF(FIS,"input",2,MF4)
FIS = addMF(FIS,"input",2,MF5)
FIS = addMF(FIS,"input",2,MF6)
FIS = addMF(FIS,"output",1,MF7)
FIS = addMF(FIS,"output",1,MF8)
FIS = addMF(FIS,"output",1,MF9)
```

然后设定模糊规则：

```
FIS = addRule(FIS,c(1,1,1,1,1)) # 数字 1 表示 input1,数字 2 表示 input2,数字 3 表示 output1,数字 4 表示权重,一般设定为 1,数字 5 表示"1 = AND,2 = OR".
FIS = addRule(FIS,c(2,3,2,1,1))
FIS = addRule(FIS,c(3,2,3,1,1))
FIS = addRule(FIS,c(3,3,3,1,1))
```

运行结果如下：

```
…
$ ruleList
     [,1][,2] [,3] [,4] [,5]
[1,]  1    1    1    1    1
[2,]  2    3    2    1    1
[3,]  3    2    3    1    1
```

```
[4,]  3    3    3    1    1
```

绘制输入及输出的模糊隶属函数图形，图 7.3.1 为输出的模糊隶属函数图形。

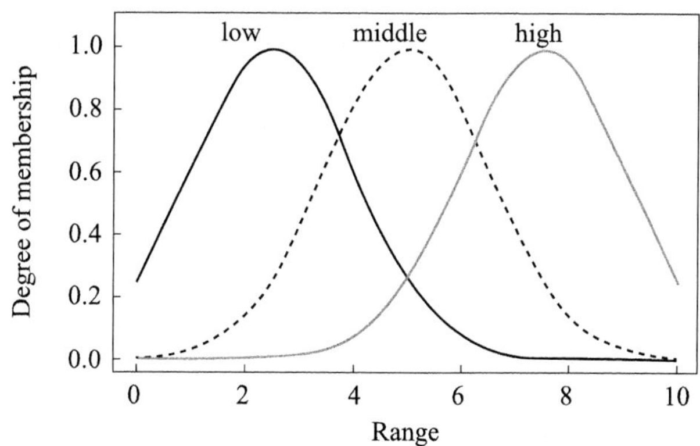

图 7.3.1　输出变量的高斯隶属函数图形

```
plotMF(FIS,"input",1)
plotMF(FIS,"input",2)
plotMF(FIS,"output",1)
```

将表 7.3.2 中 x3 和 x4 的数据输入 R 程序并解模糊。

```
data = c(5.96,7.25,6.46,5.84,5.49,7.94,2.31,5.18,1.34,5.73,0.01,7.10,1.38,0.83,
8.74,5.55,7.95,5.42,3.55,7.16,1.02,7.07,3.00,3.48,10.00,1.97,6.54,7.07,3.93,
5.59,5.49,5.48,3.49,6.38,6.13,4.90,9.66,5.37,7.68,5.42)
data = matrix(data,ncol = 2,byrow = T)
evalFIS(data,FIS)
```

运行结果如下：

```
>data
      [,1]  [,2]
[1,]  5.96  7.25
[2,]  6.46  5.84
[3,]  5.49  7.94
[4,]  2.31  5.18
[5,]  1.34  5.73
```

```
[6,]  0.01  7.10
[7,]  1.38  0.83
[8,]  8.74  5.55
[9,]  7.95  5.42
[10,]  3.55  7.16
[11,]  1.02  7.07
[12,]  3.00  3.48
[13,]10.00  1.97
[14,]  6.54  7.07
[15,]  3.93  5.59
[16,]  5.49  5.48
[17,]  3.49  6.38
[18,]  6.13  4.90
[19,]  9.66  5.37
[20,]  7.68  5.42
```

成长力 X2 的模糊推论输出结果如下：

```
>evalFIS(data,FIS)
Setting number of points to 101
      [,1]
[1,]5.952451
[2,]6.246541
[3,]5.705230
[4,]4.165910
[5,]3.956774
[6,]4.327179
[7,]2.702437
[8,]7.149538
[9,]6.922276
[10,]5.028208
[11,]4.968429
[12,]2.773554
```

```
[13,]6.907980
[14,]6.242741
[15,]4.834573
[16,]5.715576
[17,]4.988211
[18,]6.557977
[19,]7.167923
[20,]6.798860
```

若以相同的模糊隶属函数进行变量（x1，x2）和（x5，x6）的推论输出，只需修改数据部分即可产生模糊推论输出。

将（x1，x2）的数据输入下面的程序：

```
data = c(4.90,4.68,4.89,4.38,4.86,4.71,4.83,4.58,4.61,4.68,4.40,3.72,4.95,4.89,
3.62,5.06,4.21,4.95,4.40,4.69,4.80,4.67,4.68,4.90,4.75,4.80,4.83,4.88,4.62,
4.62,4.72,4.84,4.74,4.63,4.35,3.67,4.79,4.18,4.88,4.95)
data = matrix(data,ncol = 2,byrow = T)
evalFIS(data,FIS)
```

运行结果如下：

```
>evalFIS(data,FIS)
Setting number of points to 101
      [,1]
[1,]4.725972
[2,]4.699370
[3,]4.619978
[4,]4.541330
[5,]4.111953
[6,]3.609622
[7,]4.862598
[8,]4.257890
[9,]4.275360
[10,]3.971020
[11,]4.463580
```

```
[12,]4.516523
[13,]4.416521
[14,]4.623012
[15,]4.036256
[16,]4.453219
[17,]4.314552
[18,]3.528742
[19,]4.438440
[20,]4.790696
```

将（x5，x6）的数据输入下面的程序：

```
data = c(5.86,5.38,4.91,4.99,5.70,5.70,4.78,4.91,5.04,5.00,6.16,5.41,5.06,4.98,
5.58, 5.23, 4.83, 4.88, 5.89, 5.00, 6.15, 5.30, 3.97, 4.42, 4.91, 4.97, 0.04, 5.27, 3.78,
4.39,4.80,4.86,3.24,5.17,4.14,4.53,5.96,5.37,6.19,5.63)
data = matrix(data,ncol = 2,byrow = T)
evalFIS(data,FIS)
```

运行结果如下：

```
>evalFIS(data,FIS)
Setting number of points to 101
      [,1]
[1,]6.142190
[2,]4.889521
[3,]5.867440
[4,]4.624777
[5,]5.094834
[6,]6.314342
[7,]5.149337
[8,]5.940284
[9,]4.623012
[10,]6.358555
[11,]6.362493
[12,]3.427712
```

```
[13,]4.855205
[14,]3.022779
[15,]3.344023
[16,]4.560607
[17,]4.364629
[18,]3.617146
[19,]6.219569
[20,]6.230774
```

因此，合并后的样本数据如表 7.3.3 所示。我们利用这些合并后的数据建立财务预警回归模型。由于因变量（Y）为二元分类变量（0，1），因此我们尝试利用 Logit 回归进行建模。本节将表 7.3.3 整理成 Excel 文件，变量名称改为 X1，X2，X3 及 Y，并且将文件另存为“csv”格式，存放在 C 盘根目录下，文件名为“testdata. csv”。

表 7.3.3　　合并后的样本数据

周转力（X1）	成长力（X2）	报酬力（X3）	危机或正常公司（Y）
4.725 97	5.952 45	6.142 19	1
4.699 37	6.246 54	4.889 52	0
4.619 98	5.705 23	5.867 44	0
4.541 33	4.165 91	4.624 78	0
4.111 95	3.956 77	5.094 83	0
3.609 62	4.327 18	6.314 34	1
4.862 60	2.702 44	5.149 34	0
4.257 89	7.149 54	5.940 28	0
4.275 36	6.922 28	4.623 01	0
3.971 02	5.028 21	6.358 56	1
4.463 58	4.968 43	6.362 49	1
4.516 52	2.773 55	3.427 71	0
4.416 52	6.907 98	4.855 21	0
4.623 01	6.242 74	3.022 78	1
4.036 26	4.834 57	3.344 02	1
4.453 22	5.715 58	4.560 61	0
4.314 55	4.988 21	4.364 63	1
3.528 74	6.557 98	3.617 15	0
4.438 44	7.167 92	6.219 57	1
4.790 70	6.798 86	6.230 77	1

财务预警 Logit 回归模型的 R 程序如下：

```
setwd("C:/")
data = read.csv("testdata.csv")
data
testdata = data
testdata
anes = glm(Y~X1 + X2 + X3,family = binomial(link = 'logit'),data = testdata)
summary(anes)
```

运行结果如下：

```
>testdata
      X1       X2       X3    Y
1   4.72597  5.95245  6.14219  1
2   4.69937  6.24654  4.88952  0
3   4.61998  5.70523  5.86744  0
4   4.54133  4.16591  4.62478  0
5   4.11195  3.95677  5.09483  0
6   3.60962  4.32718  6.31434  1
7   4.86260  2.70244  5.14934  0
8   4.25789  7.14954  5.94028  0
9   4.27536  6.92228  4.62301  0
10  3.97102  5.02821  6.35856  1
11  4.46358  4.96843  6.36249  1
12  4.51652  2.77355  3.42771  0
13  4.41652  6.90798  4.85521  0
14  4.62301  6.24274  3.02278  1
15  4.03626  4.83457  3.34402  1
16  4.45322  5.71558  4.56061  0
17  4.31455  4.98821  4.36463  1
18  3.52874  6.55798  3.61715  0
19  4.43844  7.16792  6.21957  1
20  4.79070  6.79886  6.23077  1
```

```
>summary(anes)
Call:
glm(formula = Y~X1 + X2 + X3, family = binomial(link = "logit"),
    data = testdata)

Deviance Residuals:
    Min        1Q     Median       3Q       Max
-1.3752   -1.0303   -0.7812    1.0315    1.8222

Coefficients:
            Estimate   Std.Error   z value    Pr(>|z|)
(Intercept) -0.48693   6.28429     -0.077     0.938
X1          -0.66207   1.34774     -0.491     0.623
X2          0.07111    0.36455     0.195      0.845
X3          0.54732    0.46771     1.170      0.242
```

因此，本节所构建的财务预警 Logit 回归模型为：

$$Y=-0.48693-0.66207X1+0.07111X2+0.54732X3$$

读者可将测试数据（X1，X2，X3）代入此财务预警回归模型来预测 Y。若 Y 小于 0.5，就可以视为 0，即危机公司；若 Y 大于或等于 0.5，就可以视为 1，即正常公司。由于回归模型要求数据要足够多，建立的模型的预测能力才会准确，因此建议读者尝试搜集更多数据，并且分为训练数据和测试数据，实际测试一下模型的准确性。相信在数据充分的情况下，该财务预警回归模型具备很好的预测能力。

本节完整的模糊推论系统的 R 程序如下：

```
library('splines',lib = "c:/")
library('FuzzyToolkitUoN',lib = "c:/")
FIS<<-newFIS("财务预警回归模型")
FIS<<-addVar(FIS,"input","营收成长率",0:10)
FIS<<-addVar(FIS,"input","固定资产成长率",0:10)
FIS<<-addVar(FIS,"output","企业成长力",0:10)
```

```
MF1 = gaussMF("low",0:10,c(1.5,2.5,1))#数字 1 表示标准差,数字 2 表示平均数,数字 3
表示最大值
MF2 = gaussMF("middle",0:10,c(1.5,5.0,1))

MF3 = gaussMF("high",0:10,c(1.5,7.5,1))
MF4 = gaussMF("low",0:10,c(1.5,2.5,1))#数字 1 表示标准差,数字 2 表示平均数,数字 3
表示最大值
MF5 = gaussMF("middle",0:10,c(1.5,5.0,1))
MF6 = gaussMF("high",0:10,c(1.5,7.5,1))
MF7 = gaussMF("low",0:10,c(1.5,2.5,1))#数字 1 表示标准差,数字 2 表示平均数,数字 3
表示最大值
MF8 = gaussMF("middle",0:10,c(1.5,5.0,1))
MF9 = gaussMF("high",0:10,c(1.5,7.5,1))
FIS = addMF(FIS,"input",1,MF1)
FIS = addMF(FIS,"input",1,MF2)
FIS = addMF(FIS,"input",1,MF3)
FIS = addMF(FIS,"input",2,MF4)
FIS = addMF(FIS,"input",2,MF5)
FIS = addMF(FIS,"input",2,MF6)
FIS = addMF(FIS,"output",1,MF7)
FIS = addMF(FIS,"output",1,MF8)
FIS = addMF(FIS,"output",1,MF9)
FIS = addRule(FIS,c(1,1,1,1,1))#数字 1 表示 input1,数字 2 表示 input2,数字 3 表示
output1,数字 4 表示权重,一般设定为 1,数字 5 表示"1 = AND,2 = OR".
FIS = addRule(FIS,c(2,3,2,1,1))
FIS = addRule(FIS,c(3,2,3,1,1))
FIS = addRule(FIS,c(3,3,3,1,1))
plotMF(FIS,"input",1)
plotMF(FIS,"input",2)
plotMF(FIS,"output",1)
#(x3,x4)
```

```
data = c(5.96,7.25,6.46,5.84,5.49,7.94,2.31,5.18,1.34,5.73,0.01,7.10,1.38,0.83,
8.74,5.55,7.95,5.42,3.55,7.16,1.02,7.07,3.00,3.48,10.00,1.97,6.54,7.07,3.93,
5.59,5.49,5.48,3.49,6.38,6.13,4.90,9.66,5.37,7.68,5.42)
data = matrix(data,ncol = 2,byrow = T)
evalFIS(data,FIS)
#(x1,x2)
data = c(4.90,4.68,4.89,4.38,4.86,4.71,4.83,4.58,4.61,4.68,4.40,3.72,4.95,4.89,
3.62,5.06,4.21,4.95,4.40,4.69,4.80,4.67,4.68,4.90,4.75,4.80,4.83,4.88,4.62,
4.62,4.72,4.84,4.74,4.63,4.35,3.67,4.79,4.18,4.88,4.95)
data = matrix(data,ncol = 2,byrow = T)
evalFIS(data,FIS)
#(x5,x6)
data = c(5.86,5.38,4.91,4.99,5.70,5.70,4.78,4.91,5.04,5.00,6.16,5.41,5.06,4.98,
5.58,5.23,4.83,4.88,5.89,5.00,6.15,5.30,3.97,4.42,4.91,4.97,0.04,5.27,3.78,
4.39,4.80,4.86,3.24,5.17,4.14,4.53,5.96,5.37,6.19,5.63)
data = matrix(data,ncol = 2,byrow = T)
evalFIS(data,FIS)
```

第 8 章

灰关联熵分析与灰预测

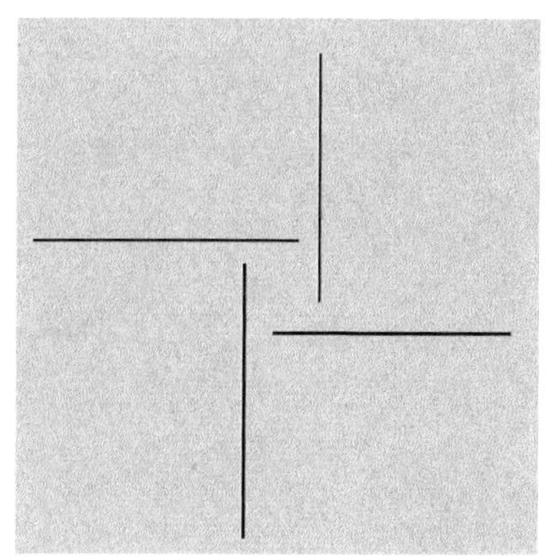

本章要点

- 灰关联分析
- 灰关联熵分析
- 灰预测

8.1　灰关联分析理论简介

邓聚龙（1982）教授在《华中科技大学学报》上发表了关于灰色系统的第一篇中文论文《灰色控制系统》。多年来经过邓聚龙教授以及国内外广大灰色系统研究及应用学者的不懈耕耘和开拓，灰色系统理论体系日益完善，并已成功地应用于许多领域，例如环境工程、农业、交通、气象、工程、运输、经济、医疗、教育、地质、管理、体育等。

灰色理论中共有两大支柱，分别是灰关联分析和灰预测。灰关联分析主要在灰色系统理论中分析离散序列间的相关程度，具有少数数据及多因素分析的特性，与传统的单变量相关性分析不同。本书除了详述这两种数据分析方法外，还提到了灰关联分析的改良版，称为灰关联熵分析，并且以实际案例进行介绍。

关联度是事物之间、因素之间关联性的“量度”。它从随机时间序列中找到关联性，从而为因素分析、预测的精度分析提供依据，为决策提供基础。灰关联度是序列与序列之间比较的测度，一般而言，在相关文献中，此结果被视为绩效评估值。

灰关联分析包括如下步骤：

(1) 从原始的样本数据中，我们可以找出标准序列 X_0 和比较序列 X_i。标准序列 $X_0=(X_{01}, X_{02}, \cdots, X_{0j}, \cdots, X_{0n})$ 是我们要评估绩效的目标值序列，比较序列为 $X_i=(X_{i1}, X_{i2}, \cdots, X_{ij}, \cdots, X_{in})$，$i=1, 2, \cdots, m$，其中的每一个序列都需要和标准序列做序列相关性比较。

（2）将这些数据做初始化处理，公式为

$$X_{ij}^{*}=\frac{\max X_{ij}-X_{ij}}{\max X_{ij}-\min X_{ij}} \tag{8.1.1}$$

（3）计算灰关联距离 Δ_{ij}，其中 Δ_{ij} 是每一个比较序列和标准序列之间的距离。

$$\Delta_{ij}=|X_{0j}^{*}-X_{ij}^{*}| \tag{8.1.2}$$

（4）计算（邓聚龙）灰关联系数 γ_{ij}，其中分辨系数 ζ 介于 0～1，默认值为 0.5。

$$\gamma_{ij}=\frac{\Delta_{\min}+\zeta\Delta_{\max}}{\Delta_{ij}+\zeta\Delta_{\max}} \tag{8.1.3}$$

（5）计算每一个比较序列的灰关联度值 Γ_{0i}。

$$\Gamma_{0i}=\frac{1}{n}\sum_{j=1}^{n}\gamma_{ij} \tag{8.1.4}$$

（6）将所有比较序列的灰关联度值进行排序，称为灰关联序。

举例而言，现有如下数据：

标准序列 X_0=(1，2，3，4)

比较序列 X_1=(1，1.25，1.85，2.35)

比较序列 X_2=(1.1，1.15，1.25，1.75)

比较序列 X_3=(1，1.5，2.25，3.55)

首先将数据按照式（8.1.1）做初始化处理，结果如下：

X_0=(1，0.667，0.333，0)

X_1=(1，0.815，0.370，0)

X_2=(1，0.923，0.769，0)

X_3=(1，0.804，0.510，0)

按照式（8.1.2）计算灰关联距离 Δ_{ij}：

Δ_1=(0，0.148，0.037，0)

Δ_2=(0，0.256，0.436，0)

Δ_3=(0，0.137，0.176，0)

按照式（8.1.3）计算灰关联系数 γ_{ij}：

γ_1=(1，0.595，0.855，1)

γ_2=(1，0.459，0.333，1)

γ_3=(1，0.614，0.552，1)

按照式（8.1.4）计算灰关联度值 Γ_{0i}：

Γ_1=0.863

Γ_2=0.698

Γ_3=0.792

8.2　灰关联分析实例研究

我国台湾省中部地区常用的水资源有四种：彰化市自来水、彰化芬园泉水、埔里松泉水及彰化红毛井水。有关数据来自温坤礼（2003）。首先对饮用水进行检验。饮用水的检验项目及台湾地区标准值如表 8.2.1 所示。

表 8.2.1　　台湾饮用水标准值

项目	标准值	项目	标准值
浊度	4.0	游离氯气	0.5
PH 值	7.0	总硬度	500
氯盐	250.0	含铁量	0.3
硫酸盐	250.0	总生菌数	100

将四种饮用水送检，结果如表 8.2.2 所示。

表 8.2.2　　台湾中部地区四种水资源检验值

检验项目	彰化市自来水	彰化芬园泉水	埔里松泉水	彰化红毛井水
浊度	0.7	1.7	0.3	1.1
PH 值	8.0	7.5	6.8	6.7
氯盐	0.54	0.12	0.6	0.61
硫酸盐	0.85	0.21	0.2	1.82
游离氯气	0.10	2.3	0.05	0.70
总硬度	2.42	1.04	0.68	3.34
含铁量	0.04	0.02	0.01	0.14
总生菌数	1.3	7.48	0.624	0.73

将表 8.2.1 的数据作为标准序列，将表 8.2.2 的数据作为比较序列，整理成表 8.2.3，其中 X0 为标准序列，X1 至 X4 为比较序列。

表 8.2.3 拟分析的样本数据

X0	4	7	250	250	0.5	500	0.3	100
X1	0.7	8	0.54	0.85	0.1	2.42	0.04	1.3
X2	1.7	7.5	0.12	0.21	2.3	1.04	0.02	7.48
X3	0.3	6.8	0.6	0.2	0.05	0.68	0.01	0.624
X4	1.1	6.7	0.61	1.82	0.7	3.34	0.14	0.73

进行灰关联分析，主要评估各种水资源中哪一种最接近标准值。换句话说，主要评估哪一种水资源的管理控制绩效最佳。进行灰关联分析的 R 程序如下：

步骤一：将数据输入 R 程序的 C 函数中，读者可根据自己的数据修改程序。

```
X0 = c(4,7,250,250,0.5,500,0.3,100)
X1 = c(0.7,8,0.54,0.85,0.1,2.42,0.04,1.3)
X2 = c(1.7,7.5,0.12,0.21,2.3,1.04,0.02,7.48)
X3 = c(0.3,6.8,0.6,0.2,0.05,0.68,0.01,0.624)
X4 = c(1.1,6.7,0.61,1.82,0.7,3.34,0.14,0.73)
```

运行结果如下：

```
>X0
[1]  4.0  7.0  250.0  250.0  0.5  500.0  0.3  100.0
>X1
[1]0.70  8.00  0.54  0.85  0.10  2.42  0.04  1.30
>X2
[1]1.70  7.50  0.12  0.21  2.30  1.04  0.02  7.48
>X3
[1]0.300  6.800  0.600  0.200  0.050  0.680  0.010  0.624
>X4
[1]1.10  6.70  0.61  1.82  0.70  3.34  0.14  0.73
```

步骤二：进行初始化处理，公式为 Y＝（最大值－当前值）/（最大值－最小值）。

```
Y0 = (max(X0) - X0)/(max(X0) - min(X0))
Y1 = (max(X1) - X1)/(max(X1) - min(X1))
Y2 = (max(X2) - X2)/(max(X2) - min(X2))
Y3 = (max(X3) - X3)/(max(X3) - min(X3))
Y4 = (max(X4) - X4)/(max(X4) - min(X4))
```

运行结果如下：

```
〉Y0
[1]0.9925956  0.9865920  0.5003002  0.5003002  0.9995998  0.0000000  1.0000000
0.8004803
〉Y1
[1]0.9170854  0.0000000  0.9371859  0.8982412  0.9924623  0.7010050  1.0000000
0.8417085
〉Y2
[1]0.775401070  0.000000000  0.986631016  0.974598930  0.695187166  0.863636364
1.000000000  0.002673797
〉Y3
[1]0.9572901  0.0000000  0.9131075  0.9720177  0.9941090  0.9013255  1.0000000
0.9095729
〉Y4
[1]0.8536585  0.0000000  0.9283537  0.7439024  0.9146341  0.5121951  1.0000000
0.9100610
```

步骤三：计算灰关联距离。

```
Z1 = abs(Y1 - Y0)
Z2 = abs(Y2 - Y0)
Z3 = abs(Y3 - Y0)
Z4 = abs(Y4 - Y0)
```

运行结果如下：

```
〉Z1
[1]0.075510130  0.986591955  0.436885750  0.397941026  0.007137448  0.701005025
0.000000000  0.041228255
〉Z2
[1]0.2171945  0.9865920  0.4863308  0.4742988  0.3044126  0.8636364  0.0000000
0.7978065
〉Z3
[1]0.035305425  0.986591955  0.412807331  0.471717493  0.005490776  0.901325479
```

0.000000000　0.109092613

〉Z4

[1] 0.13893702　0.98659196　0.42805348　0.24360226　0.08496561　0.51219512

0.00000000　0.10958069

步骤四：计算最值。

```
u = min(Z1,Z2,Z3,Z4)
v = max(Z1,Z2,Z3,Z4)
r = 0.5 #在公式中设定分辨率
```

运行结果如下：

〉u

[1]0

〉v

[1]0.986592

〉r

[1]0.5

步骤五：计算灰关联系数。

```
aita1 = (u+r*v)/(Z1+r*v)
aita2 = (u+r*v)/(Z2+r*v)
aita3 = (u+r*v)/(Z3+r*v)
aita4 = (u+r*v)/(Z4+r*v)
```

运行结果如下：

〉aita1

[1]0.8672480　0.3333333　0.5303222　0.5534958　0.9857375　0.4130416　1.0000000

0.9228693

〉aita2

[1]0.6943034　0.3333333　0.5035550　0.5098167　0.6183912　0.3635376　1.0000000

0.3820735

〉aita3

[1]0.9332097　0.3333333　0.5444147　0.5111804　0.9889917　0.3537132　1.0000000

```
0.8188999
>aita4
[1]0.7802440  0.3333333  0.5354059  0.6694221  0.8530672  0.4906020  1.0000000
0.8182370
```

这些数值除了下一步用于计算灰关联度外，也用于 8.4 节的灰关联熵分析。

步骤六：计算灰关联度。

```
r01 = mean(aita1)
r02 = mean(aita2)
r03 = mean(aita3)
r04 = mean(aita4)
```

运行结果如下：

```
>r01
[1]0.700756
>r02
[1]0.5506264
>r03
[1]0.6854679
>r04
[1]0.6850389
```

由分析结果得知，彰化市自来水的灰关联度为 0.700 756，在四种饮用水中水质最好；彰化芬园泉水的灰关联度为 0.550 626 4，在四种饮用水中水质最差，此分析结果值得相关部门参考。

本节的全部 R 程序如下：

```
#关联度分析
#将数据输入 R 程序的 C 函数中
X0 = c(4,7,250,250,0.5,500,0.3,100)
X1 = c(0.7,8,0.54,0.85,0.1,2.42,0.04,1.3)
X2 = c(1.7,7.5,0.12,0.21,2.3,1.04,0.02,7.48)
X3 = c(0.3,6.8,0.6,0.2,0.05,0.68,0.01,0.624)
X4 = c(1.1,6.7,0.61,1.82,0.7,3.34,0.14,0.73)
```

```
#进行初始化处理
Y0 = (max(X0) - X0)/(max(X0) - min(X0))
Y1 = (max(X1) - X1)/(max(X1) - min(X1))
Y2 = (max(X2) - X2)/(max(X2) - min(X2))
Y3 = (max(X3) - X3)/(max(X3) - min(X3))
Y4 = (max(X4) - X4)/(max(X4) - min(X4))
#计算灰关联距离
Z1 = abs(Y1 - Y0)
Z2 = abs(Y2 - Y0)
Z3 = abs(Y3 - Y0)
Z4 = abs(Y4 - Y0)
#计算最值
u = min(Z1,Z2,Z3,Z4)
v = max(Z1,Z2,Z3,Z4)
#分辨率
r = 0.5
#计算灰关联系数
aita1 = (u + r * v)/(Z1 + r * v)
aita2 = (u + r * v)/(Z2 + r * v)
aita3 = (u + r * v)/(Z3 + r * v)
aita4 = (u + r * v)/(Z4 + r * v)
#计算灰关联度
r01 = mean(aita1)
r02 = mean(aita2)
r03 = mean(aita3)
r04 = mean(aita4)
```

8.3 灰关联熵分析简介

灰关联分析是因素分析的有效工具之一，尤其适合数据分布无法以常见分布描述的多因子分析，现已不断被改良成许多版本，但这些改良版本的共同点是在计算灰关联度时都计算逐点灰关联系数的平均值。这就产生了两个缺点：在各点的灰关联系数离散分布的情况下，由灰关联系数值较大的点决定总体关联程度；这个平均值将掩盖许多点灰关联系数的特性，无法充分地利用由点灰关联系数提供的丰富信息。

灰关联熵分析是由张岐山（1996）等人提出的，它是在灰关联分析的基础上引入了熵的性质，弥补了上述灰关联分析的不足。方法是在计算出灰关联系数后进行下列步骤：

（1）计算灰关联系数（R）的分布映像值（或称密度值）P：

$$P_h=\frac{R_h}{\sum_{h=1}^{n}R_h}，P_h\in P_i，h=1，2，3，\cdots，n \tag{8.3.1}$$

（2）计算灰关联熵 H：

$$H(R_i)=-\sum_{h=1}^{n}P_h\ln P_h \tag{8.3.2}$$

（3）由熵的定律可知，当序列 X 的灰关联熵最大时，意味着 X 的各点对于参考列的影响是均衡的。也就是说，灰关联熵在各个灰关联系数分布映像值相等时取得最大值 H_m，式（8.3.2）的累加概率值相同，可简化 $\sum_{h=1}^{n}P_h$ 等于 1。

$$H_m(X)=-\ln P_h=\ln n \tag{8.3.3}$$

（4）计算熵关联度，其公式为：

$$E_j(X_i)=\frac{H(R_i)}{H_m} \tag{8.3.4}$$

由熵关联度准则可知，比较序列的熵关联度越大，代表比较序列与标准序列的关联性越高。

8.4　灰关联熵分析实例研究

本节采用 8.2 节的数据，在原灰关联分析的步骤五计算出灰关联系数后，执行下列步骤。

步骤一：计算灰关联系数（R）的分布密度值。

```
p1 = aita1/sum(aita1)
p2 = aita2/sum(aita2)
p3 = aita3/sum(aita3)
p4 = aita4/sum(aita4)
```

运行结果如下：

```
>p1
[1] 0.15469865  0.05945960  0.09459822  0.09873192  0.17583466  0.07367786
0.17837879  0.16462030
>p2
[1] 0.15761674  0.07567140  0.11431413  0.11573564  0.14038359  0.08252821
0.22701420  0.08673610
>p3
[1] 0.17017751  0.06078573  0.09927794  0.09321743  0.18034976  0.06450214
0.18235720  0.14933230
>p4
[1] 0.14237219  0.06082379  0.09769626  0.12215038  0.15566034  0.08952083
0.18247138  0.14930483
```

步骤二：计算灰关联熵。

```
R1 = - sum(p1 * log(p1))
R2 = - sum(p2 * log(p2))
R3 = - sum(p3 * log(p3))
R4 = - sum(p4 * log(p4))
```

```
>R1
[1]2.01049
>R2
[1]2.014214
>R3
[1]2.002116
>R4
[1]2.031809
```

步骤三：计算熵关联度（注意，数字“8”代表数据组数）。

```
E1 = R1/log(8)
E2 = R2/log(8)
E3 = R3/log(8)
E4 = R4/log(8)
```

熵关联度计算结果如下：

```
〉E1
[1]0.9668412
〉E2
[1]0.9686321
〉E3
[1]0.9628142
〉E4
[1]0.9770935
```

对照 8.2 节灰关联度的运行结果，这里得出的结果有明显不同。通过灰关联熵分析我们发现，彰化红毛井水的熵关联度为 0.977 093 5，较接近饮用水标准值，而埔里松泉水的熵关联度为 0.962 814 2，在四种饮用水中水质最差。注意，熵关联度的第一位小数应为“9”，若为其他数值，就代表计算有误，请仔细检查！

本节的全部 R 程序如下所示，读者可复制并粘贴至 R 软件执行，并根据自己的数据将范例程序加以修改。

```
#灰关联熵分析
#数据输入 R 程序 C 函数中
X0 = c(4,7,250,250,0.5,500,0.3,100)
X1 = c(0.7,8,0.54,0.85,0.1,2.42,0.04,1.3)
X2 = c(1.7,7.5,0.12,0.21,2.3,1.04,0.02,7.48)
X3 = c(0.3,6.8,0.6,0.2,0.05,0.68,0.01,0.624)
X4 = c(1.1,6.7,0.61,1.82,0.7,3.34,0.14,0.73)
```

```
#进行初始化处理
Y0 = (max(X0) - X0)/(max(X0) - min(X0))
Y1 = (max(X1) - X1)/(max(X1) - min(X1))
Y2 = (max(X2) - X2)/(max(X2) - min(X2))
Y3 = (max(X3) - X3)/(max(X3) - min(X3))
Y4 = (max(X4) - X4)/(max(X4) - min(X4))
#求绝对差
Z1 = abs(Y1 - Y0)
Z2 = abs(Y2 - Y0)
Z3 = abs(Y3 - Y0)
Z4 = abs(Y4 - Y0)
#求最值
u = min(Z1,Z2,Z3,Z4)
v = max(Z1,Z2,Z3,Z4)
#分辨率
r = 0.5
#求关联系数
aita1 = (u + r * v)/(Z1 + r * v)
aita2 = (u + r * v)/(Z2 + r * v)
aita3 = (u + r * v)/(Z3 + r * v)
aita4 = (u + r * v)/(Z4 + r * v)
#求灰关联系数分布密度
p1 = aita1/sum(aita1)
p2 = aita2/sum(aita2)
p3 = aita3/sum(aita3)
p4 = aita4/sum(aita4)
#计算灰关联熵
R1 = - sum(p1 * log(p1))
R2 = - sum(p2 * log(p2))
R3 = - sum(p3 * log(p3))
R4 = - sum(p4 * log(p4))
```

```
#计算熵关联度(8为数据组数)
E1 = R1/log(8)
E2 = R2/log(8)
E3 = R3/log(8)
E4 = R4/log(8)
```

8.5　灰预测理论简介

灰预测通过鉴别系统因素之间发展趋势的相异程度并对原始数据进行生成处理来寻找系统变动的规律，生成有较强规律性的数据序列，然后建立相应的微分方程模型，从而预测事物未来的发展趋势。灰预测利用等时距观测到的反应预测对象特征的一系列数量值来构造灰预测模型，以预测未来某一时刻的特征量或达到某一特征量的时间。为了弱化原始时间序列的随机性，在建立灰预测模型之前，需先对原始时间序列进行数据处理，经过数据处理后的时间序列即称为生成列。灰系统常用的数据处理方式有累加和累减两种。

要运行灰预测 GM（1，1）模型，必须进行下面几个步骤：

（1）假设原始序列有 n 个观察值：

$$X^{(0)}=[X^{(0)}(1),X^{(0)}(2),\cdots,X^{(0)}(n)] \tag{8.5.1}$$

（2）计算累加生成（AGO）：

$$X^{(1)}=[X^{(1)}(1),X^{(1)}(2),\cdots,X^{(1)}(n)] \tag{8.5.2}$$

（3）计算均值生成：

$$Z^{(1)}(k)=\frac{1}{2}[X^{(1)}(k-1)+X^{(1)}(k)] \tag{8.5.3}$$

（4）构建 B 矩阵及 Y 矩阵：

$$B=\begin{pmatrix}-Z^{(1)}(2) & 1\\ -Z^{(1)}(3) & 1\\ \vdots & \\ -Z^{(1)}(n) & 1\end{pmatrix},Y=\begin{pmatrix}X^{(0)}(2)\\ X^{(0)}(3)\\ \vdots\\ X^{(0)}(n)\end{pmatrix} \tag{8.5.4}$$

（5）求出模型精度（a，b），公式为

$$\begin{pmatrix} a \\ b \end{pmatrix} = (B^{\mathrm{T}}B)^{-1}B^{\mathrm{T}}Y \tag{8.5.5}$$

（6）将（a，b）代入改良后的 GM（1，1）的预测模型公式，$k=1，2，3，\cdots，n$：

$$\hat{X}^{(2)}(k+1) = (-a)\left[X^{(0)}(1) - \frac{b}{a}\right]\mathrm{e}^{-ak} \tag{8.5.6}$$

注：原始 GM（1，1）预测模型公式为：

$$\hat{X}^{(2)}(k+1) = (1-\mathrm{e}^{-a})\left[X^{(0)}(1) - \frac{b}{a}\right]\mathrm{e}^{-ak} \tag{8.5.7}$$

经笔者多次测试，改良后的 GM（1，1）预测模型公式可以获得较佳的预测结果。

（7）计算 GM（1，1）预测模型的预测误差，公式为

$$\widehat{e(k)} = \left|\frac{X^{(0)}(k) - \hat{X}^{(0)}(k)}{X^{(0)}(k)}\right| \tag{8.5.8}$$

举例来说，假设有如下原始数据：

（1）$X(0)=(1，2，5，7，9)$

（2）累加生成为：

$X(1)=(1，3，8，15，24)$ ＃数字 8 为 X（0）中的数字 1、2、3 相加

（3）均值生成为：

$Z(1)=(2，5.5，11.5，19.5)$ ＃数字 5.5 为 X（1）中的数字 3 与 8 的和再除以 2

（4）建构 B 矩阵及 Y 矩阵：

$$B = \begin{pmatrix} -2 & 1 \\ -5.5 & 1 \\ -11.5 & 1 \\ -19.5 & 1 \end{pmatrix}, Y = \begin{pmatrix} 2 \\ 5 \\ 7 \\ 9 \end{pmatrix}$$

（5）求出模型精度（a，b）：

$a=-0.375\ 3$

$b=2.138$

（6）建构方程式，$k=1$，2，3，4：

$$\hat{X}^{(2)}(k+1)=0.3753\left[X^{(0)}(1)-\frac{2.138}{-0.3753}\right]e^{0.3753k}$$

得出：

$X2(1)=X0(1)=1$

$X2(2)=-0.8287$

$X2(3)=-0.0646$

$X2(4)=-0.1068$

$X2(5)=-0.2529$

（7）计算 GM（1，1）预测模型的预测误差 $e(k)$：

e(1)=0

e(2)=−0.828 7

e(3)=−0.064 6

e(4)=−0.106 8

e(5)=−0.252 9

虽然样本数据仅有 5 组，但是由预测结果发现，误差值都相当低，因此灰预测在少量样本预测能力上，对于其他种类的预测模型具有相对优势。

8.6　灰预测实例研究

本节以我国人均国内生产总值的预测为例，示范如何使用 R 程序运行灰预测，样本数据来自国家统计局网站，如表 8.6.1 所示。

表 8.6.1　　我国人均国内生产总值

年份	2009	2010	2011	2012	2013	2014	2015	2016	2017	2018
GDP	26 180	30 808	36 302	39 874	43 684	47 005	50 028	53 680	59 201	64 644

资料来源：国家统计局网站，http://www.stats.gov.cn/tjsj/.

按照灰预测的步骤，一步步地使用 R 程序操作前一小节的步骤。

步骤一：整理原始数据并输入 R 程序。

```
# 数据
X0 = c(26180,30808,36302,39874,43684,47005,50028,53680,59201,64644)
X1 = 0 #初始变量
X2 = 0
z = 0
```

运行结果如下：

```
〉X0
[1]26180   30808   36302   39874   43684   47005   50028   53680   59201   64644
```

步骤二：计算累加（AGO）。

```
# 求累加
X1 = cumsum(X0)
X1
n = length(X0)
```

运行结果如下：

```
〉X1
[1]   26180   56988   93290   133164   176848   223853   273881   327561   386762   451406
```

步骤三：计算均值。

```
# 求均值
for(k in 2:n)z[k] = (1/2) * (X1[k] + X1[k-1])
z
```

运行结果如下：

```
〉z
[1]0.0    41584.0    75139.0    113227.0    155006.0    200350.5    248867.0    300721.0
357161.5   419084.0
```

步骤四：构建 B 矩阵及 Y 矩阵。

```
# 求矩阵 B
b1 = -z[2:n]
b2 = rep(1,length(z) - 1)
b3 = c(b1,b2)
```

```
B = matrix(b3,nrow = length(b1),ncol = 2)
# 求矩阵 Y
Y = X0[2:n]
Y = matrix(Y,nrow = length(b1),ncol = 1)
```

运行结果如下：

```
>B
        [,1]      [,2]
[1,] - 41584.0      1
[2,] - 75139.0      1
[3,] - 113227.0     1
[4,] - 155006.0     1
[5,] - 200350.5     1
[6,] - 248867.0     1
[7,] - 300721.0     1
[8,] - 357161.5     1
[9,] - 419084.0     1
>Y
     [,1]
[1,]30808
[2,]36302
[3,]39874
[4,]43684
[5,]47005
[6,]50028
[7,]53680
[8,]59201
[9,]64644
```

步骤五：求出模型精度（a，b）。

```
# inv(B'*B)*B'*Y
bata = solve(t(B) %*% B) %*% t(B) %*% Y
a = bata[1]
b = bata[2]
a
b
```

运行结果如下：

```
>a
[1] - 0.08385463
>b
[1]29440.89
```

步骤六：将（a，b）代入改良后的GM（1，1）预测模型公式。

```
X2[1] = X0[1]
X2[1]
for(k in 2:n-1){X2[k+1] = (-a) * (X0[1] - b/a) * exp(-a * k)}
X2
err = (X0 - X2)/X0
err
```

预测结果如下：

```
>a
[1] - 0.08385463
>b
[1]29440.89
>X2
[1]26180.00  34403.45  37412.75  40685.27  44244.05  48114.11  52322.69  56899.40
[9]61876.43  67288.82
>err
[1] 0.00000000   - 0.11670520   - 0.03059753   - 0.02034596   - 0.01282045
- 0.02359559
[7] - 0.04586813  - 0.05997389  - 0.04519238  - 0.04091355
```

由 R 程序运行结果可知，该灰预测模型方程式为：

$$\hat{X}^{(2)}(k+1)=0.0839\left[X^{(0)}(1)-\frac{29\,440.89}{-0.0839}\right]e^{0.0839k}$$

预测结果整理成表 8.6.2。

表 8.6.2　　我国人均国内生产总值（元）

年份	2009	2010	2011	2012	2013	2014	2015	2016	2017	2018
实际	26180	30808	36302	39874	43684	47005	50028	53680	59201	64644
预测	26180	34403	37413	40685	44244	48114	52323	56899	61876	67289
误差	0	−0.117	−0.031	−0.020	−0.013	−0.024	−0.046	−0.060	−0.045	−0.041

由表 8.6.2 我们可发现，灰预测在预测每一年的数据时，其实际值与预测值之间的预测误差都很小，预测准确率相当高，即使只有少量数据也能作出准确的估计。接下来完成 2019 年人均国内生产总值的预测，将 R 程序内 for 循环中的 “k in 2：n−1”改成 “k in 2：n”，如下所示：

```
## for(k in 2:n-1){X2[k+1] = (-a) * (X0[1]-b/a) * exp(-a*k)}
for(k in 2:n){X2[k+1] = (-a) * (X0[1]-b/a) * exp(-a*k)} ##将"2:n-1" 改为"2:n"
X2
```

预测结果如下：

```
>[1] 26180.00    34403.45    37412.75    40685.27    44244.05    48114.11    52322.69
  56899.40
>[9]61876.43  67288.82  73174.62
```

程序预测 2019 年的人均国内生产总值为 73 174.62 元，根据国家统计局发布的 2019 年国民经济运行情况，2019 年人均国内生产总值为 70 892 元，误差不超过 4%，预测的准确程度较高。此外，观察近 10 年的人均国内生产总值数据，可以发现国内的经济正在温和稳定地逐步成长，未来的一年对灰预测结果的判断应该变化不大，国内经济仍呈现增长态势。

本节的全部 R 程序如下所示，读者可复制粘贴至 R 软件执行，并根据自己的数据将范例程序加以修改。

```
## Grey Prediction
# Data
X0 = c(26180,30808,36302,39874,43684,47005,50028,53680,59201,64644)
X1 = 0
```

```
X2 = 0
z = 0
# 求累加
X1 = cumsum(X0)
X1
n = length(X0)
# 求均值
for(k in 2:n)z[k] = (1/2) * (X1[k] + X1[k - 1])
z
# 求矩阵 B
b1 = - z[2:n]
b2 = rep(1,length(z) - 1)
b3 = c(b1,b2)
B = matrix(b3,nrow = length(b1),ncol = 2)
B
# 求矩阵 Y
Y = X0[2:n]
Y = matrix(Y,nrow = length(b1),ncol = 1)
Y
# inv(B' * B) * B' * Y
bata = solve(t(B) % * % B) % * % t(B) % * % Y
a = bata[1]
b = bata[2]
a
b
X2[1] = X0[1]
X2[1]
for(k in 2:n - 1){X2[k + 1] = ( - a) * (X0[1] - b/a) * exp( - a * k)}
X2
err = (X0 - X2)/X0
err
```

第 9 章

层次分析法与模糊综合评价

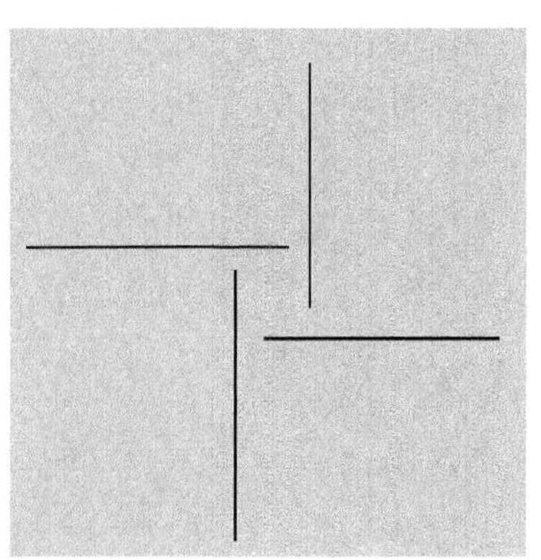

本章要点

- 层次分析法简介
- 层次分析法实例分析
- 模糊综合评价实例分析

9.1 层次分析法简介

层次分析法是由 Saaty（1980）提出的一种多准则决策模型，它将决策问题按目标、评价准则及各备选方案的顺序分解为不同的层次结构，然后用求解的判断矩阵的特征矢量，求得每一层次的各元素对上一层次某元素的优先权重，最后用加权和的方法逐层合并各备选方案对总目标的最终权重，最终权重最大者即为最优方案。其基本原理是将待评价或识别的复杂问题分解成若干层次，由专家或决策者对所列指标通过重要程度的两两比较逐层进行判断评分，通过计算判断矩阵的特征矢量确定下层指标对上层指标的贡献程度或权重，从而得到最基层指标对总体目标的重要性权重排序。它具有方便灵活且实用的特点，广泛应用于人力资源管理、城市规划、决策管理、绩效评价等领域。

不同类型的系统中有许多不同的评价指标，选取指标的方法首先就是总体分类或确定层次。指标体系一般分为三个层次：第一层为目标层，是综合效益；第二层为准则层；第三层为策略层（也称方案层、要素层或因素层），对应第二层的各种具体指标。运行层次分析法的步骤如下。

第一步，构建层次模型，如图 9.1.1 所示。

第二步，构造判断矩阵。

针对上一层指标，根据递阶层次结构模型中各元素间的关系，分别对同一层的元素关于上一层中某元素的性质进行两两比较。本层指标之间两两比较的相对重要性用数值表示就构成判断矩阵。两两比较的相对重要性的数值一般按

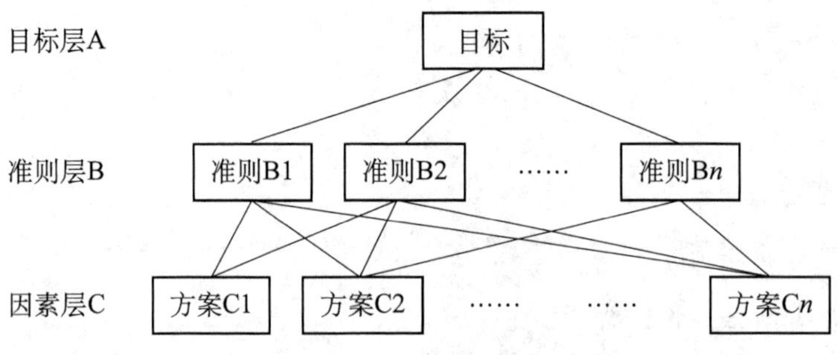

图 9.1.1　层次模型结构图

五级标度法通常取 1～5 及其倒数（倒数表示相互比较的重要性具有相反的类似意义）。相对重要性指标两两比较若能进一步细化，可按 Saaty 的九级标度法取 1～9 及其倒数。

九级标度法的含义如表 9.1.1 所示。

表 9.1.1　九级标度法

标度	含义
1	两因素相比，同样重要
3	两因素相比，一个因素比另一个因素稍微重要
5	两因素相比，一个因素比另一个因素明显重要
7	两因素相比，一个因素比另一个因素强烈重要
9	两因素相比，一个因素比另一个因素极端重要
2，4，6，8	介于以上两相邻判断的中值
1～9 的倒数	因素 i 与因素 j 比较的标度值等于因素 j 与因素 i 比较的标度值的倒数

第三步，进行一致性检验。

层次分析法的主要优点是将决策者的定性思维过程定量化，但不同的人群在认识问题方面存在不可避免的多样性或片面性。评价对象是一个复杂的系统，即使在第一步有九级标度也不一定能保证每个判断矩阵都具有完全一致性，因此必须通过一致性检验检查各个指标的权重之间是否存在矛盾之处。基于矩阵基础理论的一致性检验步骤如下：

（1）计算判断矩阵的最大特征值（或称最大特征根）λ_{max}；

（2）计算一致性指标 CI：$CI=(\lambda_{max}-n)/(n-1)$，式中，$n$ 为判断矩阵的行数，即层次子系统中的指标个数。

（3）计算随机一致性比率 CR：CR=CI/RI。

RI 为随机一致性指标，见表 9.1.2。

表 9.1.2　　平均随机一致性指标

n	2	3	4	5	6	7	8	9	10	11	12
RI	0.00	0.58	0.90	1.12	1.24	1.32	1.41	1.45	1.49	1.52	1.54

当 CR≤0.10 时，判断矩阵具有一致性；当 CR<1 时被认为一致性可以接受。否则，应对判断矩阵予以调整。

9.2　层次分析法实例分析

由于学生对于饮食好坏的认知程度不同，用一般的方式难以评价学生对学校食堂的满意度情况，因此，本节采用层次分析法，可以将定性的问题通过定量的方式由具体的数字准确地表达出来。本节通过研究国内某高校的学生对学校食堂的满意度，分析哪些因素影响大学生对学校食堂的满意度，应用层次分析法，建立一套完整的学校食堂满意度的评价体系，了解大学生对学校食堂的满意度，计算各因素指标所占比重，通过其重要程度为学校食堂的建设提供参考性建议。层次分析法的结构如图 9.2.1 所示。

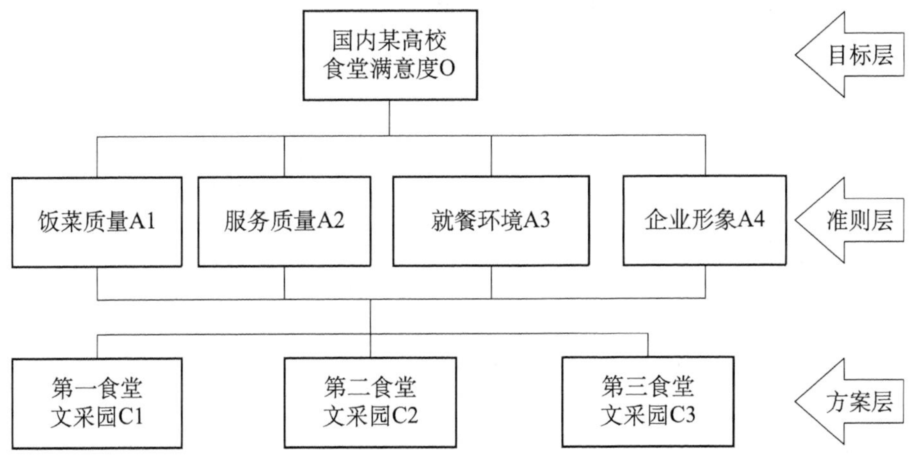

图 9.2.1　国内某高校食堂案例层次分析法架构

本节采用问卷调查方式收集数据。统计问卷结果后，根据重要性的排序及两者重要性的差异值，按表 9.1.1 的重要程度给 4 个准则打 9～1 分，由此进行准则层各个因素的两两比较，得出准则层 A 的相互因子权重，如表 9.2.1 所示。

表 9.2.1　　准则层 A 对于目标层 O 的相互因子权重

准则层 A 的相互因子权重				
O	A1	A2	A3	A4
A1	1	7/3	7/5	7
A2	3/7	1	3/5	3
A3	5/7	5/3	1	5
A4	1/7	1/3	1/5	1

本节无须安装任何 R 包，可直接采用 R 程序计算准则层“A”对于目标层“O”的判断矩阵内相互因子权重以及一致性检验（CR）值。具体步骤为：

（1）将分析数据输入 R 程序矩阵中。

（2）计算矩阵特征值与特征矢量值。

（3）取出第一个特征值计算 CI 值与一致性检验（CR）值。

（4）取出第一列特征矢量值作为判断矩阵权重值。

R 程序如下：

```
a = c(1,7/3,7/5,7,3/7,1,3/5,3,5/7,5/3,1,5,1/7,1/3,1/5,1)
a = matrix(a,ncol = 4,byrow = T)
ev = eigen(a) # 计算矩阵特征值与特征矢量值
lamda = ev $ values[1] # 取出数组第一个特征值
cil = (lamda - 4)/3
crl = cil/0.9
# 取出第一列特征矢量值作为判断矩阵权重值
w1 = ev $ vectors[,1]/sum(ev $ vectors[,1])
```

运行结果如下：

```
>crl
[1]0
>w1
[1]0.4375 0.1875 0.3125 0.0625
```

由程序运行结果发现，判断矩阵的一致性检验（CR）值为零，小于 0.1，表示一致性是可以接受的。而 4 个准则层权重值分别为 0.437 5，0.187 5，0.312 5和 0.062 5。

对准则层 A 而言，饭菜质量 A1、服务质量 A2、就餐环境 A3、企业形象

A4 对方案层 C 的影响权重相互因子如表 9.2.2 至表 9.2.5 所示。

表 9.2.2　　　　　　　　　方案层 C 对 A1 的相互因子权重

A1	C1	C2	C3
C1	1	3/5	3
C2	5/3	1	5
C3	1/3	1/5	1

表 9.2.3　　　　　　　　　方案层 C 对 A2 的相互因子权重

A2	C1	C2	C3
C1	1	5	5/3
C2	1/5	1	1/3
C3	3/5	3	1

表 9.2.4　　　　　　　　　方案层 C 对 A3 的相互因子权重

A3	C1	C2	C3
C1	1	5/3	5/3
C2	3/5	1	1
C3	3/5	1	1

表 9.2.5　　　　　　　　　方案层 C 对 A4 的相互因子权重

A4	C1	C2	C3
C1	1	3/5	1
C2	1	5/3	5/3
C3	1	3/5	1

同样地，可直接利用 R 程序计算方案层 C 对于准则层 A 的判断矩阵内相互因子的权重以及一致性检验（CR）值。方法与前面的 R 程序相同：

```
#准则层 1 饭菜质量
c1 = c(1,3/5,3,5/3,1,5,1/3,1/5,1)
c1 = matrix(c1,ncol = 3,byrow = T)
ev = eigen(c1)
lamda = ev $ values[1]
ci21 = (lamda - 3)/2
cr21 = ci21/0.58
w21 = ev $ vectors[,1]/sum(ev $ vectors[,1])
```

```
#准则层2服务质量
c2 = c(1,5,5/3,1/5,1,1/3,3/5,3,1)
c2 = matrix(c2,ncol = 3,byrow = T)
ev = eigen(c2)
lamda = ev $ values[1]
ci22 = (lamda - 3)/2
cr22 = ci22/0.58
w22 = ev $ vectors[,1]/sum(ev $ vectors[,1])

#准则层3就餐环境
c3 = c(1,5/3,5/3,3/5,1,1,3/5,1,1)
c3 = matrix(c3,ncol = 3,byrow = T)
ev = eigen(c3)
lamda = ev $ values[1]
ci23 = (lamda - 3)/2
cr23 = ci23/0.58
w23 = ev $ vectors[,1]/sum(ev $ vectors[,1])

#准则层4企业形象
c4 = c(1,3/5,1,1,5/3,5/3,1,3/5,1)
c4 = matrix(c4,ncol = 3,byrow = T)
ev = eigen(c4)
lamda = ev $ values[1]
ci24 = (lamda - 3)/2
cr24 = ci24/0.58
w24 = ev $ vectors[,1]/sum(ev $ vectors[,1])
```

运行结果如下：

```
>cr21
[1]0
>w21
[1]0.3333333   0.5555556   0.1111111
```

```
〉cr22
[1]0
〉w22
[1]0.5555556  0.1111111  0.3333333
〉cr23
[1]-7.656711e-16
〉w23
[1]0.4545455  0.2727273  0.2727273
〉cr24
[1]0.09411835
〉w24
[1]0.2598328  0.4803344  0.2598328
```

由程序运行结果我们可以发现，判断矩阵的一致性检验（CR）值皆小于 0.1，代表一致性是可以接受的。而 4 个方案层的权重值分别为：

w21＝0.333 333 3，0.555 555 6，0.111 111 1

w22＝0.555 555 6，0.111 111 1，0.333 333 3

w23＝0.454 545 5，0.272 727 3，0.272 727 3

w24＝0.259 832 8，0.480 334 4，0.259 832 8

最后，运行总排序权重值程序，程序如下：

```
#总排序
ww = c(w21,w22,w23,w24) #合并权重值
ww = matrix(ww,ncol = 3,byrow = T)
ww = t(ww)
w_sum = ww %*% w1 #矩阵相乘、合并权重
ci = c(ci21,ci22,ci23,ci24) #合并 CI 值
ci = matrix(ci,ncol = 1,byrow = T)
ci = t(ci)
cr = ci %*% w1/sum(0.58 * w1)   #合并后 CR 值
w1
w21
w22
```

```
w23
w24
w_sum
cr
```

运行结果如下：

```
>w1
[1]0.4375  0.1875  0.3125  0.0625
>w21
[1]0.3333333  0.5555556  0.1111111
>w22
[1]0.5555556  0.1111111  0.3333333
>w23
[1]0.4545455  0.2727273  0.2727273
>w24
[1]0.2598328  0.4803344  0.2598328
>w_sum
      [,1]
[1,]0.4082850
[2,]0.3791371
[3,]0.2125779
>cr
      [,1]
[1,]0.005882397
```

将运行结果整理成表 9.2.6。

表 9.2.6　　　　总排序权重值结果

准则		饭菜质量	服务质量	就餐环境	企业形象	总排序权重值
准则层权重值		0.437 5	0.187 5	0.312 5	0.062 5	
方案层单排序权重值	第一食堂	0.333 3	0.555 6	0.454 5	0.259 8	0.408 3
	第二食堂	0.555 6	0.111 1	0.272 7	0.480 3	0.379 1
	第三食堂	0.111 1	0.333 3	0.272 7	0.259 8	0.212 6
CR 值		0	0	−7.7e−16	0.094 1	0.005 9

对表 9.2.6 的总排序权重值的结果进行一致性检验，顺利通过，故最终得出的总排序权重值为最终的决策依据。

最后，由分析结果我们可以发现，第一食堂的权重值为 0.408 3，相较于第二食堂及第三食堂，在饭菜质量、服务质量、就餐环境以及企业形象四方面都较受到学生们的肯定。因此，在第一食堂吃饭是最佳选择。读者可以根据自己的数据修改本节程序，完整的程序如下：

```
#目标层 1
a = c(1,7/3,7/5,7,3/7,1,3/5,3,5/7,5/3,1,5,1/7,1/3,1/5,1)
a = matrix(a,ncol = 4,byrow = T)
ev = eigen(a)
#取出数组第一个值
lamda = ev $ values[1]
cil = (lamda - 4)/3
crl = cil/0.9
crl
w1 = ev $ vectors[,1]/sum(ev $ vectors[,1])
w1

#准则层 1
c1 = c(1,3/5,3,5/3,1,5,1/3,1/5,1)
c1 = matrix(c1,ncol = 3,byrow = T)
ev = eigen(c1)
lamda = ev $ values[1]
ci21 = (lamda - 3)/2
cr21 = ci21/0.58
w21 = ev $ vectors[,1]/sum(ev $ vectors[,1])
#饭菜质量

#准则层 2
c2 = c(1,5,5/3,1/5,1,1/3,3/5,3,1)
```

```
c2 = matrix(c2,ncol = 3,byrow = T)
ev = eigen(c2)
lamda = ev $ values[1]
ci22 = (lamda - 3)/2
cr22 = ci22/0.58
w22 = ev $ vectors[,1]/sum(ev $ vectors[,1])
#服务质量

#准则层 3
c3 = c(1,5/3,5/3,3/5,1,1,3/5,1,1)
c3 = matrix(c3,ncol = 3,byrow = T)
ev = eigen(c3)
lamda = ev $ values[1]
ci23 = (lamda - 3)/2
cr23 = ci23/0.58
w23 = ev $ vectors[,1]/sum(ev $ vectors[,1])
#就餐环境

#准则层 4
c4 = c(1,3/5,1,1,5/3,5/3,1,3/5,1)
c4 = matrix(c4,ncol = 3,byrow = T)
ev = eigen(c4)
lamda = ev $ values[1]
ci24 = (lamda - 3)/2
cr24 = ci24/0.58
w24 = ev $ vectors[,1]/sum(ev $ vectors[,1])
#企业形象

#总排序
ww = c(w21,w22,w23,w24)
ww = matrix(ww,ncol = 3,byrow = T)
```

```
ww = t(ww)
w_sum = ww % * % w1
ci = c(ci21,ci22,ci23,ci24)
ci = matrix(ci,ncol = 1,byrow = T)
ci = t(ci)
cr = ci % * % w1/sum(0.58 * w1)    # 总 CR 值
w1
w21
w22
w23
w24
w_sum
cr
```

9.3　模糊综合评价实例分析

9.2 节运用专家给出的对各指标两两比较所赋予的权重值，计算各层次的判断矩阵的特征值与特征矢量；运用特征值计算出一致性检验以了解专家赋予的判断矩阵的权重值是否合理；然后将特征矢量值作为各层次的判断矩阵的权重值“W”；最后，计算出总排序权重值，由该权重值可以了解优先方案的次序。

本节所探讨的步骤类似于 9.2 节：第一步采用相同做法将特征矢量值作为各层次判断矩阵的权重值；第二步则是将具有模糊特性的真实数据或问卷调查数据，通过 R 程序整理成矩阵形式。由于这种矩阵形式的数据具有模糊特性，因此又被称为隶属度矩阵“R”。隶属度矩阵设置完后便可与前面各层次判断矩阵的权重值作矩阵相乘运算，求二级模糊评价“K”与一级综合评价“P”，如此便可针对目标问题作出综合评价。

本节参考余锦秀（2019）的研究，采用其部分数据并假设了一些数据，完整而详细地介绍如何运用 R 程序完成模糊综合评价。所用的层次架构如图 9.3.1 所示。

该研究提供了专家赋予的准则层 A1，A2，A3，A4 对于目标层 A 的相互因

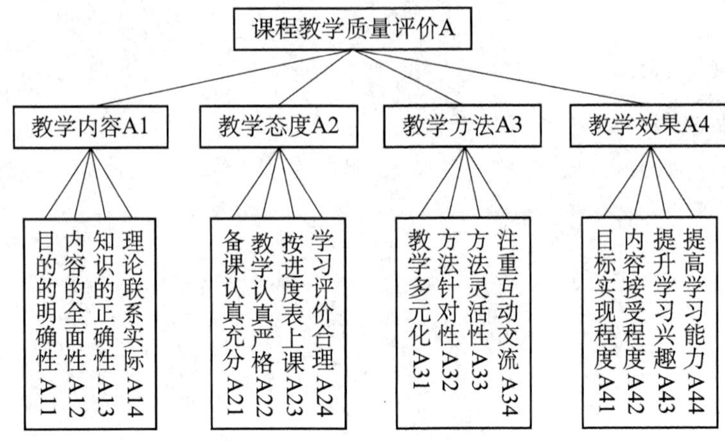

图 9.3.1　论文层次架构模型

子权重，如表 9.3.1 所示。本节自行假设了子准则层 A11，A12，A13，A14，A21，A22，A23，A24，A31，A32，A33，A34，A41，A42，A43，A44 对于准则层 A1，A2，A3，A4 的相互因子权重，如表 9.3.2 所示。

表 9.3.1　　准则层 A1，A2，A3，A4 对于目标层 A 的相互因子权重

A	A1	A2	A3	A4
A1	1	5	3	1/3
A2	1/5	1	1/3	1/7
A3	1/3	3	1	1/5
A4	3	7	5	1

表 9.3.2　　子准则层对于准则层的相互因子权重

A1	A11	A12	A13	A14	A2	A21	A22	A23	A24
A11	1	3/5	3/7	3	A21	1	7/5	7	7/3
A12	5/3	1	5/7	5	A22	5/7	1	5	5/3
A13	7/3	7/5	1	7	A23	1/7	1/5	1	1/3
A14	1/3	1/5	1/7	1	A24	3/7	3/5	3	1
A3	A31	A32	A33	A34	A4	A41	A42	A43	A44
A31	1	5/3	5	5/7	A41	1	5	5/3	5/7
A32	3/5	1	3	3/7	A42	1/5	1	1/3	1/7
A33	1/5	1/3	1	1/7	A43	3/5	3	1	3/7
A34	7/5	7/3	7	1	A44	7/5	7	7/3	1

此外，该研究调查 500 名大学生对于某校公共艺术教育课程教学质量的看法，评价方式是采用五级的李克特量表，分别为“优”“良”“中”“可”“差”，

评价结果如表 9.3.3 所示，表内所列数字为各等级占 500 名大学生的比例。由表 9.3.3 可知，教学内容 A1 的隶属度矩阵 $R1$ 为

$$R1=\begin{pmatrix}0.146 & 0.500 & 0.192 & 0.146 & 0.016\\0.442 & 0.320 & 0.080 & 0.098 & 0.060\\0.220 & 0.674 & 0.088 & 0.012 & 0.006\\0.374 & 0.296 & 0.210 & 0.080 & 0.040\end{pmatrix}$$

教学态度 A2 的隶属度矩阵 $R2$ 为

$$R2=\begin{pmatrix}0.420 & 0.322 & 0.154 & 0.090 & 0.014\\0.394 & 0.526 & 0.068 & 0.006 & 0.006\\0.314 & 0.286 & 0.290 & 0.060 & 0.050\\0.210 & 0.414 & 0.178 & 0.108 & 0.090\end{pmatrix}$$

教学方法 A3 的隶属度矩阵 $R3$ 为

$$R3=\begin{pmatrix}0.338 & 0.412 & 0.130 & 0.100 & 0.020\\0.366 & 0.296 & 0.186 & 0.140 & 0.012\\0.290 & 0.318 & 0.174 & 0.118 & 0.100\\0.356 & 0.370 & 0.150 & 0.120 & 0.004\end{pmatrix}$$

教学效果 A4 的隶属度矩阵 $R4$ 为

$$R4=\begin{pmatrix}0.260 & 0.404 & 0.238 & 0.060 & 0.038\\0.288 & 0.464 & 0.118 & 0.080 & 0.050\\0.288 & 0.268 & 0.240 & 0.100 & 0.104\\0.226 & 0.376 & 0.162 & 0.210 & 0.026\end{pmatrix}$$

表 9.3.3　500 名大学生对于某校公共艺术教育课程教学质量的评价结果

目标	评价内容		优	良	中	可	差
	一级指标	二级指标	V1	V2	V3	V4	V5
某校公共艺术教育课程教学质量 A	教学内容 A1	目的的明确性 A11	0.146	0.500	0.192	0.146	0.016
		内容的全面性 A12	0.442	0.320	0.080	0.098	0.060
		知识的正确性 A13	0.220	0.674	0.088	0.012	0.006
		理论联系实际 A14	0.374	0.296	0.210	0.080	0.040
	教学态度 A2	备课认真充分 A21	0.420	0.322	0.154	0.090	0.014
		教学认真严格 A22	0.394	0.526	0.068	0.006	0.006
		按进度表上课 A23	0.314	0.286	0.290	0.060	0.050
		学习评价合理 A24	0.210	0.414	0.178	0.108	0.090

续表

目标	评价内容		优	良	中	可	差
某校公共艺术教育课程教学质量A	教学方法 A3	教学多元化 A31	0.338	0.412	0.130	0.100	0.020
		方法针对性 A32	0.366	0.296	0.186	0.140	0.012
		方法灵活性 A33	0.290	0.318	0.174	0.118	0.100
		注重互动交流 A34	0.356	0.370	0.150	0.120	0.004
	教学效果 A4	目标实现程度 A41	0.260	0.404	0.238	0.060	0.038
		内容接受程度 A42	0.288	0.464	0.118	0.080	0.050
		提升学习兴趣 A43	0.288	0.268	0.240	0.100	0.104
		提高学习能力 A44	0.226	0.376	0.162	0.210	0.026

详细的模糊综合评价过程如下。

第一步：求出各层次判断矩阵的权重值。

将表 9.3.1 的数据输入 R 程序，程序如下：

```
#专家判断矩阵 目标层
a = c(1,5,3,1/3,1/5,1,1/3,1/7,1/3,3,1,1/5,3,7,5,1)
a = matrix(a,ncol = 4,byrow = T)
ev = eigen(a)#计算矩阵的特征值与特征矢量值
lamda = ev $ values[1]#取出数组的第一个特征值
cil = (lamda - 4)/3
crl = cil/0.9
#取出第一列特征矢量值作为判断矩阵的权重值"w"
w1 = ev $ vectors[,1]/sum(ev $ vectors[,1])
```

运行结果如下：

```
>crl
[1]0.04332683 + 0i
>w1
[1]0.26220121 + 0i   0.05528549 + 0i   0.11750425 + 0i   0.56500905 + 0i
```

再将表 9.3.2 的数据输入 R 程序，程序如下：

```
#准则层 1 教学内容
b1 = c(1,3/5,3/7,3,5/3,1,5/7,5,7/3,7/5,1,7,1/3,1/5,1/7,1)
b1 = matrix(b1,ncol = 4,byrow = T)
ev = eigen(b1)
```

```
lamda = ev$values[1]
ci21 = (lamda - 4)/3
cr21 = ci21/0.9
cr21
w21 = ev$vectors[,1]/sum(ev$vectors[,1])

#准则层 2 教学态度
b2 = c(1,7/5,7,7/3,5/7,1,5,5/3,1/7,1/5,1,1/3,3/7,3/5,3,1)
b2 = matrix(b2,ncol = 4,byrow = T)
ev = eigen(b2)
lamda = ev$values[1]
ci22 = (lamda - 4)/3
cr22 = ci22/0.9
cr22
w22 = ev$vectors[,1]/sum(ev$vectors[,1])

#准则层 3 教学方法
b3 = c(1,5/3,5,5/7,3/5,1,3,3/7,1/5,1/3,1,1/7,7/5,7/3,7,1)
b3 = matrix(b3,ncol = 4,byrow = T)
ev = eigen(b3)
lamda = ev$values[1]
ci23 = (lamda - 4)/3
cr23 = ci23/0.9
cr23
w23 = ev$vectors[,1]/sum(ev$vectors[,1])

#准则层 4 教学效果
b4 = c(1,5,5/3,5/7,1/5,1,1/3,1/7,3/5,3,1,3/7,7/5,7,7/3,1)
b4 = matrix(b4,ncol = 4,byrow = T)
ev = eigen(b4)
lamda = ev$values[1]
```

```
ci24 = (lamda - 4)/3
cr24 = ci24/0.9
cr24
w24 = ev $ vectors[,1]/sum(ev $ vectors[,1])
```

运行结果如下：

```
>cr21
[1]3.28955e - 16 + 0i
>w21
[1]0.1875 + 0i   0.3125 + 0i   0.4375 + 0i   0.0625 + 0i
>cr22
[1]3.28955e - 16
>w22
[1]0.4375   0.3125   0.0625   0.1875
>cr23
[1]6.579099e - 16 + 0i
>w23
[1]0.3125 + 0i   0.1875 + 0i   0.0625 + 0i   0.4375 + 0i
>cr24
[1]0
>w24
[1]0.3125   0.0625   0.1875   0.4375
```

由 R 程序的运行结果我们可以发现，准则层 crl 与子准则层 cr21、cr22、cr23 及 cr24 分别为 0.043 3、3.289 6e—16、3.289 6e—16、6.579 1e—16 及 0，皆小于 0.1，因此代表一致性是可以接受的。而准则层与子准则层的权重值分别为：

wl＝0.262 2，0.055 3，0.117 5，0.565 1

w21＝0.187 5，0.312 5，0.437 5，0.062 5

w22＝0.437 5，0.312 5，0.062 5，0.187 5

w23＝0.312 5，0.187 5，0.062 5，0.437 5

w24＝0.312 5，0.062 5，0.187 5，0.437 5

第二步：运用模糊隶属度矩阵 R/K 与各层次判断矩阵的权重值 W 的乘积求

模糊评价。

首先将问卷数据输入隶属度矩阵 R，求出一级模糊评价，公式为

$$K_i = W_i * R_i = (w_{i1}, w_{i2}, \cdots, w_{in})(r_{i1}, r_{i2}, \cdots, r_{in})^{\mathrm{T}}$$

将表 9.3.3 的学生问卷数据输入隶属度矩阵 R，程序如下：

```
#下述 r1,r2,r3,r4 为隶属度矩阵,数字为 500 名大学生的问卷在“优良中可差”五个等级中的比例
r1 = c(0.146,0.500,0.192,0.146,0.016,0.442,0.320,0.080,0.098,0.060,0.220,0.674,
0.088,0.012,0.006,0.374,0.296,0.210,0.080,0.040)
r1 = matrix(r1,ncol = 5,byrow = T)
r2 = c(0.420,0.322,0.154,0.090,0.014,0.394,0.526,0.068,0.006,0.006,0.314,0.286,
0.290,0.060,0.050,0.210,0.414,0.178,0.108,0.090)
r2 = matrix(r2,ncol = 5,byrow = T)
r3 = c(0.338,0.412,0.130,0.100,0.020,0.366,0.296,0.186,0.140,0.012,0.290,0.318,
0.174,0.118,0.100,0.356,0.370,0.150,0.120,0.004)
r3 = matrix(r3,ncol = 5,byrow = T)
r4 = c(0.260,0.404,0.238,0.060,0.038,0.288,0.464,0.118,0.080,0.050,0.288,0.268,
0.240,0.100,0.104,0.226,0.376,0.162,0.210,0.026)
r4 = matrix(r4,ncol = 5,byrow = T)
```

运行结果如下：

```
>r1
      [,1]  [,2]  [,3]  [,4]  [,5]
[1,]0.146  0.500  0.192  0.146  0.016
[2,]0.442  0.320  0.080  0.098  0.060
[3,]0.220  0.674  0.088  0.012  0.006
[4,]0.374  0.296  0.210  0.080  0.040
>r2
      [,1]  [,2]  [,3]  [,4]  [,5]
[1,]0.420  0.322  0.154  0.090  0.014
[2,]0.394  0.526  0.068  0.006  0.006
[3,]0.314  0.286  0.290  0.060  0.050
```

```
[4,]0.210  0.414  0.178  0.108  0.090
>r3
      [,1]  [,2]  [,3]  [,4]   [,5]
[1,]0.338  0.412  0.130  0.100  0.020
[2,]0.366  0.296  0.186  0.140  0.012
[3,]0.290  0.318  0.174  0.118  0.100
[4,]0.356  0.370  0.150  0.120  0.004
>r4
      [,1]  [,2]  [,3]  [,4]  [,5]
[1,]0.260  0.404  0.238  0.06  0.038
[2,]0.288  0.464  0.118  0.08  0.050
[3,]0.288  0.268  0.240  0.10  0.104
[4,]0.226  0.376  0.162  0.21  0.026
```

然后利用公式与前一步骤计算出的判断矩阵的权重值，进行矩阵相乘运算，R 程序如下：

```
#教学质量单因素一级模糊评价 k1,k2,k3,k4
k1 = w21 %*% r1
k2 = w22 %*% r2
k3 = w23 %*% r3
k4 = w24 %*% r4
k = c(k1,k2,k3,k4)
k = matrix(k,ncol = 5,byrow = T)
```

运行结果如下：

```
>k1
          [,1]          [,2]          [,3]          [,4]         [,5]
[1,]0.285125+0i  0.507125+0i  0.112625+0i  0.06825+0i  0.026875+0i
>k2
      [,1]      [,2]      [,3]      [,4]     [,5]
[1,]0.365875  0.40075  0.140125  0.06525  0.028
>k3
```

```
        [,1]          [,2]         [,3]         [,4]         [,5]
[1,]0.348125+0i  0.366+0i  0.152+0i  0.117375+0i  0.0165+0i
>k4
      [,1]    [,2]    [,3]      [,4]      [,5]
[1,]0.252125  0.37  0.197625  0.134375  0.045875
>k
        [,1]           [,2]           [,3]           [,4]           [,5]
[1,]0.285125+0i  0.507125+0i  0.112625+0i  0.068250+0i  0.026875+0i
[2,]0.365875+0i  0.400750+0i  0.140125+0i  0.065250+0i  0.028000+0i
[3,]0.348125+0i  0.366000+0i  0.152000+0i  0.117375+0i  0.016500+0i
[4,]0.252125+0i  0.370000+0i  0.197625+0i  0.134375+0i  0.045875+0i
```

进而得出某校公共艺术教育课程教学质量评价的一级模糊评价矩阵为

$$K=\begin{pmatrix}K1\\K2\\K3\\K4\end{pmatrix}=\begin{pmatrix}0.2851 & 0.5071 & 0.1126 & 0.0683 & 0.0269\\0.3659 & 0.4008 & 0.1401 & 0.0653 & 0.0280\\0.3481 & 0.3660 & 0.1520 & 0.1174 & 0.0165\\0.2521 & 0.3700 & 0.1976 & 0.1344 & 0.0459\end{pmatrix}$$

最后，进行二级模糊综合评估，运用矩阵 K 与前面求得的判断矩阵的权重 w1，作矩阵相乘运算，公式为：

$$P=W*K$$

R 程序如下：

```
#教学质量综合二级评价 p
p=w1%*%k
```

运行结果如下：

```
>p
        [,1]            [,2]            [,3]            [,4]            [,5]
[1,]0.2783468+0i  0.4071844+0i  0.1667979+0i  0.1112178+0i  0.03645326+0i
```

由 R 程序运行结果可知，教学质量综合二级评价结果为：

$$P=W*K=(0.2783\quad 0.4072\quad 0.1668\quad 0.1112\quad 0.0365)$$

这 5 个数值分别代表模糊评价中的“优”“良”“中”“可”“差”五个等级中的隶属度，也就是有 27.83%的可能属于“优”、有 40.72%的可能属于“良”、有 16.68%的可能属于“中”、有 11.12%的可能属于“可”、有 3.65%的可能属于“差”。根据最大隶属度原则，在上述五个等级的综合隶属度中，我们有：

$$0.4072>0.2783>0.1668>0.1112>0.0365$$

因此，某校公共艺术教育课程教学质量的综合评价结果为“良”。读者可根据自己的数据修改本节的 R 程序，本节模糊综合评价完整的 R 程序如下：

```
#专家判断矩阵 目标层
a = c(1,5,3,1/3,1/5,1,1/3,1/7,1/3,3,1,1/5,3,7,5,1)
a = matrix(a,ncol = 4,byrow = T)
ev = eigen(a)
#取出数组第一个值
lamda = ev $ values[1]
cil = (lamda - 4)/3
crl = cil/0.9
w1 = ev $ vectors[,1]/sum(ev $ vectors[,1])

#准则层 1 教学内容
b1 = c(1,3/5,3/7,3,5/3,1,5/7,5,7/3,7/5,1,7,1/3,1/5,1/7,1)
b1 = matrix(b1,ncol = 4,byrow = T)
ev = eigen(b1)
lamda = ev $ values[1]
ci21 = (lamda - 4)/3
cr21 = ci21/0.9
cr21
w21 = ev $ vectors[,1]/sum(ev $ vectors[,1])

#准则层 2 教学态度
b2 = c(1,7/5,7,7/3,5/7,1,5,5/3,1/7,1/5,1,1/3,3/7,3/5,3,1)
b2 = matrix(b2,ncol = 4,byrow = T)
ev = eigen(b2)
lamda = ev $ values[1]
ci22 = (lamda - 4)/3
```

```
cr22 = ci22/0.9
cr22
w22 = ev$vectors[,1]/sum(ev$vectors[,1])

#准则层 3 教学方法
b3 = c(1,5/3,5,5/7,3/5,1,3,3/7,1/5,1/3,1,1/7,7/5,7/3,7,1)
b3 = matrix(b3,ncol = 4,byrow = T)
ev = eigen(b3)
lamda = ev$values[1]
ci23 = (lamda - 4)/3
cr23 = ci23/0.9
cr23
w23 = ev$vectors[,1]/sum(ev$vectors[,1])

#准则层 4 教学效果
b4 = c(1,5,5/3,5/7,1/5,1,1/3,1/7,3/5,3,1,3/7,7/5,7,7/3,1)
b4 = matrix(b4,ncol = 4,byrow = T)
ev = eigen(b4)
lamda = ev$values[1]
ci24 = (lamda - 4)/3
cr24 = ci24/0.9
cr24
w24 = ev$vectors[,1]/sum(ev$vectors[,1])

#下述 r1,r2,r3,r4 为隶属度矩阵,数字为 500 名大学生的问卷在“优良中可差”五个等级中的比例
r1 = c(0.146,0.500,0.192,0.146,0.016,0.442,0.320,0.080,0.098,0.060,0.220,0.674,
0.088,0.012,0.006,0.374,0.296,0.210,0.080,0.040)
r1 = matrix(r1,ncol = 5,byrow = T)
r2 = c(0.420,0.322,0.154,0.090,0.014,0.394,0.526,0.068,0.006,0.006,0.314,0.286,
0.290,0.060,0.050,0.210,0.414,0.178,0.108,0.090)
```

```
r2 = matrix(r2,ncol = 5,byrow = T)
r3 = c(0.338,0.412,0.130,0.100,0.020,0.366,0.296,0.186,0.140,0.012,0.290,0.318,
0.174,0.118,0.100,0.356,0.370,0.150,0.120,0.004)
r3 = matrix(r3,ncol = 5,byrow = T)
r4 = c(0.260,0.404,0.238,0.060,0.038,0.288,0.464,0.118,0.080,0.050,0.288,0.268,
0.240,0.100,0.104,0.226,0.376,0.162,0.210,0.026)
r4 = matrix(r4,ncol = 5,byrow = T)

#教学质量单因素一级模糊评价 k1,k2,k3,k4
k1 = w21 %*% r1
k2 = w22 %*% r2
k3 = w23 %*% r3
k4 = w24 %*% r4
#教学质量综合二级评价 p
k = c(k1,k2,k3,k4)
k = matrix(k,ncol = 5,byrow = T)
p = w1 %*% k
```

第 10 章
数据包络分析法与随机前沿分析法

本章要点

- 数据包络分析法
- Bootstrap DEA 分析法
- 随机前沿分析法（stochastic frontier approach，SFA）

10.1　数据包络分析法

Charnes，Cooper 和 Rhodes（1978）三人首先提出了数据包络分析（data envelopment analysis，DEA）模型（又称投入导向 CCR 模型），它基于规模报酬不变的前提。假设我们要计算一组 n 个决策单元（decision making unit，DMU），它可能是企业、政府部门、学校或医院等，这 n 个 DMU 的技术效率记为 DMU_j（$j=1，2，3，\cdots，n$）。而每一个 DMU 有 m 种投入，记为 x_i（$i=1，2，3，\cdots，m$），投入的权重表示为 v_i（$i=1，2，3，\cdots，m$）；每一个 DMU 有 q 种产出，记为 y_r（$r=1，2，3，\cdots，q$），产出的权重表示为 u_r（$r=1，2，3，\cdots，q$）。当前要测量的 DMU 记为 DMU_k，其产出投入比例表示成下式：

$$h_k=\frac{u_1y_{1k}+u_2y_{2k}+\cdots+u_qy_{qk}}{v_1x_{1k}+v_2x_{2k}+\cdots+v_qx_{qk}}=\frac{\sum_{r=1}^{q}u_ry_{rk}}{\sum_{i=1}^{m}v_ix_{ik}}(u\geqslant 0,v\geqslant 0)\quad(10.1.1)$$

将所有的 DMU 采用式（10.1.1）的权重得出的效率值 θ_j 限定于［0，1］区间内，也就是

$$\frac{\sum_{r=1}^{q}u_ry_{rj}}{\sum_{i=1}^{m}v_ix_{ij}}\leqslant 1\quad(10.1.2)$$

式（10.1.2）为投入导向 CCR 模型的分数形式，此式的非线性规划式为

$$\max\frac{\sum_{r=1}^{q}u_ry_{rk}}{\sum_{i=1}^{m}v_ix_{ik}}$$

$$\text{s. t.} \quad \frac{\sum_{r=1}^{q} u_r y_{rj}}{\sum_{i=1}^{m} v_i x_{ij}} \leqslant 1$$

$$\sum_{i=1}^{m} v_i x_{ik} = 1$$

$$u \geqslant 0; v \geqslant 0$$

$$i=1, 2, \cdots, m; \ r=1, 2, \cdots, q; \ j=1, 2, \cdots, n \qquad (10.1.3)$$

式（10.1.3）的目的是在使所有 DMU 的效率值都不超过 1 的条件下，使被评价的 DMU 的效率值最大化。此模型存在的问题在于它是非线性规划式并且存在无穷多个最优解。因此，必须将式（10.1.3）转化为等价的线性规划模型。

$$\max \sum_{r=1}^{q} u_r y_{rk}$$

$$\text{s. t.} \quad \sum_{r=1}^{q} u_r y_{rj} \leqslant \sum_{i=1}^{m} v_i x_{ij}$$

$$\sum_{i=1}^{m} v_i x_{ik} = 1$$

$$u \geqslant 0; v \geqslant 0$$

$$i=1, 2, \cdots, m; \ r=1, 2, \cdots, q; \ j=1, 2, \cdots, n \qquad (10.1.4)$$

式（10.1.4）是以求解DMU_k为例来描述投入导向 CCR 模型的线性规划式，对于每一个 DMU 都要分别建立此规划式。

本节再以图形进行说明，我们利用 R 包“Benchmarking”绘制数据包络效率前沿线及各坐标图形，并且手动添加一些坐标点以方便讲解。数据包络效率前沿线如图 10.1.1 所示，此图是投入导向的规模报酬不变的 CCR 模型，图中各个点（DMU）落于包络线上，代表该 DMU 处于最适境界，因此最佳的效率值为 1，包括 A'，B'，D 及 E' 点。不在包络线上的各点代表不在最适境界，其效率值小于 1。至于效率值的计算，以图中 F 点为例，F' 的效率值为从原点 0 到 F 的线段长度 $\overline{0F}$ 除以 $\overline{0F'}$，也就是

$$\theta_{F'} = \frac{\overline{0F}}{\overline{0F'}} \qquad (10.1.5)$$

此外，由图 10.1.1 我们可以发现，A' 与 B' 皆在效率前沿线上，而两者的差异在于 A' 点对于 input 2 包含了投入冗余量 $\overline{A'B'}$，也就是说，点 A' 比点 B' 多投入了 $\overline{A'B'}$ 这么多的 input 2，两点却都在效率前沿线上，因此投入冗余量

$\overline{A'B'}$ 是 DMU（A'）在投入上的浪费。绘图程序如下：

```
install.packages("Benchmarking")#下载 R 包
library(lpSolveAPI)#加载关联的 R 包
library(ucminf)
library(Benchmarking)
y<-c(1,2,2,2,1,1,1,2)#绘图范例数据
x1<-c(1,2,6,3,6,4,4,3)
x2<-c(5,4,9,3,1,3,5,6)
N<-8  #8 组数据
x1=x1/y
x2=x2/y
#dea.plot.isoquant 绘制图形函数
dea.plot.isoquant(x1,x2,RTS="irs",txt=c("A'","B'","C'","D'","E'","F'","G'","H'"),
xlab="input 1",ylab="input 2")
# The observations have dotted lines fromorigo
for( i in 1:N ){
lines(c(0,x1[i]),c(0,x2[i]),lty="dotted")
}
```

运行结果如图 10.1.1 所示。

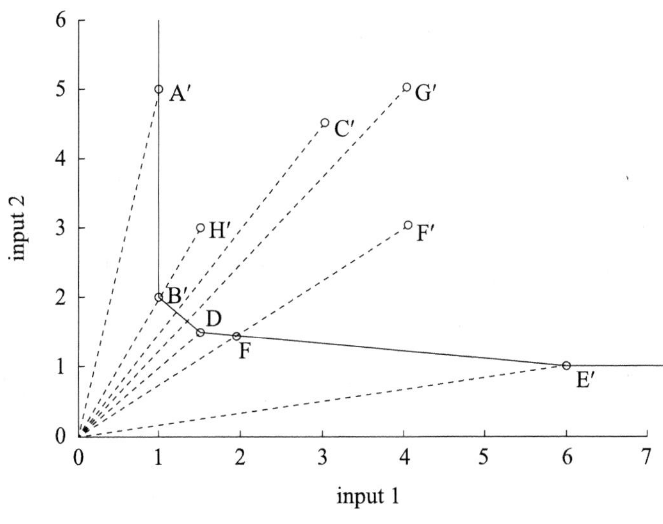

图 10.1.1　数据包络前沿线

10.2 数据包络分析实例研究——企业营运绩效评估

本节给出 10 家匿名企业（DMU）的财务数据，数据来自色诺芬金融数据库（www. ccerdata. cn）中的一般企业财务数据库、年度利润表。本例以营业成本、销售费用及管理费用作为投入项，以营业收入及净利润作为产出项进行数据包络分析（DEA）。数据如表 10. 2. 1 所示。

表 10. 2. 1　　10 家企业财务数据

企业	营业成本	销售费用	管理费用	营业收入	净利润
A	198 665	81 144	24 004	334 581	14 262
B	1 127 419	14 435	79 059	1 554 585	84 506
C	3 681 955	230 591	73 595	4 126 363	115 674
D	96 392	3 449	4 951	134 591	18 492
E	586 146	28 289	63 232	719 326	81 889
F	894 126	53 216	46 241	1 404 236	173 484
G	140 927	6 300	14 237	172 106	1 307
H	5 929 082	161 297	36 766	6 221 595	72 319
I	99 266	442	17 477	161 181	22 489
J	528	7 438	1 488	13 861	589

本节安装 R 包“rDEA”进行 DEA，对于此包的“dea”函数中的命令参数，可以在 R 软件中键入“help (dea)”调出网页手册查询。

```
Install.packages("rDEA")
library(rDEA)
help(dea)
```

执行完命令后在网页中可查到“dea”函数中的命令参数的格式如下：

```
dea(XREF,YREF,X,Y,W = NULL,model,RTS = "variable")
```

其中，“model”和“RTS”是不同模型的重要参数，读者可以根据自己的需求加以运用，说明如下：

model：可以设定“input”投入导向（input-oriented）、“output”产出导向（output-oriented）及“costmin”最低成本（cost-minimization）三种模型；

RTS：可以设定“constant”规模报酬不变、“variable”规模报酬可变及“non-increasing”规模报酬非递增三种模型。

本例中我们分别采用“input-constant”、“input-variable”、“output-constant”及“output-variable”四种模型进行企业营运绩效分析。

首先，下载及加载 R 包“rDEA”。

```
#下载及加载安装包
install.packages("rDEA")
library(rDEA)
```

运行结果如下：

```
Installing package into 'C:/Users/Pan/Documents/R/win-library/3.5'(as 'lib' is unspecified)
—Please select a CRAN mirror for use in this session—
...
```

将样本数据输入矩阵（matrix）。

```
X<-matrix(c(198665,1127419,3681955,96392,586146,894126,140927,5929082,99266,528,81144,14435,230591,3449,28289,53216,6300,161297,442,7438,24004,79059,73595,4951,63232,46241,14237,36766,17477,1488),ncol=3)# 三个投入
Y<-matrix(c(334581,1554585,4126363,134591,719326,1404236,172106,6221595,161181,13861,14262,84506,115674,18492,81889,173484,1307,72319,22489,589),ncol=2)#两个产出
```

运行结果如下：

```
>X
      [,1]     [,2]    [,3]
[1,]198665    81144   24004
[2,]1127419   14435   79059
[3,]3681955   230591  73595
[4,]96392     3449    4951
[5,]586146    28289   63232
[6,]894126    53216   46241
```

```
[7,]140927     6300      14237
[8,]5929082    161297    36766
[9,]99266      442       17477
[10,]528       7438      1488
>Y
      [,1]       [,2]
[1,]334581     14262
[2,]1554585    84506
[3,]4126363    115674
[4,]134591     18492
[5,]719326     81889
[6,]1404236    173484
[7,]172106     1307
[8,]6221595    72319
[9,]161181     22489
[10,]13861     589
```

运行四种 DEA 模型分析。

```
dea_model1 = dea(XREF = X, YREF = Y, X = X, Y = Y, model = "input", RTS = "constant") # 投入导向 - 报酬不变
dea_model2 = dea(XREF = X, YREF = Y, X = X, Y = Y, model = "input", RTS = "variable") # 投入导向 - 报酬可变
dea_model3 = dea(XREF = X, YREF = Y, X = X, Y = Y, model = "output", RTS = "constant") # 产出导向 - 报酬不变
dea_model4 = dea(XREF = X, YREF = Y, X = X, Y = Y, model = "output", RTS = "variable") # 产出导向 - 报酬可变
```

运行结果如下：

```
>dea_model1 $ thetaOpt
[1]0.7708553  1.0000000  0.9283420  1.0000000  0.7596384  1.0000000  0.7621181
[8]1.0000000  1.0000000  1.0000000
>dea_model2 $ thetaOpt
[1]1.0000000  1.0000000  1.0000000  1.0000000  0.7878372  1.0000000  0.7824463
```

```
[8]1.0000000   1.0000000   1.0000000
>dea_model3$thetaOpt
[1]0.7708553   1.0000000   0.9283420   1.0000000   0.7596384   1.0000000   0.7621181
[8]1.0000000   1.0000000   1.0000000
>dea_model4$thetaOpt
[1]1.0000000   1.0000000   1.0000000   1.0000000   0.7949281   1.0000000   0.7712333
[8]1.0000000   1.0000000   1.0000000
```

将四种 DEA 模型分析结果的效率值整理成表 10.2.2。

表 10.2.2　　10 家企业营运绩效分析结果

企业	投入-不变	投入-可变	产出-不变	产出-可变
A	0.771	1.000	0.771	1.000
B	1.000	1.000	1.000	1.000
C	0.928	1.000	0.928	1.000
D	1.000	1.000	1.000	1.000
E	0.760	0.788	0.760	0.795
F	1.000	1.000	1.000	1.000
G	0.762	0.782	0.762	0.771
H	1.000	1.000	1.000	1.000
I	1.000	1.000	1.000	1.000
J	1.000	1.000	1.000	1.000

由表 10.2.2 我们可以看出，“投入导向-报酬不变”模型和“产出导向-报酬不变”模型的分析结果大致相同，而四种模型的绩效值都处于效率前沿线的企业有 B、D、F、H、I 和 J。相反，四种模型的绩效值都不在效率前沿线上的企业有 E 和 G。因此，这些分析结果可供这几家企业和投资者参考。完整的程序如下：

```
#下载及加载安装包
install.packages("rDEA")
library(rDEA)
#将样本数据输入矩阵(matrix)
X<-matrix(c(198665,1127419,3681955,96392,586146,894126,140927,5929082,99266,
528,81144,14435,230591,3449,28289,53216,6300,161297,442,7438,24004,79059,73595,
4951,63232,46241,14237,36766,17477,1488),ncol=3)# 三个投入
```

```
Y〈 - matrix(c(334581, 1554585, 4126363, 134591, 719326, 1404236, 172106, 6221595,
161181,13861,14262,84506,115674,18492,81889,173484,1307,72319,22489,589),ncol =
2)# 两个产出
#运行四种 DEA 模型分析
dea_model1 = dea(XREF = X,YREF = Y,X = X,Y = Y,model = "input",RTS = "constant")
dea_model2 = dea(XREF = X,YREF = Y,X = X,Y = Y,model = "input",RTS = "variable")
dea_model3 = dea(XREF = X,YREF = Y,X = X,Y = Y,model = "output",RTS = "constant")
dea_model4 = dea(XREF = X,YREF = Y,X = X,Y = Y,model = "output",RTS = "variable")
dea_model1 $ thetaOpt
dea_model2 $ thetaOpt
dea_model3 $ thetaOpt
dea_model4 $ thetaOpt
```

10.3 Bootstrap DEA 分析法

虽然 DEA 模型具备参数估计法的一些优点，但由于观测样本（DMU）有限，导致测算得到的效率值难以避免样本敏感性和极端值的影响。通过 DEA 模型得到的效率值实际上是一种“相对效率”，相对于绝对效率值而言，是有偏的、不一致的估计量。基于这个原因，Simar（2000）等人提出了可以对 DEA 估计值进行纠偏、估计置信区间及说明显著性水平的 Bootstrap DEA 方法来解决此缺陷。该方法的主要思路是：利用 Bootstrap 思想对原始样本进行重复抽样，构造大量的 Bootstrap 样本数据，从而得到大量的 Bootstrap 效率值，通过 Bootstrap 效率值的经验分布来构造置信区间等进行统计推断，以此改善传统 DEA 估计量的一致性。总而言之，DEA 估计效率值是对原始样本的真实效率值的估计量，而 Bootstrap 效率值是基于大量模拟 Bootstrap 样本对 DEA 估计效率值的估计及纠偏。

Bootstrap DEA 方法的详细步骤如下：

(1) 针对每一个 DMU（X_k，Y_k）（$k=1$，…，n），利用传统 DEA 方法计

算出样本数据的效率值 $\hat{\theta}_k$ 。

（2）针对第一步得到的效率值 $\hat{\theta}_k$（$k=1$，…，n），采取 Bootstrap 方法随机抽样产生 n 个效率值 θ^*_{1b}，θ^*_{2b}，…，θ^*_{nb} ，其中“b”代表采用 Bootstrap 方法的第 b 次迭代。

（3）计算 Bootstrap 方法仿真样本（ X^*_{kb} ,Y_k ）（$k=1$，…，n），其中 $X^*_{kb}=\widehat{\theta}_k\times\frac{x_k}{X^*_{ab}}$（$k=1$，…，$n$）。

（4）对每一个 Bootstrap 方法仿真样本，利用传统 DEA 方法再次计算效率值 $\hat{\theta}_{kb}$（$k=1$，…，n）。

（5）重复步骤（2）～（4）共 b 次，产生效率值 $\hat{\theta}_{kb}$（$b=1$，…，n）。

本节使用 R 软件进行 Bootstrap DEA 操作是采用“rDEA”包，至于此包的“dea. robust”函数中的命令参数，可以在 R 软件中键入“help(dea. robust)”调出网页手册查询。

```
Install.packages("rDEA")
library(rDEA)
help(dea)
```

执行完命令后从网页中可查到“dea. robust”函数中的命令参数格式如下：

dea. robust (X，Y，W=NULL，model，RTS="variable"，B=1000，alpha=0. 05，bw="bw. ucv"，bw _ mult=1)

其中，“model”和“RTS”是 2 个不同模型的重要参数，读者可以根据自己的需求加以运用，其中重要的参数说明如下：

model：可以设定“input”投入导向（input-oriented）、“output”产出导向（output-oriented）及“costmin”最低成本（cost-minimization）三种模型；

RTS：可以设定“constant”规模报酬不变、“variable”规模报酬可变及“non-increasing”规模报酬非递增三种模型；

B：Bootstrap 方法的迭代次数，默认值为 1 000。

其余参数请读者自行参照网页上的使用说明。

10.4 基于Bootstrap DEA分析法的医院医疗服务绩效分析

本节参考成钢（2014），选取某10家医院（DMU）的职工数与医疗服务数，以医生、护士与其他人员数为投入项（X），以门急诊人次与出院人数为产出项（Y），进行传统DEA和Bootstrap DEA之间的比较。样本数据如表10.4.1所示。

表10.4.1　　国内某10家医院职工与医疗服务数

DMU	医生数（x1）	护士数（x2）	其他人员数（x3）	门急诊人次数（y1）	出院人数（y2）
A	887	1090	1 086	1 683 441	59 423
B	277	252	366	556 126	39 967
C	326	475	380	1 001 634	19 712
D	504	524	559	953 445	15 142
E	365	543	314	809 861	18 665
F	312	469	236	276 522	19 910
G	358	340	171	837 199	19 624
H	329	329	325	408 298	28 140
I	404	260	291	175 363	18 269
J	423	1 021	766	581 887	29 626

首先，我们下载R安装包“rDEA”进行分析，程序如下：

```
#下载及加载安装包
install.packages("rDEA")
library(rDEA)
```

运行结果如下：

```
Installing package into 'C:/Users/Pan/Documents/R/win-library/3.5'
—Please select a CRAN mirror for use in this session—
尝试URL 'https://cran.ma.imperial.ac.uk/bin/windows/contrib/3.5/
...
```

将样本数据输入矩阵（matrix），其中X包括三个投入x1，x2及x3，各投入变量皆包含10组数据（DMU）；Y包括两个产出y1及y2，各产出变量皆包含 10 组数据（DMU），读者可以根据自己的数据加以修改。

```
#将样本数据输入矩阵(matrix)
X<-matrix(c(887,277,326,504,365,312,358,329,404,423,1090,252,475,524,543,469,340,329,260,1021,1086,366,380,559,314,236,171,325,291,766),ncol=3)# 三个投入
Y<-matrix(c(1683441,556126,1001634,953445,809861,276522,837199,408298,175363,581887,59423,39967,19712,15142,18665,19910,19624,28140,18269,29626),ncol=2)#两个产出
```

运行结果如下：

```
>X
      [,1]  [,2]  [,3]
[1,]   887  1090  1086
[2,]   277   252   366
[3,]   326   475   380
[4,]   504   524   559
[5,]   365   543   314
[6,]   312   469   236
[7,]   358   340   171
[8,]   329   329   325
[9,]   404   260   291
[10,]  423  1021   766
>Y
     [,1]       [,2]
[1,]1683441    59423
[2,]556126     39967
[3,]1001634    19712
[4,]953445     15142
[5,]809861     18665
[6,]276522     19910
[7,]837199     19624
[8,]408298     28140
[9,]175363     18269
```

```
[10,]581887    29626
```

如下程序是运行投入导向-报酬不变的 DEA 模型分析，本节将此模型与 Bootstrap DEA 模型加以比较。

```
#运行投入导向-报酬不变的 DEA 模型分析
dea_model1 = dea(XREF = X,YREF = Y,X = X,Y = Y,model = "input",RTS = "constant")
dea_model1 $ thetaOpt
```

运行结果如下：

```
>dea_model1 $ thetaOpt
[1]0.7200635   1.0000000   1.0000000   0.7662992   0.8256312   0.7562877   1.0000000
[8]0.7921083   0.5703325   0.5898398
```

最后，本节运行 Bootstrap DEA 模型分析，为了与传统 DEA 方法作比较，在 dea.robust 函数中设定相同的参数，model＝"input"，RTS＝"constant" 并且设定迭代次数 B 为 2 000，程序如下：

```
##运行 2000 迭代 Bootstrap DEA 模型分析
di = dea.robust(X = X,Y = Y,model = "input",RTS = "constant",B = 2000)
```

运行结果如下：

```
>di $ theta_hat_hat   #效率值
[1]0.5893951   0.6797851   0.7767559   0.6473558   0.6784312   0.6597992   0.6846849
[8]0.6588841   0.4778823   0.4873341
>di $ bias            #偏差(误)
[1]0.13066839   0.32021493   0.22324411   0.11894341   0.14720003   0.09648846
[7]0.31531507   0.13322423   0.09245015   0.10250567
>di $ theta_ci_low   #置信区间下限
[1]0.4765905   0.3861837   0.5806666   0.5484772   0.5528641   0.5837745   0.3954084
[8]0.5441703   0.4007901   0.3994074
>di $ theta_ci_high   #置信区间上限
[1]0.7528471   1.1412951   1.0382911   0.8181437   0.8692398   0.80873271.1534495
[8]0.8797268   0.6357289   0.6473043
```

将分析结果整理成表 13.4.1。

表 10.4.2　　　传统 DEA 与 Bootstrap DEA 的医疗服务绩效评价结果

DMU	效率值	原排名	纠偏后效率值	纠偏后排名	偏差	下限	上限
A	0.720	6	0.598	8	0.131	0.477	0.752
B	1.000	1	0.680	3	0.320	0.386	1.141
C	1.000	1	0.777	1	0.223	0.581	1.038
D	0.766	4	0.647	7	0.119	0.548	0.818
E	0.826	2	0.678	4	0.147	0.553	0.869
F	0.756	5	0.660	5	0.096	0.584	0.809
G	1.000	1	0.685	2	0.315	0.395	1.153
H	0.792	3	0.659	6	0.133	0.544	0.880
I	0.570	8	0.478	10	0.092	0.401	0.636
J	0.589	7	0.487	9	0.103	0.399	0.647

从排名来看，除了原排名第一的三家医院分别为前三名外，其余部分医院的排名在纠偏后也有调整。如 G 和 B 医院的医疗服务绩效排名在纠偏后下降；D 医院的医疗服务绩效排名下降幅度最大，下降了 3 名；而 F 医院的医疗服务绩效排名上升最多，相对于传统 DEA 排名上升 2 名。纠偏后医疗服务绩效最高的是 C 医院，效率值为 0.777，最低的为 I 医院，为 0.478；大多数医院的医疗服务绩效存在很大的改善空间。

本节完整的程序如下，读者可以根据自己的数据加以修改。

```
#下载及加载安装包
install.packages("rDEA")
library(rDEA)
#将样本数据输入矩阵(matrix)
X<-matrix(c(887,277,326,504,365,312,358,329,404,423,1090,252,475,524,543,469,
340,329,260,1021,1086,366,380,559,314,236,171,325,291,766),ncol=3)#三个投入
Y<-matrix(c(1683441,556126,1001634,953445,809861,276522,837199,408298,175363,
581887,59423,39967,19712,15142,18665,19910,19624,28140,18269,29626),ncol=2)#
两个产出
#运行 DEA 模型分析
dea_model1 =dea(XREF=X,YREF=Y,X=X,Y=Y,model="input",RTS="constant")
dea_model1$thetaOpt
##运行 2 000 迭代 Bootstrap DEA 模型分析
```

```
di  = dea.robust(X = X, Y = Y, model = "input", RTS = "constant", B = 2000)
## robust estimates of technical efficiency for each hospital
di$theta_hat_hat   #效率值
di$bias            #偏差(误)
di$theta_ci_low    #置信区间下限
di$theta_ci_high   #置信区间上限
```

10.5 随机前沿分析法简介

随机生产前沿函数分别由 Aigner et al.（1977）和 Meeusen et al.（1977）提出，他们提出的生产函数模型如式（10.5.1）所示：

$$\ln q_i = x_i'\beta + v_i - \mu_i \tag{10.5.1}$$

其中：

q_i：产出变量向量；

x_i'：投入变量向量；

β：变量参数估计；

v_i：统计噪声的对称随机误差；

μ_i：无效效应；

由于产出值以随机变量 $\exp(x_i'\beta+v_i)$ 为上限，因此式（10.5.1）被称为随机生产前沿函数，随机误差项 v_i 可正可负，使得随机前沿产出围绕着模型确定部分 $\exp(x_i'\beta)$ 变动。随机前沿模型可以通过图形来说明，为了简化模型，我们仅考虑以一种投入 x_i 生产产出 q_i 的厂商。这种情形下的柯布-道格拉斯随机前沿模型（简称 C-D 函数）可以表示为：

$$\ln q_i = \beta_0 + \beta_1 \ln x_i + v_i - \mu_i \tag{10.5.2}$$

或

$$q_i = \exp(\beta_0 + \beta_1 \ln x_i + v_i - \mu_i) \tag{10.5.3}$$

或表示为：

$$q_i = \exp(\beta_0 + \beta_1 \ln x_i) \cdot \exp(v_i) \cdot \exp(-\mu_i) \tag{10.5.4}$$

其中：

$\exp(\beta_0+\beta_1\ln x_i)$：确定部分；

$\exp(v_i)$：噪声部分；

$\exp(-\mu_i)$：无效部分。

这种前沿模型如图 10.5.1 所示。

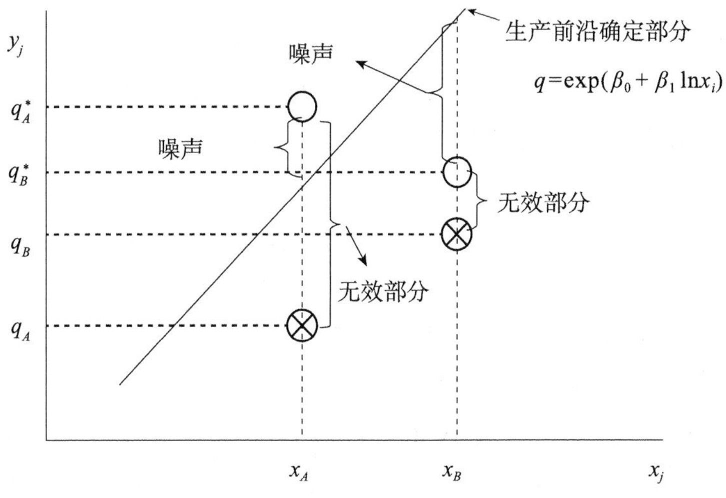

图 10.5.1　随机生产前沿线

若仅考虑厂商 A 及厂商 B 的投入及产出，则前沿模型的确定部分反映了规模报酬递减的情况。横轴表示投入值，纵轴表示产出值，厂商 A 利用投入水平 x_A 得到产出 q_A，厂商 B 利用投入水平 x_B 得到产出 q_B，若没有无效效应（即 $\mu_A=0$，$\mu_B=0$），则厂商 A 及厂商 B 的前沿产出分别是：

$$q_A^*=\exp(\beta_0+\beta_1\ln x_A+v_A) \tag{10.5.5}$$

和

$$q_B^*=\exp(\beta_0+\beta_1\ln x_B+v_B) \tag{10.5.6}$$

在图 10.5.1 中，前沿值用"○"的点来表示，因此厂商 A 的前沿产出位于生产前沿确定部分之上，是因为其噪声影响是正的（$\mu_A>0$）；而厂商 B 的前沿产出位于生产前沿确定部分之下，是因为其噪声影响是负的（$\mu_B<0$）。除此之外，我们还可以看出其噪声影响与无效效应影响之和是负的（$v_A-\mu_A<0$）。因此，厂商 A 的实际产出位于生产前沿确定部分的下方。事实上可以把式（10.5.1）前沿模型推广成多投入的情况，尤其是前沿产出在前沿确定部分的上

下有均匀分布的趋势。但是，可观测的产出都趋于前沿确定部分的下方。

事实上，当噪声影响为正且大于无效效应时，可观测产出才能位于前沿确定部分的上方。随机前沿分析的目的是预测无效效应，最常用的产出导向技术效率是可观测的产出与相应的随机前沿产出的比值，如式（10.5.7）所示：

$$TE_i = \frac{\exp(x'_i\beta + v_i - \mu_i)}{\exp(x'_i\beta + v_i)} = \exp(-\mu_i) \tag{10.5.7}$$

这种技术效率的测量值在 0 到 1 之间，该值显示了第 i 个厂商的产出与完全有效厂商使用相同投入量所能得到的产出之间的相对差异。除了利用上述公式可计算技术效率值外，本书亦提供如下两个公式及 R 程序，它们可用来计算技术效率值 TEJ 和 TEM：

$$TEJ = \exp\left[-\mu_* - \sigma_*\left(\frac{\varphi(\mu_*/\sigma_*)}{\Phi(\mu_*/\sigma_*)}\right)\right] \tag{10.5.8}$$

$$TEM = \exp(\max(0,\mu_*)) \tag{10.5.9}$$

在生产函数部分，除了柯布-道格拉斯随机前沿模型外，另外较常见的模型为 Translog 生产函数模型，如式（10.5.10）所示：

$$\ln f = \beta_0 + \beta_1 \ln k + \beta_2 \ln L + \beta_3(\ln k)^2 + \beta_4(\ln L)^2 + \beta_5 \ln k \ln L \tag{10.5.10}$$

两种函数模型并无绝对的好坏，适当与否取决于读者所研究的课题。目前国内外文献中有较多的生产函数模型是学者自行设计的，读者可以根据自己的研究课题设计生产函数模型，并且只需在本书 R 程序中修改部分程序即可进行分析。

10.6 随机前沿分析法——高职院校办学效益评价研究

本节参考张小红等（2014）中的数据，这些数据来自中国高职高专教育网中的 8 所高职院校，另外笔者自行增加了 8 组测试数据，使用的变量包括：

X1：专任教师人数，单位：百人；

X2：教职工总人数，单位：百人；

Y：毕业生数量，单位：千人。

使用的样本数据如表 10.6.1 所示：

表 10.6.1　　16 所高职院校的输入输出变量

变量	1	2	3	4	5	6	7	8
X1	3.66	3.50	3.18	3.02	9.82	3.30	3.11	3.14
X2	6.33	5.60	5.58	3.82	15.03	4.20	5.21	6.00
Y	3.12	2.80	2.59	2.35	7.57	2.58	3.04	3.28
变量	9	10	11	12	13	14	15	16
X1	3.86	4.50	3.68	2.02	7.82	4.30	2.11	3.94
X2	5.33	3.60	4.58	7.82	12.03	5.20	2.21	3.00
Y	3.62	3.80	2.09	2.95	6.57	3.58	3.84	3.98

在随机前沿分析法方面，本节采用 R 软件包“Benchmarking”进行分析，分析步骤如下：

步骤一：安装及加载 R 软件包。

首先安装“Benchmarking”R 软件包，之后由于兼容性问题，须先载入“lpSolveAPI”及“ucminf”R 软件包后，才能加载“Benchmarking”。

```
#下载并加载安装包
install.packages("Benchmarking")#下载并安装“Benchmarking”包
library(lpSolveAPI)       #加载“lpSolveAPI”包
library(ucminf)           #加载“ucminf”包
library(Benchmarking)     #加载“Benchmarking”包
```

步骤二：整理原始数据并输入 R 程序。

```
n<-16    #设定样本组数
x1<-c(3.66,3.50,3.18,3.02,9.82,3.30,3.11,3.14,3.86,4.50,3.68,2.02,7.82,4.30,
2.11,3.94)
x2<-c(6.33,5.60,5.58,3.82,15.03,4.20,5.21,6.00,5.33,3.60,4.58,7.82,12.03,5.20,
2.21,3.00)
x<-cbind(x1,x2)
y<-0.5+1.5*x1+2.5*x2+1.5*log(x1)^2+2*log(x2)^2+2.5*log(x1)*log(x2)+
rnorm(n,0,1)-pmax(0,rnorm(n,0,1))#Translog
```

步骤三：执行 SFA。

本例仅使用最基本的“sfa( )”函数，在这个函数中还可以设定进阶的参数，例如初始参数值 beta0，lambda0，…，可运行指令“help(sfa)”获得详细说明。

```
#SFA
output<-sfa(x,y)  #运行 SFA 分析
summary(output)     #统计分析结果
```

分析结果如下：

```
             Parameters   Std.err     t-value   Pr(>|t|)
(Intercept)  0.9493       0.7722      1.2294    0.244
xx1          2.4343       0.1043      23.3468   0.000
xx2          4.3891       0.0891      49.2606   0.000
lambda       2689.3238    9238.9956   0.2911    0.776
sigma2       5.6484
sigma2v =  7.809809e-07 ;  sigma2u =  5.648415
log likelihood =   -25.47153
Convergence =  4 ; number of evaluations of likelihood function 55
Max value of gradien:97.68517
Length of last step:0
Final maximal allowed step length:2278.553
```

由结果我们可以发现，两变量 X1 及 X2 都非常显著，随机误差项 sigma2v (7.809 809e—07) 非常小，可以看出无效效应大部分来自成本非效率差 sigma2u (5.648 415)。

步骤四：计算成本非效率差 (u) 占总误差的百分比。

```
#成本非效率差(u),随机误差(v)
lambda<-lambda.sfa(school)
100*lambda^2/(1+lambda^2)    #计算成本非效率差(u)占总误差的百分比
```

分析结果如下：

```
  lambda
99.99999
```

由结果发现，成本非效率差 sigma2u 占总误差的 99.999 99%，更证明了无

效效应大部分来自成本非效率差。

步骤五：估计效率值。

```
#估计三种效率值 te,teM 及 teJ
eff(output)
te<-te.sfa(output)
teM<-teMode.sfa(output)
teJ<-teJ.sfa(output)
cbind(te,teM,teJ)[1:16,]#数字 16 为 16 所学校(DMU)
```

分析结果如下：

```
        te          teM         teJ
[1,]    0.105452933 0.105452892 0.105452892
[2,]    0.042959856 0.042959840 0.042959840
[3,]    0.368477254 0.368477110 0.368477110
[4,]    0.004628956 0.004628955 0.004628955
[5,]    0.488082011 0.488081820 0.488081820
[6,]    0.050724531 0.050724511 0.050724511
[7,]    0.997799540 0.997815755 0.997799169
[8,]    0.400857270 0.400857113 0.400857113
[9,]    0.664856850 0.664856591 0.664856591
[10,]   0.997311729 0.997314783 0.997311345
[11,]   0.283446675 0.283446565 0.283446565
[12,]   0.028422378 0.028422367 0.028422367
[13,]   0.953025872 0.953025500 0.953025500
[14,]   0.638009220 0.638008971 0.638008971
[15,]   0.024878177 0.024878167 0.024878167
[16,]   0.071015851 0.071015824 0.071015824
```

由分析结果我们可以发现，这三种效率指标计算出的效率值相似，这种情况更可以证明排名结果的正确性。第一名为第 7 所学校，最后一名为第 4 所学校。而这些学校的无效性原因值得我们进行更深入的探究，此分析结果亦可以作为这些学校改善绩效的参考。

数据分析

本节的全部 R 程序如下所示，读者可复制并粘贴至 R 软件尝试执行，并根据自己的数据将范例程序加以修改。

```
#下载并加载安装包
install.packages("Benchmarking")#下载并安装“Benchmarking”包
library(lpSolveAPI)   #加载“lpSolveAPI”包
library(ucminf)       #加载“ucminf”包
library(Benchmarking)#加载“Benchmarking”包
#输入样本数据
n<-16   #设定样本组数
x1<-c(3.66,3.50,3.18,3.02,9.82,3.30,3.11,3.14,3.86,4.50,3.68,2.02,7.82,4.30,
2.11,3.94)
x2<-c(6.33,5.60,5.58,3.82,15.03,4.20,5.21,6.00,5.33,3.60,4.58,7.82,12.03,5.20,
2.21,3.00)
x<-cbind(x1,x2)
y<-0.5+1.5*x1+2.5*x2+1.5*log(x1)^2+2*log(x2)^2+2.5*log(x1)*log(x2)+
rnorm(n,0,1)-pmax(0,rnorm(n,0,1))#Translog
#执行 SFA
output<-sfa(x,y)  #运行 SFA 分析
summary(output)     #统计分析结果
#成本非效率差(u),随机误差(v)
lambda<-lambda.sfa(school)
100*lambda^2/(1+lambda^2)   #计算成本非效率差(u)占总误差的百分比
#估计三种效率值 te,teM 及 teJ
eff(output)
te<-te.sfa(output)
teM<-teMode.sfa(output)
teJ<-teJ.sfa(output)
cbind(te,teM,teJ)[1:16,]#数字 16 为 16 所学校(DMU)
```

第 11 章

粗糙集

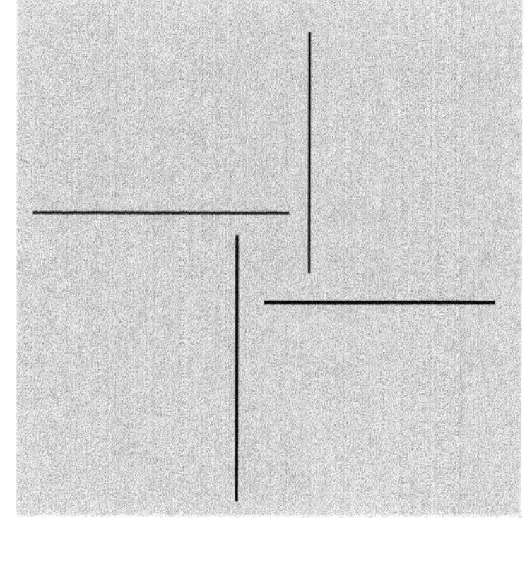

本章要点

- 粗糙集简介
- 粗糙集挑选变量实例应用
- 粗糙集分类预测实例应用

11.1　粗糙集简介

粗糙集（rough set，简称 RS）理论是近年来提出的新式研究方法，此方法专注于研究不完整性与不确定性知识的表述、学习及归纳。它是由波兰科学家 Z. Pawlak（1982）提出的，Pawlak 出版了专著《粗糙集——关于数据推理的理论》（*Rough Sets—Theoretical Aspects of Reasoning about Data*），从此粗糙集理论及其应用的研究进入了一个新的阶段。粗糙集理论无论是在理论研究方面还是在应用实践方面都取得了很大的进展，它不仅为信息科学和社会科学提供了新的研究方法，而且为信息处理提供了有效的分析技术。我国对粗糙集理论的研究起步较晚，所能搜索到的相关论文最早发表于 1990 年，而且目前相关的著作不多。然而，粗糙集理论已成为国内外智能计算领域中一个较新的学术热点，引起了越来越多科研人员的关注。

经典粗糙集理论以及早期的粗糙集相关论文主要应用于属性约简（类似于变项缩减）与分类预测。在属性约简方面，主要是将所学知识去粗取精，将多余的属性通过粗糙集属性约简理论的公式或粗糙集计算方法加以去除，使提取的规则更为清楚。有了这些约简规则后，即可进一步通过这些规则作分类预测处理。到目前为止，能够运行粗糙集的软件并不多，常见的应用粗糙集的软件有 Rosetta、Matlab 和 R。其中，Rosetta 虽然是窗口菜单式软件，操作起来非常方便，但笔者测试后发现，该软件在微软的操作系统上仅支持 Windows XP，新版本的操作系统如 Windows 7、Windows 8 和 Windows 10 皆不支持，如此将会造成使用者的不便。而 R 软件于近年来陆续增加了一些新的安装包，其中也包括了粗糙集的包，相较于需要付费的 Matlab，使用 R 软件操作粗糙集分析方法更具优势。

如何计算属性约简呢？举例而言，现有如表 11.1.1 所示的决策表，表中集合U={E1,E2，E3，E4，E5，E6} 为给定的论域（U），它是这些消费者的集合。而条件属性（C）包括性别、是否已婚和收入等均能产生划分的知识，能用来描述这些购买决策属性（D）。

表 11.1.1　　　　　　一个销售购买决策的决策表

顾客 U	C			D
	性别（c1）	是否已婚（c2）	收入（c3）	是否购买
E1	女	否	中	是
E2	男	是	中	是
E3	男	否	高	是
E4	女	否	低	否
E5	男	是	中	是
E6	女	否	高	否

通过这三个等价关系，也就是性别（c1）、是否已婚（c2）和收入（c3），得知如下三个知识。

（1）从表中可以看出性别（c1）包括两类，即“男性”{E2，E3，E5}和“女性”{E1，E4，E6}，我们习惯按照顾客顺序列出“男性”和“女性”集合，因此集合 U 下的类别 c1 表示成：

U/{c1}={{E1，E4，E6}，{E2，E3，E5}}

（2）是否已婚（c2）包括两类，即“是”{E2，E5}和“否”{E1，E3，E4，E6}，我们习惯按照顾客顺序列出“是”和“否”集合，因此集合 U 下的类别 c2 表示成：

U/{c2}={{E1，E3，E4，E6}，{E2，E5}}

（3）收入（c3）包括三类，即“高”{E3，E6}、“中”{E1，E2，E5}和“低”{E4}，我们习惯按照顾客顺序列出“高”、“中”和“低”集合，因此集合 U 下的类别 c3 表示成：

U/{c3}={{E1，E2，E5}，{E3，E6}，{E4}}

然后整理出各类别交集 U/{c1} ∩ U/{c2}，U/{c2} ∩ U/{c3}，U/{c1}

∩ U/{c3}，也就是：

U/{c1，c2}={{E1，E4，E6}，{E2，E5}，{E3}}

U/{c2，c3}={{E1}，{E2，E5}，{E3，E6}，{E4}}

U/{c1，c3}={{E1}，{E2，E5}，{E3}，{E4}，{E6}}

而论域（U）下的条件属性 U/C 是 U/{c1} ∩ U/{c2} ∩ U/{c3}，也就是：

U/C={{E1}，{E2，E5}，{E3}，{E4}，{E6}}

而论域（U）下的决策属性 U/D 包括两类，即“是”{E1，E2，E3，E5}和“否”{E4，E6}，也就是：

U/D={{E1，E2，E3，E5}，{E4，E6}}

根据粗糙集的定理得到 POSc(D)=U，并且观察上述各类别及各类别交集内的元素集合是否全部包含于论域（U）下的决策属性 U/D 内，整理如下：

POS{c1}(D)= U/{c1} ⊂ U/D = {E2，E3，E5} ≠ POSc(D)

POS{c2}(D)= U/{c2} ⊂ U/D = {E2，E5} ≠ POSc(D)

POS{c3}(D)= U/{c3} ⊂ U/D = {E1，E2，E4，E5} ≠ POSc(D)

POS{c1，c2}(D)= U/{c1，c2} ⊂ U/D = {E2，E3，E5} ≠ POSc(D)

POS{c2，c3}(D)= U/{c2，c3} ⊂ U/D = {E2，E5}
≠ POSc(D)

POS{c1，c3}(D)= U/{c1，c3} ⊂ U/D = U = {E1，E2，E3，E4，E5，E6}
= POSc(D)

所以 C 的唯一的 D 相对约简为 {c1，c3}，表 11.1.1 可以简化成表 11.1.2。

表 11.1.2　　　　简化后的销售购买决策表

顾客 U	C		D
	性别（c1）	收入（c3）	是否购买
E1	女	中	是
E2	男	中	是
E3	男	高	是
E4	女	低	否
E5	男	中	是
E6	女	高	否

剔除 c2 变项后的表 11.1.2 成为一个新的决策表，从表中我们可以清楚看出

决策规则。例如：性别为男性，收入无论是高中低都会购买；性别为女性且收入为中等才会购买，其余皆不会购买。读者要注意的是，本书着重于实例操作，其中省略了对粗糙集理论及公式的说明。如果读者想进一步了解粗糙集，可参考相关书籍。接下来我们以R语言来操作表11.1.1的决策表的属性约简，粗糙集程序如下：

```
#约简规则
install.packages("Rcpp")
install.packages("RoughSets")
library(Rcpp)
library(RoughSets)
dt.ex1<-data.frame(
c("F","M","M","F","M","F"),
c("N","Y","N","N","Y","N"),
c("M","M","H","L","M","H"),
c("Y","Y","Y","N","Y","N"))
colnames(dt.ex1)<-c("X1","X2","X3","Y")
decision.table<-SF.asDecisionTable(dataset=dt.ex1,decision.attr=4,indx.nominal
=4)
res.1<-BC.discernibility.mat.RST(decision.table,range.object=NULL)
reduct<-FS.all.reducts.computation(res.1)
```

粗糙集使用的是R包“RoughSets”，表11.1.1中的样本数据放置于数据框（data.frame）中，首先使用“SF.asDecisionTable”函数将数据框的样本数据转换成决策表，然后使用函数“BC.discernibility.mat.RST”计算可分辨矩阵（粗糙集约简的另一种计算方法），最后使用函数“FS.all.reducts.computation”计算粗糙集约简。运行结果如下：

```
>reduct
$decision.reduct
$decision.reduct$reduct1
[1]"X1"  "X3"
$core
```

```
[1]"X1"  "X3"
$ discernibility.type
[1]"RST"
$ type.task
[1]"computation of all reducts"
$ type.model
[1]"RST"
attr(,"class")
[1]"ReductSet"  "list"
```

在运行结果中，参数“$ decision.reduct $ reduct1”可以列出决策表属性约简结果“X1”“X3”，与前面的计算结果一致。至于粗糙集的 R 包内各函数的详细用法，可以在 R 中输入命令“help（函数名称）”调出使用说明。

11.2　粗糙集挑选变量实例应用

在实际应用中我们经常会遇到变量选择问题。例如在企业财务预警中，经常以多种财务指标作为自变量，以先前发生财务危机的企业及正常企业作为因变量构建财务预警模型。当变量过多或是变量相似度过高时，必须剔除冗余变量。以往文献中介绍的用于缩减变量或剔除变量的方法包括因素分析、逐步回归、模糊理论及灰关联分析。而粗糙集可用于挑选变量，以剔除相似度过高的变量。本节以一份销售决策问题的问卷调查数据为例，选取 10 位受访者的数据进行粗糙集变量的挑选，剔除相似度过高的问卷项，问卷填答以李克特 5 级量表设计，样本数据如表 11.2.1 所示。

表 11.2.1　　10 位受访者的问卷调查数据

N	X1	X2	X3	X4	X5	X6	X7	X8	X9	X10	X11	X12	Y
1	1	2	1	3	2	2	1	2	3	1	2	1	Y
2	2	4	5	4	4	5	3	1	5	4	3	2	N
3	5	1	2	1	1	1	5	5	5	3	5	5	N
4	1	2	3	5	1	3	1	2	3	4	4	3	N
5	3	5	5	3	3	3	4	3	1	3	3	3	Y
6	4	2	1	2	2	4	1	4	2	2	3	2	N

续表

N	X1	X2	X3	X4	X5	X6	X7	X8	X9	X10	X11	X12	Y
7	2	3	3	5	4	2	2	3	3	1	1	4	Y
8	1	1	2	3	3	1	5	4	4	5	3	1	N
9	5	5	4	1	5	1	2	1	3	1	5	2	Y
10	3	2	2	2	2	3	3	2	2	2	3	5	N

在粗糙集程序中，首先我们安装和加载粗糙集的包“RoughSets”，再将问卷数据定义在 R 的数据框函数“data.frame( )”中，程序如下：

```
#多约简规则(以缩减问卷项为例)
install.packages("Rcpp")
install.packages("RoughSets")#安装粗糙集 R 包
library(Rcpp)
library(RoughSets)#加载粗糙集 R 包
#输入问卷数据
```

运行结果如下：

```
>install.packages("RoughSets")
Installing package into 'C:/Users/Pan/Documents/R/win-library/3.6'
(as 'lib' is unspecified)尝试 URL 'https://cran.ma.imperial.ac.uk/bin/windows/contrib/
3.6/RoughSets_1.3-0.zip' …
>library(Rcpp)
>library(RoughSets)
```

将问卷数据输入至 R 数据框（data frame）。

```
#输入问卷数据
dt.ex1<-data.frame(
      c("1","2","5","1","3","4","2","1","5","3"),
      c("2","4","1","2","5","2","3","1","5","2"),
      c("1","5","2","3","5","1","3","2","4","2"),
      c("3","4","1","5","3","2","5","3","1","2"),
      c("2","4","1","1","3","2","4","3","5","2"),
      c("2","5","1","3","3","4","2","1","1","3"),
      c("1","3","5","1","4","1","2","5","2","3"),
```

```
      c("2","1","5","2","3","4","3","4","1","2"),
      c("3","5","5","3","1","2","3","4","3","2"),
      c("1","4","3","4","3","2","1","5","1","2"),
      c("2","3","5","4","3","3","1","3","5","3"),
      c("1","2","5","3","3","2","4","1","2","5"),
      c("Y","N","N","N","Y","N","Y","N","Y","N"))
colnames(dt.ex1)<-c("X1","X2","X3","X4","X5","X6","X7","X8","X9","X10","X11","
X12","Y")
```

运行结果如下：

```
>dt.ex1
   X1 X2 X3 X4 X5 X6 X7 X8 X9 X10 X11 X12 Y
1  1  2  1  3  2  2  1  2  3  1   2   1   Y
2  2  4  5  4  4  5  3  1  5  4   3   2   N
3  5  1  2  1  1  1  5  5  5  3   5   5   N
4  1  2  3  5  1  3  1  2  3  4   4   3   N
5  3  5  5  3  3  3  4  3  1  3   3   3   Y
6  4  2  1  2  2  4  1  4  2  2   3   2   N
7  2  3  3  5  4  2  2  3  3  1   1   4   Y
8  1  1  2  3  3  1  5  4  4  5   3   1   N
9  5  5  4  1  5  1  2  1  3  1   5   2   Y
10 3  2  2  2  2  3  3  2  2  2   3   5   N
```

运行 R 的粗糙集属性约简。

```
decision.table<-SF.asDecisionTable(dataset=dt.ex1,decision.attr=13,indx.nominal
=13)
res.1<-BC.discernibility.mat.RST(decision.table,range.object=NULL)
reduct<-FS.all.reducts.computation(res.1)#所有规则缩减
```

程序中“SF. asDecisionTable”函数将数据框的样本数据转换成决策表，“BC. discernibility. mat. RST”函数计算可分辨矩阵，“FS. all. reducts. computation”函数计算粗糙集约简。此问卷数据会产生多个属性约简结果，也就是有多个变量组合，运行结果如下：

```
>reduct
$ decision.reduct
$ decision.reduct $ reduct1
[1]"X1"  "X10"
$ decision.reduct $ reduct2
[1]"X1"  "X3"
$ decision.reduct $ reduct3
[1]"X10"  "X2"
…
…
…
$ decision.reduct $ reduct47
[1]"X12"  "X4"  "X6"
$ decision.reduct $ reduct48
[1]"X5"  "X7"  "X8"
$ core
character(0)
$ discernibility.type
[1]"RST"
$ type.task
[1]"computation of all reducts"
$ type.model
[1]"RST"
…
```

由运行结果我们可以发现粗糙集属性约简产生了48个变量组合，在这48个变量组合中我们必须挑选一个，挑选的方式可以在“SF.applyDecTable”函数中设定产生新的属性约简决策表，假设要挑选第一个变量组合，可以设定“SF.apply DecTable”函数中的参数“control=list(indx.reduct=1)”，也就是“indx.reduct=1”。程序如下：

```
new.decTable<-SF.applyDecTable(decision.table,reduct,control=list(indx.reduct=
1))#indx.reduct是选取第几条规则缩减
```

运行结果如下：

```
>new.decTable
  X1 X10 Y
1  1  1  Y
2  2  4  N
3  5  3  N
4  1  4  N
5  3  3  Y
6  4  2  N
7  2  1  Y
8  1  5  N
9  5  1  Y
10  3  2  N
```

最后，由于前面共产生了 48 组属性约简，也就是共有 48 个变量组合，我们选用哪一个比较好呢？一个办法就是尝试采用这 48 组的决策表建立规则后，用这些规则运行样本内的分类预测。若有好的分类结果，则是一个较好的变量组合。运行程序如下：

```
res.2<-FS.greedy.heuristic.reduct.RST(new.decTable,qualityF=X.entropy,epsilon=
0.0)
rules<-RI.indiscernibilityBasedRules.RST(decision.table,res.2)#列出规则
pred.vals<-predict(rules,decision.table)#规则预测
```

其中“FS.greedy.heuristic.reduct.RST”函数采用“Greedy Method”计算决策缩减，“RI.indiscernibilityBasedRules.RST”函数建立决策规则，“predict”函数通过决策规则进行分类预测。运行结果如下：

```
>rules
A set consisting of  9  rules:
1.IF X1 is 1 and X2 is 1 THEN  is N;
```

```
                (supportSize = 1; laplace = 0.666666666666667)
2. IF X1 is 1 and X2 is 2THEN  is N;
                (supportSize = 2; laplace = 0.5)
3. IF X1 is 2 and X2 is 3THEN  is Y;
                (supportSize = 1; laplace = 0.666666666666667)
4. IF X1 is 2 and X2 is 4THEN  is N;
                (supportSize = 1; laplace = 0.666666666666667)
5. IF X1 is 3 and X2 is 2THEN  is N;
                (supportSize = 1; laplace = 0.666666666666667)
6. IF X1 is 3 and X2 is 5THEN  is Y;
                (supportSize = 1; laplace = 0.666666666666667)
7. IF X1 is 4 and X2 is 2THEN  is N;
                (supportSize = 1; laplace = 0.666666666666667)
8. IF X1 is 5 and X2 is 1THEN  is N;
                (supportSize = 1; laplace = 0.666666666666667)
9. IF X1 is 5 and X2 is 5THEN  is Y;
                (supportSize = 1; laplace = 0.666666666666667)
>pred.vals
  predictions
1          N
2          N
3          N
4          N
5          Y
6          N
7          Y
8          N
9          Y
10         N
```

将此分类预测结果与表 11.2.1 对照，发现 10 个因变量中有 1 个分类错误，因此变量组合“X1，X10”不是一个好的变量组合。笔者再尝试利用第 47 个变量组合“X12，X4，X6”进行分类预测，程序修正如下：

```
new. decTable<－SF. applyDecTable(decision. table, reduct, control = list(indx. reduct =
47))# indx. reduct 是选取第几条规则缩减
res. 2<－FS. greedy. heuristic. reduct. RST(new. decTable, qualityF = X. entropy, epsilon =
0. 0)
rules<－RI. indiscernibilityBasedRules. RST(decision. table, res. 2)#列出规则
pred. vals<－predict(rules, decision. table)#规则预测
```

运行结果如下：

```
>rules
A set consisting of  10  rules:
1. IF X1 is 1 and X2 is 1 and X3 is 2THEN  is N;
              (supportSize = 1; laplace = 0. 666666666666667)
2. IF X1 is 1 and X2 is 2 and X3 is 1THEN  is Y;
              (supportSize = 1; laplace = 0. 666666666666667)
3. IF X1is 1 and X2 is 2 and X3 is 3 THEN  is N;
              (supportSize = 1; laplace = 0. 666666666666667)
4. IF X1 is 2 and X2 is 3 and X3 is 3THEN  is Y;
              (supportSize = 1; laplace = 0. 666666666666667)
5. IF X1 is 2 and X2 is 4 and X3 is 5THEN  is N;
              (supportSize = 1; laplace = 0. 666666666666667)
6. IF X1 is 3 and X2 is 2 and X3 is 2THEN  is N;
              (supportSize = 1; laplace = 0. 666666666666667)
7. IF X1 is 3 and X2 is 5 and X3 is 5THEN  is Y;
              (supportSize = 1; laplace = 0. 666666666666667)
8. IF X1 is 4 and X2 is 2 and X3 is 1THEN  is N;
              (supportSize = 1; laplace = 0. 666666666666667)
9. IF X1 is 5 and X2 is 1 and X3 is 2THEN  is N;
              (supportSize = 1; laplace = 0. 666666666666667)
10. IFX1 is 5 and X2 is 5 and X3 is 4 THEN  is Y;
              (supportSize = 1; laplace = 0. 666666666666667)
```

```
>pred.vals<-predict(rules,decision.table)#规则预测
>pred.vals
predictions
1          Y
2          N
3          N
4          N
5          Y
6          N
7          Y
8          N
9          Y
10         N
```

将此分类预测结果与表 11.2.1 对照，发现分类全部正确，因此建议读者采用第 47 个变量组合。本节完整的程序如下：

```
#多约简规则(以缩减问卷项为例)
library(Rcpp)
library(RoughSets)
dt.ex1<-data.frame(
      c("1","2","5","1","3","4","2","1","5","3"),
      c("2","4","1","2","5","2","3","1","5","2"),
      c("1","5","2","3","5","1","3","2","4","2"),
      c("3","4","1","5","3","2","5","3","1","2"),
      c("2","4","1","1","3","2","4","3","5","2"),
      c("2","5","1","3","3","4","2","1","1","3"),
      c("1","3","5","1","4","1","2","5","2","3"),
      c("2","1","5","2","3","4","3","4","1","2"),
      c("3","5","5","3","1","2","3","4","3","2"),
      c("1","4","3","4","3","2","1","5","1","2"),
      c("2","3","5","4","3","3","1","3","5","3"),
      c("1","2","5","3","3","2","4","1","2","5"),
```

```
    c("Y","N","N","N","Y","N","Y","N","Y","N"))
colnames(dt.ex1)<-c("X1","X2","X3","X4","X5","X6","X7","X8","X9","X10","X11","X12","Y")
decision.table<-SF.asDecisionTable(dataset = dt.ex1, decision.attr = 13, indx.nominal = 13)#数字 13 为变量 X 和 Y 共 13 个
res.1<-BC.discernibility.mat.RST(decision.table, range.object = NULL)
reduct<-FS.all.reducts.computation(res.1)#所有规则缩减

new.decTable<-SF.applyDecTable(decision.table, reduct, control = list(indx.reduct = 47))#indx.reduct 是选取第几条规则缩减
res.2<-FS.greedy.heuristic.reduct.RST(new.decTable, qualityF = X.entropy, epsilon = 0.0)
rules<-RI.indiscernibilityBasedRules.RST(decision.table, res.2)#列出规则
pred.vals<-predict(rules, decision.table)#规则预测
```

11.3　粗糙集分类预测实例应用

本节利用粗糙集分类功能构建财务预警模型，所采用的样本数据包括国内 25 家企业，因变量（Y）包括 13 家危机企业（以 2 表示）和 12 家正常企业（以 1 表示），其中，自变量的财务指标（X）包括应收款项周转率（X1）、存货周转率（X2）、营收成长率（X3）、固定资产成长率（X4）、股东权益报酬率（X5）、资产报酬率（X6），数据如表 11.3.1 所示。

表 11.3.1　　国内 25 家企业数据

企业	X1	X2	X3	X4	X5	X6	Y
1	1.17	2.41	39.87	−45.64	1.69	1.21	2
2	0.91	3.12	15.41	2.84	0.13	−0.15	1
3	0.94	2.04	23.22	−14.99	−1.9	−1.14	1
4	1.14	2.08	1.85	−2.71	3.96	2.72	1

续表

企业	X1	X2	X3	X4	X5	X6	Y
5	1.29	1.57	−40.22	−5.06	10.12	−1.53	2
6	5.79	8.92	83.4	−11.57	49.52	−1.48	2
7	1.14	1.21	35.05	5.13	0.79	0.48	2
8	1.05	2.04	9.48	22.86	1.74	1.09	1
9	7.73	1.91	21.77	−12.55	3.13	−0.34	2
10	2	1.71	7.18	−6.36	1.8	0.92	1
11	0.94	0.21	−16.98	−26.35	−3.75	−0.23	2
12	2.59	15.37	−85.89	−85.64	−4.36	−0.43	2
13	2.03	0.36	−14.51	−6.79	−1.55	−0.85	1
14	1.98	2.19	−9.77	0.71	8.97	3.85	1
15	0.6	1.05	15.36	0.03	0.6	0.56	1
16	1.35	0.66	81.77	−82.54	5.08	2.05	2
17	0.78	0.05	−63.57	−53.69	−2.78	−0.03	2
18	7.1	0.09	57.37	−1.13	4.64	2.58	1
19	0.39	0.05	125.04	−3.19	−0.81	−0.26	1
20	0.53	0	−99.41	−0.22	−10.12	−1.85	2
21	0.39	0.09	−2.3	−37.98	−2.73	0.14	2
22	0.55	0.05	1 645.88	−1.53	−9.94	1.96	2
23	3.18	0.02	322.31	−29.02	−8.4	−0.38	2
24	1.76	0.75	5.46	−50.03	0.6	0.36	1
25	1.13	3.88	13.75	−5.48	4.91	2.35	1

本节以随机抽样的方式，从25组数据中随机选取80%作为训练数据，构建基于粗糙集的财务预警模型，其余数据作为测试数据，用来代入此财务预警模型，观察财务预警分类结果的准确率。

首先加载粗糙集包，运行程序如下：

```
library(Rcpp)
library(RoughSets)
```

然后将样本数据输入程序中：

```
fina.data<-data.frame(
c(1.17,0.91,0.94,1.14,1.29,5.79,1.14,1.05,7.73,2,0.94,2.59,2.03,1.98,0.6,1.35,
0.78,7.1,0.39,0.53,0.39,0.55,3.18,1.76,1.13),
c(2.41,3.12,2.04,2.08,1.57,8.92,1.21,2.04,1.91,1.71,0.21,15.37,0.36,2.19,1.05,
0.66,0.05,0.09,0.05,0,0.09,0.05,0.02,0.75,3.88),
```

```
c(39.87,15.41,23.22,1.85,-40.22,83.4,35.05,9.48,21.77,7.18,-16.98,-85.89,-
14.51,-9.77,15.36,81.77,-63.57,57.37,125.04,-99.41,-2.3,1645.88,322.31,
5.46,13.75),
c(-45.64,2.84,-14.99,-2.71,-5.06,-11.57,5.13,22.86,-12.55,-6.36,-26.35,
-85.64,-6.79,0.71,0.03,-82.54,-53.69,-1.13,-3.19,-0.22,-37.98,-1.53,-
29.02,-50.03,-5.48),
c(1.69,0.13,-1.9,3.96,10.12,49.52,0.79,1.74,3.13,1.8,-3.75,-4.36,-1.55,
8.97,0.6,5.08,-2.78,4.64,-0.81,-10.12,-2.73,-9.94,-8.4,0.6,4.91),
c(1.21,-0.15,-1.14,2.72,-1.53,-1.48,0.48,1.09,-0.34,0.92,-0.23,-0.43,-
0.85,3.85,0.56,2.05,-0.03,2.58,-0.26,-1.85,0.14,1.96,-0.38,0.36,2.35),
c(2,1,1,1,2,2,2,1,2,1,2,2,1,1,1,2,2,1,1,2,2,2,2,1,1))
colnames(fina.data)<-c("X1","X2","X3","X4","X5","X6","Y")
```

运行结果如下：

```
>fina.data
  X1    X2    X3      X4      X5     X6     Y
1 1.17  2.41  39.87   -45.64  1.69   1.21   2
2 0.91  3.12  15.41   2.84    0.13   -0.15  1
3 0.94  2.04  23.22   -14.99  -1.90  -1.14  1
4 1.14  2.08  1.85    -2.71   3.96   2.72   1
5 1.29  1.57  -40.22  -5.06   10.12  -1.53  2
6 5.79  8.92  83.40   -11.57  49.52  -1.48  2
7 1.14  1.21  35.05   5.13    0.79   0.48   2
8 1.05  2.04  9.48    22.86   1.74   1.09   1
…
…
…
```

将样本数据随机化，并将样本数据分为训练数据（占 80%）和测试数据（占 20%）：

```
fina.data<-fina.data[sample(nrow(fina.data)),]
##80% 作为训练数据,20% 作为测试数据:
idx<-round(0.8 * nrow(fina.data))
fina.tra<-SF.asDecisionTable(fina.data[1:idx,],
```

```
decision.attr = 7,
indx.nominal = 7)
fina.tst <- SF.asDecisionTable (fina.data [( idx + 1 ): nrow ( fina.data ), - ncol
(fina.data)])
true.classes<-fina.data[(idx+1):nrow(fina.data),ncol(fina.data)]
```

运行结果如下：

```
>fina.tra
      X1     X2     X3       X4       X5      X6     Y
23    3.18   0.02   322.31   -29.02   -8.40   -0.38  2
4     1.14   2.08   1.85     -2.71    3.96    2.72   1
16    1.35   0.66   81.77    -82.54   5.08    2.05   2
10    2.00   1.71   7.18     -6.36    1.80    0.92   1
5     1.29   1.57   -40.22   -5.06    10.12   -1.53  2
11    0.94   0.21   -16.98   -26.35   -3.75   -0.23  2
17    0.78   0.05   -63.57   -53.69   -2.78   -0.03  2
18    7.10   0.09   57.37    -1.13    4.64    2.58   1
19    0.39   0.05   125.04   -3.19    -0.81   -0.26  1
24    1.76   0.75   5.46     -50.03   0.60    0.36   1
…
…
…
>fina.tst
      X1     X2     X3       X4       X5      X6
13    2.03   0.36   -14.51   -6.79    -1.55   -0.85
21    0.39   0.09   -2.30    -37.98   -2.73   0.14
1     1.17   2.41   39.87    -45.64   1.69    1.21
14    1.98   2.19   -9.77    0.71     8.97    3.85
12    2.59   15.37  -85.89   -85.64   -4.36   -0.43
```

由于样本数据是连续型数据，而粗糙集必须使用离散型数据，因此必须将训练数据和测试数据离散化。运行程序如下：

```
#离散化
cut.values<-D.discretization.RST(fina.tra,
type.method="unsupervised.quantiles",
nOfIntervals=3)
data.tra<-SF.applyDecTable(fina.tra,cut.values)
data.tst<-SF.applyDecTable(fina.tst,cut.values)
```

运行结果如下：

```
>data.tra
     X1          X2          X3          X4            X5              X6            Y
1  (1.33,Inf]  [-Inf,0.36] (31.1,Inf]  [-Inf,-12.2][-Inf,-0.497][-Inf,-0.25]   2
2  (0.94,1.33] (1.84,Inf]  [-Inf,7.95] (-12.2,-1.92]  (2.69,Inf]   (0.8,Inf]     1
3  (1.33,Inf]  (0.36,1.84] (31.1,Inf]  [-Inf,-12.2]   (2.69,Inf]   (0.8,Inf]     2
4  (1.33,Inf]  (0.36,1.84] [-Inf,7.95] (-12.2,-1.92] (-0.497,2.69] (0.8,Inf]     1
5  (0.94,1.33] (0.36,1.84] [-Inf,7.95] (-12.2,-1.92]  (2.69,Inf]   [-Inf,-0.25]  2
6  [-Inf,0.94] [-Inf,0.36] [-Inf,7.95] [-Inf,-12.2]  [-Inf,-0.497](-0.25,0.8]   2
7  [-Inf,0.94] [-Inf,0.36] [-Inf,7.95] [-Inf,-12.2]  [-Inf,-0.497]  (-0.25,0.8]  2
8  (1.33,Inf]  [-Inf,0.36] (31.1,Inf]  (-1.92,Inf]    (2.69,Inf]    (0.8,Inf]    1
9  [-Inf,0.94] [-Inf,0.36] (31.1,Inf]  (-12.2,-1.92] [-Inf,-0.497][-Inf,-0.25]  1
10  (1.33,Inf] (0.36,1.84] [-Inf,7.95] [-Inf,-12.2]  (-0.497,2.69]  (-0.25,0.8]  1
…
…
…
>data.tst
    X1          X2          X3           X4           X5            X6
1(1.33,Inf]   (0.36,1.84] [-Inf,7.95](-12.2,-1.92][-Inf,-0.497][-Inf,-0.25]
2 [-Inf,0.94][-Inf,0.36][-Inf,7.95][-Inf,-12.2] [-Inf,-0.497](-0.25,0.8]
3(0.94,1.33]  (1.84,Inf]  (31.1,Inf]  [-Inf,-12.2] (-0.497,2.69] (0.8,Inf]
4(1.33,Inf]   (1.84,Inf]  [-Inf,7.95](-1.92,Inf]   (2.69,Inf]     (0.8,Inf]
5(1.33,Inf]   (1.84,Inf]  [-Inf,7.95][-Inf,-12.2] [-Inf,-0.497][-Inf,-0.25]
```

通过训练数据产生分类规则。运行程序如下：

```
#通过训练数据产生分类规则
rules<-RI.LEM2Rules.RST(data.tra)
```

运行结果如下：

```
>rules
A set consistingof  11  rules:
1. IF X1 is [-Inf,0.94]and X3 is [-Inf,7.95]THEN  is 2;
            (supportSize=3; laplace=0.8)
2. IF X3 is(31.1,Inf]and X4 is [-Inf,-12.2]THEN  is 2;
            (supportSize=2; laplace=0.75)
3. IF X3 is(31.1,Inf]and X5 is(-0.497,2.69]THEN  is 2;
            (supportSize=1; laplace=0.666666666666667)
4. IF X6 is [-Inf,-0.25]and X5 is(2.69,Inf]THEN  is 2;
            (supportSize=3; laplace=0.8)
5. IF X5 is [-Inf,-0.497]and X6 is(0.8,Inf]THEN  is 2;
            (supportSize=1; laplace=0.666666666666667)
6. IF X2 is(1.84,Inf]and X5 is(-0.497,2.69]THEN  is 1;
            (supportSize=2; laplace=0.75)
7. IF X6 is(0.8,Inf]and X4 is(-12.2,-1.92]THEN  is 1;
 (supportSize=3; laplace=0.8)
8. IF X1 is [-Inf,0.94]and X3 is(7.95,31.1]THEN  is 1;
            (supportSize=3; laplace=0.8)
9. IF X5 is [-Inf,-0.497]and X4 is(-12.2,-1.92]THEN  is 1;
            (supportSize=1; laplace=0.666666666666667)
10. IF X1 is(1.33,Inf]and X5 is(-0.497,2.69]THEN  is 1;
            (supportSize=2; laplace=0.75)
… and 1 other rule.
```

将测试数据代入规则进行预测，再计算准确率。运行程序如下：

```
pred.vals<-predict(rules,data.tst)
mean(pred.vals == true.classes)
```

运行结果如下：

```
>pred.vals
    predictions
    1          1
    2          2
    3          2
    4          1
    5          1
>true.classes
    [1]1 2 2 1 2
    >mean(pred.vals == true.classes)
    [1]0.8
```

由以上分析结果我们可以发现，5 组测试数据中有 4 组分类正确，可得粗糙集模型分类的准确率为 80%，因此粗糙集规则具有不错的分类能力。读者可以采用其他分类预测方法（如逻辑斯蒂回归，人工神经网络）综合比较模型的预测能力，并且根据自己的数据修改程序中的样本数据。完整的 R 程序如下：

```
#实例:分类预测
library(Rcpp)
library(RoughSets)
fina.data<-data.frame(
c(1.17,0.91,0.94,1.14,1.29,5.79,1.14,1.05,7.73,2,0.94,2.59,2.03,1.98,0.6,1.35,
0.78,7.1,0.39,0.53,0.39,0.55,3.18,1.76,1.13),
c(2.41,3.12,2.04,2.08,1.57,8.92,1.21,2.04,1.91,1.71,0.21,15.37,0.36,2.19,1.05,
0.66,0.05,0.09,0.05,0,0.09,0.05,0.02,0.75,3.88),
c(39.87,15.41,23.22,1.85,-40.22,83.4,35.05,9.48,21.77,7.18,-16.98,-85.89,-
14.51,-
9.77,15.36,81.77,-63.57,57.37,125.04,-99.41,-2.3,1645.88,322.31,5.46,13.75),
c(-45.64,2.84,-14.99,-2.71,-5.06,-11.57,5.13,22.86,-12.55,-6.36,-26.35,
-85.64,-6.79,0.71,0.03,-82.54,-53.69,-1.13,-3.19,-0.22,-37.98,-1.53,-
29.02,-50.03,-5.48),
c(1.69,0.13,-1.9,3.96,10.12,49.52,0.79,1.74,3.13,1.8,-3.75,-4.36,-1.55,
8.97,0.6,5.08,-2.78,4.64,-0.81,-10.12,-2.73,-9.94,-8.4,0.6,4.91),
```

```
c(1.21, -0.15, -1.14,2.72, -1.53, -1.48,0.48,1.09, -0.34,0.92, -0.23, -0.43, -
0.85,3.85,0.56,2.05, -0.03,2.58, -0.26, -1.85,0.14,1.96, -0.38,0.36,2.35),
c(2,1,1,1,2,2,2,1,2,1,2,2,1,1,1,2,2,1,1,2,2,2,2,1,1))
colnames(fina.data)<-c("X1","X2","X3","X4","X5","X6","Y")
fina.data<-fina.data[sample(nrow(fina.data)),]
#将数据分为训练数据和测试数据
#80% 作为训练数据,20% 作为测试数据
idx<-round(0.8 * nrow(fina.data))
fina.tra<-SF.asDecisionTable(fina.data[1:idx,],
decision.attr=7,
indx.nominal=7)
fina.tst <- SF.asDecisionTable (fina.data [(idx + 1): nrow (fina.data), - ncol
(fina.data)])
true.classes<-fina.data[(idx+1):nrow(fina.data),ncol(fina.data)]
#离散化
cut.values<-D.discretization.RST(fina.tra,
type.method="unsupervised.quantiles",
nOfIntervals=3)
data.tra<-SF.applyDecTable(fina.tra,cut.values)
data.tst<-SF.applyDecTable(fina.tst,cut.values)
#通过训练数据产生分类规则
rules<-RI.LEM2Rules.RST(data.tra)
#预测测试数据
pred.vals<-predict(rules,data.tst)
#检验预测的准确率
mean(pred.vals == true.classes)
```

第 12 章

聚 类

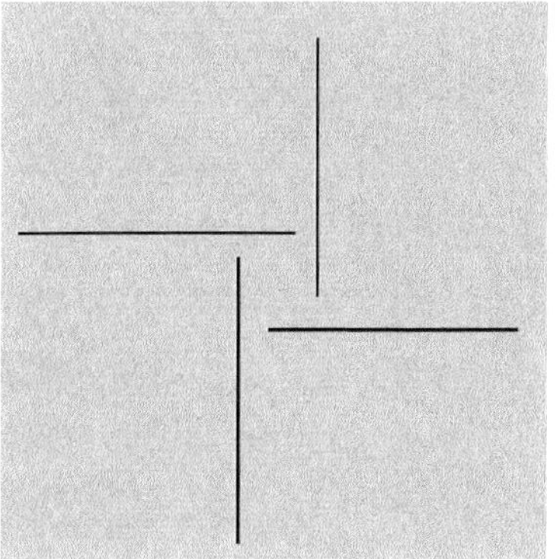

本章要点

- 聚类简介与层次聚类
- K 均值聚类
- 模糊聚类
- 聚类指标

12.1　聚类简介与层次聚类

聚类（cluster）分析又称集群分析，它是研究变量分类问题的一种统计分析方法，同时也是数据挖掘的一个重要算法。聚类分析由若干模式或特征组成，通常，模式是一个度量的向量，或者是多维空间中的一个点。聚类分析以相似性为基础，在一个聚类中的模式之间比不在同一个聚类中的模式之间具有更多的相似性。

在商业上，聚类可以帮助市场调查人员从消费者数据库中区分出不同的消费群体，并且分析出每一类消费者的消费模式或消费习惯。作为数据挖掘中的一个模块，它可以单独发现数据库中分布的一些深层的信息，并且分析出每一类的特点，或者把注意力放在某个特定的类别上再做进一步的分析。此外，聚类分析也可以作为数据挖掘算法中其他分析算法的一个预处理步骤，当分类完成后可以将数据用于分类预测。

聚类方法有很多种，本章介绍的聚类方法包括层次聚类（hierarchical cluster）、K 均值聚类（K-mean cluster）和模糊 C 均值聚类（fuzzy C-mean cluster，简称模糊聚类）。本节介绍的层次聚类通过连续不断地将最为相似的群组两两合并构造出一个群组的层级结构，其中每个群组都是从单一元素开始的。在每次迭代的过程中，层次聚类算法会计算每两个群组间的距离，并将距离最近的两个群组合并成一个新的群组。这一过程会一直重复下去，直至只剩一个群组为止。在R语言中，可以采用“hclust”包运行层次聚类。层次聚类函数格式大致如下：

```
hclust(d,
method = "complete",
members = NULL
)
```

其中参数包括：

d：由 dist 产生的不同结构；

method：定义不同的聚类方法（如“ward. d”“ward. d2”“single”“complete”等）；

members：定义空值或长度大小为 d 的向量。

本节以R语言内置数据集“iris”鸢尾花为例。在该数据集中，X1 为“Sepal. Length”、X2 为“Sepal. Width”、X3 为“Petal. Length”、X4 为“Petal. Width”，而 Y 为“Species”。由于聚类分析不需要因变量（Y），因此本节在进行聚类分析时将数据集中的“Species”变量剔除。取出 20 组数据作为训练数据建立层次聚类模型，并将数据放入表 12. 1. 1 中供读者参考。

表 12. 1. 1　　R 语言内置数据集“iris”中的 20 组训练数据

Y	ver	ver	ver	ver	ver	ver	ver	ver	ver	ver
X1	5. 5	6. 1	5. 8	5	5. 6	5. 7	5. 7	6. 2	5. 1	5. 7
X2	2. 6	3	2. 6	2. 3	2. 7	3	2. 9	2. 9	2. 5	2. 8
X3	1. 5	1. 6	1. 7	1. 5	1. 7	1. 6	1. 8	1. 3	1. 1	1. 3
X4	5. 7	4. 9	6. 7	4. 9	5. 7	6	4. 8	4. 9	5. 6	5. 8
Y	vir	vir	vir	vir	vir	vir	vir	vir	vir	vir
X1	6. 3	5. 8	7. 1	6. 3	6. 5	7. 6	4. 9	7. 3	6. 7	7. 2
X2	3. 3	2. 7	3	2. 9	3	3	2. 5	2. 9	2. 5	3. 6
X3	2. 5	1. 9	2. 1	1. 8	2. 2	2. 1	1. 7	1. 8	1. 8	2. 5
X4	6. 1	6. 4	5. 6	5. 1	5. 6	6. 1	5. 6	5. 5	4. 8	5. 4

注：表中“ver”代表“versicolor”、“vir”代表“virginica”。

由于层次聚类R包在R软件中就有，不需要额外下载，因此直接运行如下程序。

整理训练数据：

```
X1 = c(5.5,6.1,5.8,5,5.6,5.7,5.7,6.2,5.1,5.7,6.3,5.8,7.1,6.3,6.5,7.6,4.9,7.3,
6.7,7.2)
X2 = c(2.6,3,2.6,2.3,2.7,3,2.9,2.9,2.5,2.8,3.3,2.7,3,2.9,3,3,2.5,2.9,2.5,3.6)
```

```
X3 = c(1.5,1.6,1.7,1.5,1.7,1.6,1.8,1.3,1.1,1.3,2.5,1.9,2.1,1.8,2.2,2.1,1.7,1.8,
1.8,2.5)
X4 = c(5.7,4.9,6.7,4.9,5.7,6,4.8,4.9,5.6,5.8,6.1,6.4,5.6,5.1,5.6,6.1,5.6,5.5,
4.8,5.4)
Y = c("versicolor","versicolor","versicolor","versicolor","versicolor","versico-
lor","versicolor","versicolor","versicolor","versicolor","virginica","virginica",
"virginica","virginica","virginica","virginica","virginica","virginica","virgini-
ca","virginica")
traindata = data.frame(X1,X2,X3,X4,Y)
```

运行结果如下：

```
>traindata
   X1  X2  X3  X4      Y
1  5.5 2.6 1.5 5.7  versicolor
2  6.1 3.0 1.6 4.9  versicolor
3  5.8 2.6 1.7 6.7  versicolor
4  5.0 2.3 1.5 4.9  versicolor
5  5.6 2.7 1.7 5.7  versicolor
…
```

代入 hclust 层次聚类模型，并且将 Y 变量剔除：

```
hc<-hclust(dist(traindata[-5]),method = "single")
```

运行结果如下：

```
>hc
Call:
hclust(d = dist(traindata[-5]),method = "single")
Cluster method :single
Distance       :euclidean
Number of objects:20
```

绘制层次聚类结果树形图，将聚类结果区分为两类（k=2）：

```
plot(hc,labels = Y)
rect.hclust(hc,k = 2)
```

运行结果如图 12.1.1 所示。

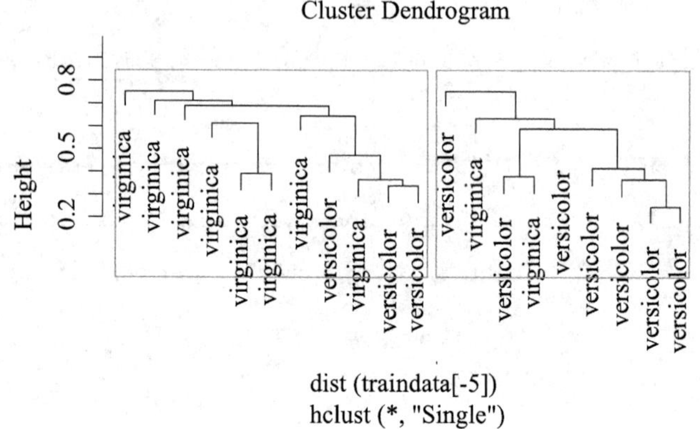

图 12.1.1　层次聚类分析结果树形图

由图 12.1.1 我们可以发现，聚类结果大致分为两类：一类是右侧的“versicolor”，另一类是左侧的“virginica”。而左侧有 3 组数据分类错误，也就是“versicolor”分类至“virginica”，右侧也有 2 组数据分类错误，也就是“virginica”分类至“versicolor”，层次聚类结果准确率较高。

本节完整的程序如下：

```
X1 = c(5.5,6.1,5.8,5,5.6,5.7,5.7,6.2,5.1,5.7,6.3,5.8,7.1,6.3,6.5,7.6,4.9,7.3,
6.7,7.2)
X2 = c(2.6,3,2.6,2.3,2.7,3,2.9,2.9,2.5,2.8,3.3,2.7,3,2.9,3,3,2.5,2.9,2.5,3.6)
X3 = c(1.5,1.6,1.7,1.5,1.7,1.6,1.8,1.3,1.1,1.3,2.5,1.9,2.1,1.8,2.2,2.1,1.7,1.8,
1.8,2.5)
X4 = c(5.7,4.9,6.7,4.9,5.7,6,4.8,4.9,5.6,5.8,6.1,6.4,5.6,5.1,5.6,6.1,5.6,5.5,
4.8,5.4)
Y = c("versicolor","versicolor","versicolor","versicolor","versicolor","versico-
lor","versicolor","versicolor","versicolor","versicolor","virginica","virginica",
"virginica","virginica","virginica","virginica","virginica","virginica","virgini-
ca","virginica")
traindata = data.frame(X1,X2,X3,X4,Y)
hc<-hclust(dist(traindata[-5]),method = "single")
```

```
plot(hc,labels = Y)
rect.hclust(hc,k = 2)
```

读者可将自己的数据输入程序，试运行层次聚类分析。

12.2　K 均值聚类

K 均值聚类算法是最经典的基于划分的聚类方法，它的基本思想是以空间中 K 个点为中心进行聚类，对最靠近它们的对象归类，通过迭代法，逐次更新各聚类中心，直至得到最好的聚类结果。

假设要把样本集分为 K 个类别，算法描述如下：

（1）适当选择 K 个类别的初始中心，最初一般随机选取。

（2）在每次迭代中，对任意一个样本，分别求其到 K 个中心的欧式距离，将该样本归到距离最短的中心所在的类别。

（3）利用均值方法更新该 K 个类别的中心。

（4）对于所有的 K 个聚类中心，重复步骤（2）和（3），若类别的中心的移动距离满足一定的条件，则迭代结束，完成分类。

K 均值聚类算法的原理简单，效果也依赖于 K 值和类别中初始点的选择。K 均值聚类把每个样本划分到单一的类别中，即每个样本只能属于一个类别，不能属于多个类别。这样的划分，称为硬划分。

在 R 语言中，可以采用“kmeans”包运行 K 均值聚类算法，kmeans 函数的格式大致如下：

```
kmeans(x,
       centers,
       iter.max = 10,
       algorithm = c("Hartigan - Wong","Lloyd","Forgy","MacQueen"),
       )
```

其中，常用参数包括：

x：数值型矩阵数据；

centers：聚类中心数 k；

iter. max：允许最大迭代数；

algorithm：算法类型。

本节以 R 语言内置数据集 "iris" 鸢尾花为例。在该数据集中，X1 为 "Sepal. Length"、X2 为 "Sepal. Width"、X3 为 "Petal. Length"、X4 为 "Petal. Width"，而 Y 为 "Species"。取出 20 组数据作为训练数据建立 K 均值聚类模型，并将数据放入表 12.2.1 供读者参考。

表 12.2.1　R 语言内置数据集 "iris" 中的 20 组训练数据

Y	ver	ver	ver	ver	ver	ver	ver	ver	ver	ver
X1	5.5	6.1	5.8	5	5.6	5.7	5.7	6.2	5.1	5.7
X2	2.6	3	2.6	2.3	2.7	3	2.9	2.9	2.5	2.8
X3	1.5	1.6	1.7	1.5	1.7	1.6	1.8	1.3	1.1	1.3
X4	5.7	4.9	6.7	4.9	5.7	6	4.8	4.9	5.6	5.8
Y	vir	vir	vir	vir	vir	vir	vir	vir	vir	vir
X1	6.3	5.8	7.1	6.3	6.5	7.6	4.9	7.3	6.7	7.2
X2	3.3	2.7	3	2.9	3	3	2.5	2.9	2.5	3.6
X3	2.5	1.9	2.1	1.8	2.2	2.1	1.7	1.8	1.8	2.5
X4	6.1	6.4	5.6	5.1	5.6	6.1	5.6	5.5	4.8	5.4

注：表中 "ver" 代表 "versicolor"、"vir" 代表" virginica"。

由于 K 均值聚类 R 包 "kmeans" 在 R 软件中就有，不需要额外下载，因此直接运行如下程序。

整理训练数据：

```
X1 = c(5.5,6.1,5.8,5,5.6,5.7,5.7,6.2,5.1,5.7,6.3,5.8,7.1,6.3,6.5,7.6,4.9,7.3,
6.7,7.2)
X2 = c(2.6,3,2.6,2.3,2.7,3,2.9,2.9,2.5,2.8,3.3,2.7,3,2.9,3,3,2.5,2.9,2.5,3.6)
X3 = c(1.5,1.6,1.7,1.5,1.7,1.6,1.8,1.3,1.1,1.3,2.5,1.9,2.1,1.8,2.2,2.1,1.7,1.8,
1.8,2.5)
X4 = c(5.7,4.9,6.7,4.9,5.7,6,4.8,4.9,5.6,5.8,6.1,6.4,5.6,5.1,5.6,6.1,5.6,5.5,
4.8,5.4)
Y = c("versicolor","versicolor","versicolor","versicolor","versicolor","versico-
lor","versicolor","versicolor","versicolor","versicolor","virginica","virginica",
```

```
"virginica","virginica","virginica","virginica","virginica","virginica","virgini-
ca","virginica")
traindata = data.frame(X1,X2,X3,X4)
```

运行结果如下：

```
>traindata
    X1   X2   X3   X4
1  5.5  2.6  1.5  5.7
2  6.1  3.0  1.6  4.9
3  5.8  2.6  1.7  6.7
…
```

由于“kmeans”软件包要求样本数据必须以矩阵方式储存，因此运行如下程序：

```
traindata<-rbind(X1,X2,X3,X4)
traindata<-t(traindata)
colnames(traindata)<-c("x1","x2","x3","x4")
```

运行结果如下：

```
>traindata
      x1   x2   x3   x4
[1,]5.5  2.6  1.5  5.7
[2,]6.1  3.0  1.6  4.9
[3,]5.8  2.6  1.7  6.7
…
```

将这 20 组数据代入“kmeans”函数内，运行 2 个聚类中心：

```
(result<-kmeans(traindata,2))
```

运行结果如下：

```
K-meansclustering with 2 clusters of sizes 10,10
Cluster means:
    x1    x2    x3    x4
1  6.73  3.01  1.97  5.40
2  5.48  2.66  1.58  5.72
```

```
Clustering vector:
[1]2  1  2  2  2  2  2  1  2  2  1  2  1  1  1  1  2  1  1  1
Within cluster sum of squares by cluster:
[1]6.611   5.032
(between_SS/total_SS = 45.4 % )
Available components:
[1]"cluster"     "centers"     "totss"     "withinss"     "tot.withinss"
[6]"betweenss"  "size"        "iter"      "ifault"
```

其中，2 个聚类中心坐标分别为（6.73，3.01，1.97，5.40）和（5.48，2.66，1.58，5.72）；从聚类向量可以看出第一组数据为第 2 类、第二组数据为第 1 类、第三组数据为第 2 类，依此类推；后面还包括了可用的工具（Available components），可供我们绘图使用。

紧接着看一下聚类结果：

```
table(Y,result $ cluster)
```

运行结果如下：

```
Y            1  2
versicolor  0   10
virginica   8   2
```

从上面的结果我们可以看出，第 1 类有 8 组样本数据，第 2 类有 12 组样本数据，若对照因变量 Y，可知有 2 组样本数据聚类错误。由于聚类分析是非监督式学习算法，该算法只进行聚类而不是分类预测，因此我们不能判断其分类的准确性。

最后绘制聚类图形：

```
plot(traindata,col = result $ cluster,pch = 0:1)
points(result $ centers,col = 1:2,pch = 3:4,cex = 2)
```

运行结果如图 12.2.1 所示，从图中我们可以看出，聚类中心以“+”和“×”表示，不同的类别以不同的颜色（具体颜色区分见软件操作结果）及形状表示。若观察聚类结果的分类准确性，相较于层次聚类，K 均值聚类结果的分类准确性较差。

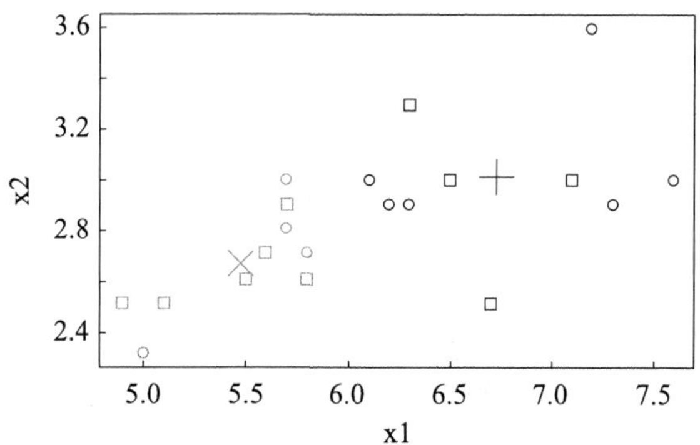

图 12.2.1　K 均值聚类分析结果图形

本节完整的程序如下：

```
X1 = c(5.5,6.1,5.8,5,5.6,5.7,5.7,6.2,5.1,5.7,6.3,5.8,7.1,6.3,6.5,7.6,4.9,7.3,
6.7,7.2)
X2 = c(2.6,3,2.6,2.3,2.7,3,2.9,2.9,2.5,2.8,3.3,2.7,3,2.9,3,3,2.5,2.9,2.5,3.6)
X3 = c(1.5,1.6,1.7,1.5,1.7,1.6,1.8,1.3,1.1,1.3,2.5,1.9,2.1,1.8,2.2,2.1,1.7,1.8,
1.8,2.5)
X4 = c(5.7,4.9,6.7,4.9,5.7,6,4.8,4.9,5.6,5.8,6.1,6.4,5.6,5.1,5.6,6.1,5.6,5.5,
4.8,5.4)
Y = c("versicolor","versicolor","versicolor","versicolor","versicolor","versico-
lor","versicolor","versicolor","versicolor","versicolor","virginica","virginica","
virginica","virginica","virginica","virginica","virginica","virginica","virgini-
ca","virginica")
traindata = data.frame(X1,X2,X3,X4)
traindata<-rbind(X1,X2,X3,X4)
traindata<-t(traindata)
colnames(traindata)<-c("x1","x2","x3","x4")
(result<-kmeans(traindata,2))
table(Y,result$cluster)
plot(traindata,col = result$cluster,pch = 0:1)
points(result$centers,col = 1:2,pch = 3:4,cex = 2)
```

读者可将自己的数据输入程序，尝试运行 K 均值聚类分析。

12.3 模糊聚类

事实上，聚类方法有两种不同的形式：一种称为硬聚类（包括层次聚类和K均值聚类）；另一种称为软聚类（包括模糊聚类和GK聚类）。模糊聚类又称为模糊C均值聚类，为了解决硬划分所带来的问题而有了称为软聚类的聚类算法。在这一类算法中，每个样本不再只属于一种类别，而是对于每个样本，都有对应的隶属度数组，数组里的每一个元素代表该样本属于某个类别的程度。而该样本的隶属度数组中数值总和等于1。

模糊聚类分析的步骤包括：

（1）初始化数据集；

（2）初始化隶属度数组；

（3）根据隶属度数组更新聚类中心；

（4）根据聚类中心更新隶属度数组；

（5）是否达到结束条件？如果没有达到，则重复步骤(2)～(4)。

在R语言中，可以采用“e1071”包运行模糊聚类算法，cmeans函数格式大致如下：

```
cmeans (x,
        centers,
        iter.max = 100,
        verbose = FALSE,
        dist = "euclidean",
        method = "cmeans",
        m = 2,
        rate.par = NULL,
        weights = 1,
        control = list()
        )
```

其中，常用参数包括：

x：数值型矩阵数据。

centers：聚类中心数 k。

iter. max：允许的最大迭代数。

verbose：在学习过程中进行一些输出。

dist：如果是“euclidean”，则代表计算最小二乘误差；如果是“manhattan”，则代表计算平均绝对误差。

本节以 R 语言内置数据集“iris”鸢尾花为例。在该数据集中，X1 为“Sepal. Length”、X2 为“Sepal. Width”、X3 为“Petal. Length”、X4 为“Petal. Width”，而 Y 为“Species”。取出 20 组数据作为训练数据建立模糊聚类模型，并将数据放入表 12.3.1 供读者参考。

表 12.3.1　　R 语言内置数据集“iris”中的 20 组训练数据

Y	ver	ver	ver	ver	ver	ver	ver	ver	ver	ver
X1	5.5	6.1	5.8	5	5.6	5.7	5.7	6.2	5.1	5.7
X2	2.6	3	2.6	2.3	2.7	3	2.9	2.9	2.5	2.8
X3	1.5	1.6	1.7	1.5	1.7	1.6	1.8	1.3	1.1	1.3
X4	5.7	4.9	6.7	4.9	5.7	6	4.8	4.9	5.6	5.8
Y	vir	vir	vir	vir	vir	vir	vir	vir	vir	vir
X1	6.3	5.8	7.1	6.3	6.5	7.6	4.9	7.3	6.7	7.2
X2	3.3	2.7	3	2.9	3	3	2.5	2.9	2.5	3.6
X3	2.5	1.9	2.1	1.8	2.2	2.1	1.7	1.8	1.8	2.5
X4	6.1	6.4	5.6	5.1	5.6	6.1	5.6	5.5	4.8	5.4

注：表中“ver”代表“versicolor”、“vir”代表“virginica”。

由于模糊聚类 R 包“e1071”在 R 软件中没有存放，因此需要额外下载，程序如下：

```
install.packages("e1071")
library(e1071)
```

运行结果如下：

```
Installing package into ‘C:/Users/Pan/Documents/R/win-library/3.6’
(as ‘lib’ is unspecified)
...
```

整理训练数据：

```
X1 = c(5.5,6.1,5.8,5,5.6,5.7,5.7,6.2,5.1,5.7,6.3,5.8,7.1,6.3,6.5,7.6,4.9,7.3,
6.7,7.2)
X2 = c(2.6,3,2.6,2.3,2.7,3,2.9,2.9,2.5,2.8,3.3,2.7,3,2.9,3,3,2.5,2.9,2.5,3.6)
X3 = c(1.5,1.6,1.7,1.5,1.7,1.6,1.8,1.3,1.1,1.3,2.5,1.9,2.1,1.8,2.2,2.1,1.7,1.8,
1.8,2.5)
X4 = c(5.7,4.9,6.7,4.9,5.7,6,4.8,4.9,5.6,5.8,6.1,6.4,5.6,5.1,5.6,6.1,5.6,5.5,
4.8,5.4)
Y = c("versicolor","versicolor","versicolor","versicolor","versicolor","versico-
lor","versicolor","versicolor","versicolor","versicolor","virginica","virginica",
"virginica","virginica","virginica","virginica","virginica","virginica","virgini-
ca","virginica")
traindata = data.frame(X1,X2,X3,X4)
```

运行结果如下：

```
>traindata
   X1  X2  X3  X4
1  5.5 2.6 1.5 5.7
2  6.1 3.0 1.6 4.9
3  5.8 2.6 1.7 6.7
…
```

由于“e1071”软件包要求样本数据必须以矩阵方式储存，因此运行如下程序：

```
traindata<-rbind(X1,X2,X3,X4)
traindata<-t(traindata)
colnames(traindata)<-c("x1","x2","x3","x4")
```

运行结果如下：

```
>traindata
     x1  x2  x3  x4
[1,]5.5 2.6 1.5 5.7
[2,]6.1 3.0 1.6 4.9
[3,]5.8 2.6 1.7 6.7
…
```

将这 20 组数据输入“cmeans”函数内，运行 2 个聚类中心：

```
result <- cmeans(traindata, m = 2, centers = 2, iter.max = 500, verbose = TRUE, method = "
cmeans")
```

运行结果如下：

```
Iteration:1,Error:0.5218868899
Iteration:2,Error:0.4835922210
Iteration:3,Error:0.4535786621
…
```

输出聚类分析结果：

```
print(result)
```

运行结果如下：

```
Fuzzy c-means clustering with 2 clusters
Cluster centers:
        X1          X2          X3          X4
1   5.557516    2.690955    1.565494    5.625878
2   6.827087    3.015590    2.047334    5.531591
Memberships:
          1              2
[1,]0.99064264    0.009357363
[2,]0.55133119    0.448668815
[3,]0.68653999    0.313460006
…
[20,]0.13643696    0.863563040
Closest hard clustering:
[1]1  1  1  1  1  1  1  1  1  1  2  1  2  2  2  2  1  2  2  2
Available components:
[1]"centers"  "size"  "cluster"  "membership"  "iter"
[6]"withinerror"  "call"
```

其中，2 个聚类中心坐标分别为（5.557 516，2.690 955，1.565 494，5.625 878）和（6.827 087，3.015 590，2.047 334，5.531 591）；从“Memberships”（隶属度）数值可以看出 20 组数据在两个类别中各占多少。例如：第一

组数据在第一个类别中占 0.990 642 64，在第二个类别中只占 0.009 357 363，因此，第一组数据应该属于第一个类别；在 “Closest hard clustering” 中可以看出每一组数据应该属于哪个类别；后面还包括了 “Available components”（可用的工具），可供我们选取分析结果数据和绘图使用。

紧接着我们看一下聚类结果：

```
table(Y,result $ cluster)
```

运行结果如下：

```
   Y        1  2
versicolor  10  0
virginica    2  8
```

从上面的结果我们可以看出，第一类有 12 组样本数据，第二类有 8 组样本数据，对照因变量 Y 可知，有 2 组样本数据聚类错误。由于聚类分析是非监督式学习算法，该算法只进行聚类而不是分类预测，因此我们不能判断其分类的准确性。

最后绘制聚类图形：

```
plot(traindata,col = result $ cluster,pch = 0:1)
points(result $ centers,col = 1:2,pch = 3:4,cex = 2)
```

运行结果如图 12.3.1 所示，从图中我们可以看出，聚类中心以 “+” 和 “×” 表示，不同的类别以不同的颜色（具体颜色区分见软件操作结果）及形状表示。若观察聚类结果的分类准确性，相较于层次聚类，模糊聚类结果的分类准确性较差。

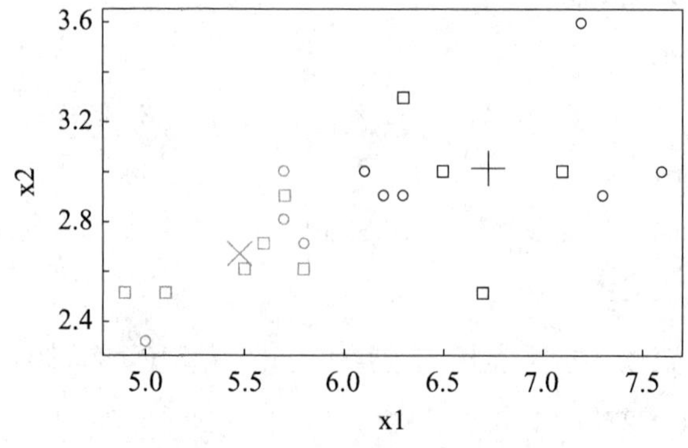

图 12.3.1　模糊聚类分析结果图形

本节完整的程序如下：

```
install.packages("e1071")
library(e1071)
X1 = c(5.5,6.1,5.8,5,5.6,5.7,5.7,6.2,5.1,5.7,6.3,5.8,7.1,6.3,6.5,7.6,4.9,7.3,
6.7,7.2)
X2 = c(2.6,3,2.6,2.3,2.7,3,2.9,2.9,2.5,2.8,3.3,2.7,3,2.9,3,3,2.5,2.9,2.5,3.6)
X3 = c(1.5,1.6,1.7,1.5,1.7,1.6,1.8,1.3,1.1,1.3,2.5,1.9,2.1,1.8,2.2,2.1,1.7,1.8,
1.8,2.5)
X4 = c(5.7,4.9,6.7,4.9,5.7,6,4.8,4.9,5.6,5.8,6.1,6.4,5.6,5.1,5.6,6.1,5.6,5.5,
4.8,5.4)
Y = c("versicolor","versicolor","versicolor","versicolor","versicolor","versico-
lor","versicolor","versicolor","versicolor","versicolor","virginica","virginica",
"virginica","virginica","virginica","virginica","virginica","virginica","virgini-
ca","virginica")
traindata = data.frame(X1,X2,X3,X4)
traindata<-rbind(X1,X2,X3,X4)
traindata<-t(traindata)
colnames(traindata)<-c("x1","x2","x3","x4")
result<-cmeans(traindata,m = 2,centers = 2,iter.max = 500,verbose = TRUE,method = "cmeans")
print(result)
table(Y,result$cluster)
plot(traindata,col = result$cluster,pch = 0:1)
points(result$centers,col = 1:2,pch = 3:4,cex = 2)
```

读者可将自己的数据输入程序，尝试运行模糊聚类分析。

12.4　聚类指标

由于聚类中心的多寡关乎着聚类分析的效果，因此，对聚类中心个数的选择往往让研究者不知所措。由于聚类中心的个数与研究样本数、样本数据特征等都有关联，因此 R 软件提供一个软件包供读者选择聚类中心个数时参考。以此软件包的分析结果选择聚类中心的个数，可以提供较为公正可信的依据。在 R 语言中，可以采用“NbClust”安装包给出关于聚类中心个数的建议报告，NbClust 函数的常用参数格式如下：

```
NbClust(data = NULL,
        distance = "euclidean",
        min.nc = 2,
        max.nc = 15,
        method = NULL,
        index = "all",
        )
```

其中：

data：分析的样本数据；

distance：用于计算相异矩阵的距离度量，必须是“euclidean”、“maximum”、“manhattan”、“canberra”、“ binary”、“minkowski”或“NULL”之一，在缺省情况下，距离为“euclidean”；

min. nc，max. nc：设定最小及最大聚类中心个数；

method：要使用的聚类分析方法，应该是“ward. D”、“ward. D2”、“single”、“complete”、“average”、“mcquitty”、“median”、“centroid”或“kmeans”之一；

index：要使用的聚类分析方法，应该是“kl”、“ch”、“hartigan”、“ccc”、“scott”、“marriot”、“trcovw”、“tracew”、“friedman”、“rubin”、“cindex”、“db”、“silhouette”、“duda”、“pseudot2”、“beale”、“ratkowsky”、“ball”、“ptbiserial”、“gap”、“frey”、“mcclain”、“gamma”、“gplus”、“tau”、“dunn”、“hubert”、“sdindex”、“dindex”、“sdbw”、“all”（all indices except GAP、Gamma、Gplus and Tau）或“alllong”（all indices with Gap，Gamma，Gplus and Tau included）之一。

现在运行 NbClust 软件包测试一下本节使用的样本数据应该设定几个聚类中心，程序如下：

下载并加载“NbClust”安装包：

```
install.packages("NbClust")
library(NbClust)
```

运行结果如下：

```
Installing package into 'C:/Users/Pan/Documents/R/win-library/3.6'
(as 'lib' is unspecified)
…
```

整理样本数据：

```
X1 = c(5.5,6.1,5.8,5,5.6,5.7,5.7,6.2,5.1,5.7,6.3,5.8,7.1,6.3,6.5,7.6,4.9,7.3,
6.7,7.2)
X2 = c(2.6,3,2.6,2.3,2.7,3,2.9,2.9,2.5,2.8,3.3,2.7,3,2.9,3,3,2.5,2.9,2.5,3.6)
X3 = c(1.5,1.6,1.7,1.5,1.7,1.6,1.8,1.3,1.1,1.3,2.5,1.9,2.1,1.8,2.2,2.1,1.7,1.8,
1.8,2.5)
X4 = c(5.7,4.9,6.7,4.9,5.7,6,4.8,4.9,5.6,5.8,6.1,6.4,5.6,5.1,5.6,6.1,5.6,5.5,
4.8,5.4)
traindata = data.frame(X1,X2,X3,X4)
```

运行结果如下：

```
>traindata
   X1   X2   X3   X4
1  5.5  2.6  1.5  5.7
2  6.1  3.0  1.6  4.9
3  5.8  2.6  1.7  6.7
…
```

将数据输入 NbClust 函数：

```
NbClust(traindata,distance = "euclidean",min.nc = 2,max.nc = 6,method = "kmeans", index
 = "all")
```

运行结果如下：

```
*** :The Hubert index is a graphical method of determining the number of clusters. In the plot of
Hubert index,we seek a significant knee that corresponds to a significant increase of the value
```

```
of the measure i. e the significant peak in Hubert index second differences plot.
*** :The D index is a graphical method of determining the number of clusters. In the plot of
D index, we seek a significant knee(the significant peak in D index second differences
plot)that corresponds to a significant increase of the value of the measure.
*******************************************************************
* Among all indices:
* 5 proposed 2 as the best number of clusters
* 3 proposed 3 as the best number of clusters
* 12 proposed 4 as the best number of clusters
* 1 proposed 5 as the best number of clusters
* 2 proposed 6 as the best number of clusters
                   ***** Conclusion *****
* According to the majority rule, the best number of clusters is 4
*******************************************************************
```

由分析结果我们可知，该函数分析后建议这份样本数据设定的最佳聚类中心数应该为 4 个。读者可根据自己的样本数据尝试一下。本节完整的程序如下：

```
install.packages("NbClust")
library(NbClust)
X1 = c(5.5,6.1,5.8,5,5.6,5.7,5.7,6.2,5.1,5.7,6.3,5.8,7.1,6.3,6.5,7.6,4.9,7.3,
6.7,7.2)
X2 = c(2.6,3,2.6,2.3,2.7,3,2.9,2.9,2.5,2.8,3.3,2.7,3,2.9,3,3,2.5,2.9,2.5,3.6)
X3 = c(1.5,1.6,1.7,1.5,1.7,1.6,1.8,1.3,1.1,1.3,2.5,1.9,2.1,1.8,2.2,2.1,1.7,1.8,1.8,
2.5)
X4 = c(5.7,4.9,6.7,4.9,5.7,6,4.8,4.9,5.6,5.8,6.1,6.4,5.6,5.1,5.6,6.1,5.6,5.5,
4.8,5.4)
traindata = data.frame(X1,X2,X3,X4)
NbClust(traindata,distance = "euclidean",min.nc = 2,max.nc = 6,method = "kmeans",index
 = "all")
```

第 13 章

决策树

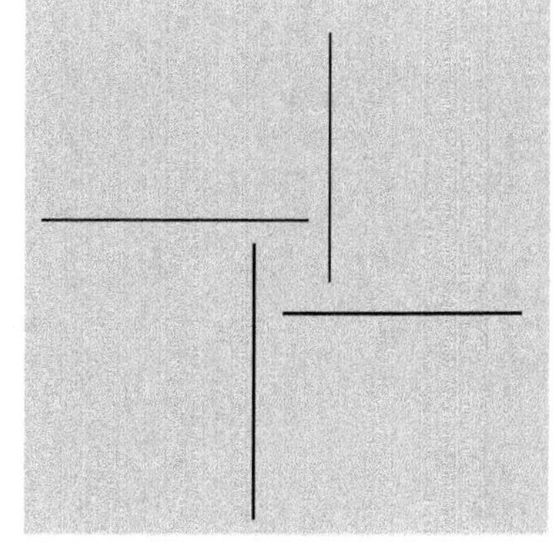

本章要点

- 决策树简介
- C50 决策树
- CART 决策树
- CHAID 决策树
- 随机森林

13.1　决策树简介

决策树是一类常见的机器学习算法，其基本思路是按照人的思维，不断根据某些特征进行决策，最终得出分类。其中每个节点都代表具有某些特征的样本集合，节点直接按照样本的某些特征生成。在分类预测的方法上，决策树算是最经典的方法之一。它经常与其他方法结合运用，例如模糊决策树和粗糙集决策树等，这样可提升决策树的分类预测能力。决策树会建立一个树状的结构，该结构由根节点、子节点和类别的叶节点组成。若决策树停止往下生长，则代表着样本数据的每一组数据都已经完成，不再有未处理的数据。决策树的图形大致如图 13.1.1 所示。

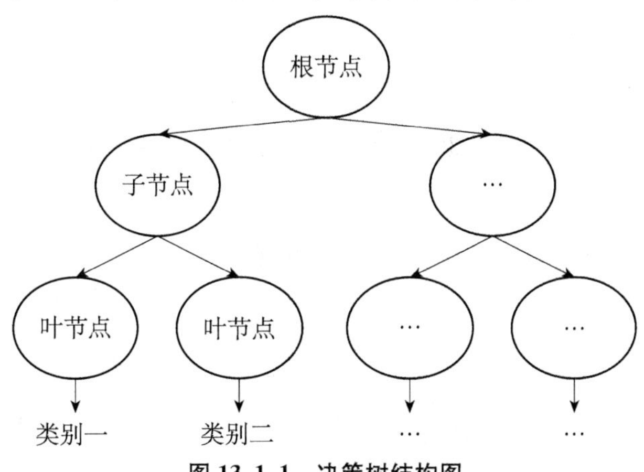

图 13.1.1　决策树结构图

树状结构最上层是根节点，往下有两个子节点，最后归类至类别的叶节点，每一个节点为一个属性判断，此种树状结构一般称为二元树。另外，若根节点往下有多个子节点，一般称为多元决策树。此外，决策树若按照修剪方式分类，可分为事前修剪决策树和事后修剪决策树。CART 决策树是基于成本复杂性的事前修剪决策树，C50 决策树是基于误差的事后修剪决策树。CART 和 C50 可对离散型或连续型因变量进行分类预测，CHAID 决策树仅适用于离散型。至于分类能力，CART、C50 和 CHAID 各有优缺点，有待读者测试。

13.2 C50 决策树

C50 决策树的应用范围很广，适用于离散型类别预测和连续型数值预测。在分支准则上，离散型变量是根据信息增益比，而连续型变量则是根据方差缩减。在分支方法上，离散型变量采用多元分支，连续型变量则采用二元分支。在 R 语言中，可以采用“C50”安装包运行 C50 决策树，C50 控制函数的格式大致如下：

```
c = C5.0Control (winnow = FALSE,
                 noGlobalPruning = FALSE,
                 CF = 0.25,
                 minCases = 1,)
```

其中，常用参数包括：

CF：事后修剪的置信水平；

winnow：FALSE 表示不对自变量进行筛选，TRUE 则相反；

noGlobalPruning：FALSE 表示不使用基于误差的事后修剪方法，TRUE 则相反；

minCases：剪枝过程中观测节点最小的观测数，当观测数小于此值就不再形成分支。

本节以 R 语言内置数据集“iris”鸢尾花为例。在该数据集中，X1 为“Sepal. Length”、X2 为“Sepal. Width”、X3 为“Petal. Length”、X4 为“Petal. Width”，而 Y 为“Species”。取出 20 组数据作为训练数据建立 C50 决策

树模型，并将数据放入表 13.2.1 供读者参考。

表 13.2.1 R 语言内置数据集“iris”中的 20 组训练数据

Y	ver	ver	ver	ver	ver	ver	ver	ver	ver	ver
X1	5.5	6.1	5.8	5	5.6	5.7	5.7	6.2	5.1	5.7
X2	2.6	3	2.6	2.3	2.7	3	2.9	2.9	2.5	2.8
X3	1.5	1.6	1.7	1.5	1.7	1.6	1.8	1.3	1.1	1.3
X4	5.7	4.9	6.7	4.9	5.7	6	4.8	4.9	5.6	5.8
Y	vir	vir	vir	vir	vir	vir	vir	vir	vir	vir
X1	6.3	5.8	7.1	6.3	6.5	7.6	4.9	7.3	6.7	7.2
X2	3.3	2.7	3	2.9	3	3	2.5	2.9	2.5	3.6
X3	2.5	1.9	2.1	1.8	2.2	2.1	1.7	1.8	1.8	2.5
X4	6.1	6.4	5.6	5.1	5.6	6.1	5.6	5.5	4.8	5.4

注：表中“ver”代表“versicolor”，“vir”代表“virginica”。

下载并加载“C50”安装包：

```
install.packages("C50")
library(C50)
```

运行结果如下：

```
>library(C50)
Warning message:
package 'C50' was built under R version 3.6.1
```

整理训练数据：

```
X1 = c(5.5,6.1,5.8,5,5.6,5.7,5.7,6.2,5.1,5.7,6.3,5.8,7.1,6.3,6.5,7.6,4.9,7.3,
6.7,7.2)
X2 = c(2.6,3,2.6,2.3,2.7,3,2.9,2.9,2.5,2.8,3.3,2.7,3,2.9,3,3,2.5,2.9,2.5,3.6)
X3  = c(1.5,1.6,1.7,1.5,1.7,1.6,1.8,1.3,1.1,1.3,2.5,1.9,2.1,1.8,2.2,2.1,1.7,1.8,
1.8,2.5)
X4 = c(5.7,4.9,6.7,4.9,5.7,6,4.8,4.9,5.6,5.8,6.1,6.4,5.6,5.1,5.6,6.1,5.6,5.5,
4.8,5.4)
Y = c("versicolor","versicolor","versicolor","versicolor","versicolor","versico-
lor","versicolor","versicolor","versicolor","versicolor","virginica","virginica",
"virginica","virginica","virginica","virginica","virginica","virginica","virgini-
ca","virginica")
traindata = data.frame(X1,X2,X3,X4,Y)
```

运行结果如下：

```
>traindata
    X1   X2   X3   X4       Y
1   5.5  2.6  1.5  5.7  versicolor
2   6.1  3.0  1.6  4.9  versicolor
3   5.8  2.6  1.7  6.7  versicolor
4   5.0  2.3  1.5  4.9  versicolor
5   5.6  2.7  1.7  5.7  versicolor
...
```

输入 C50 决策树模型：

```
c = C5.0Control(winnow = FALSE,noGlobalPruning = FALSE,CF = 0.25,minCases = 1)
C50_treeModel<- C5.0(x = traindata[, -5],y = traindata$Y,control = c)
summary(C50_treeModel)
plot(C50_treeModel);text(C50_treeModel)
```

运行结果如下：

```
...
Evaluation on training data(20 cases):

        Decision Tree
        ____________

        Size     Errors

        4        0( 0.0%)<

          (a)      (b)      <-classified as
        _____    _____

        10                  (a):classversicolor
                   10       (b):classvirginica
```

在训练阶段，实际有 10 组数据属于 vir 类别，预测结果也是 10 组数据属于 vir 类别，因此预测完全正确，而 ver 类别也完全正确。

由图 13.2.1 可知，当 X1 大于 6.2 时分类至叶节点 Node 7，而叶节点共有 8 组训练数据分类至此，该类别名称为“virginica”；当 X1 小于等于 6.2 时分类至下一个子节点 X3，再由子节点判断：当 X2 大于 1.8 时分类至叶节点 Node 6，

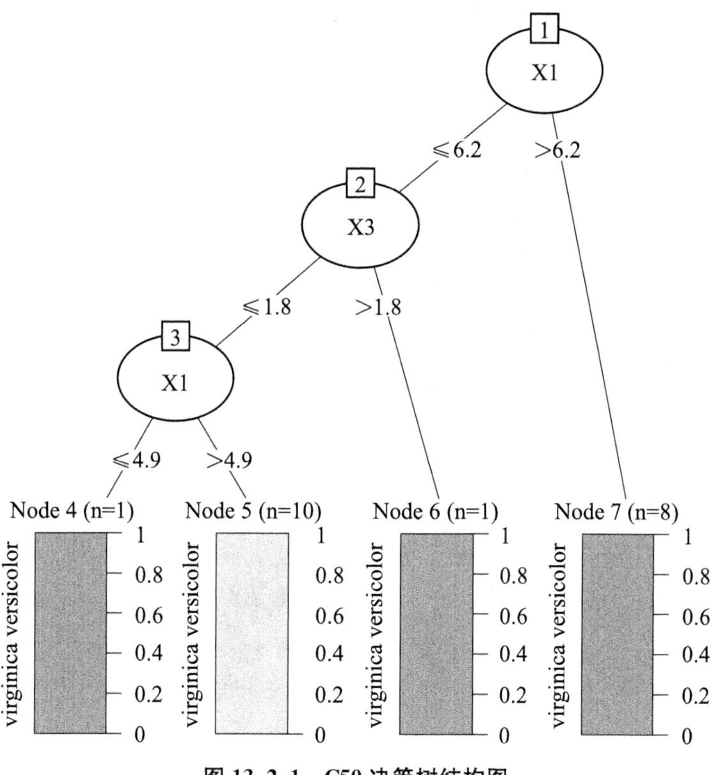

图 13.2.1　C50 决策树结构图

而叶节点共有 1 组训练数据分类至此，该类别名称为“virginica”，其余变量依此类推。

准备测试数据：

```
X1 = c(6.5,6.9,5.8,5.9,6.6,6.7,7.7,6.2,5.1,5.7)
X2  = c(2.6,3.9,3.6,4.3,4.7,3.9,2.9,2.9,2.5,2.8)
X3 = c(1.7,1.4,1.9,1.6,1.6,1.7,1.3,1.6,1.1,1.3)
X4 = c(5.8,5.9,6.1,5.9,5.1,6.2,5.8,4.9,3.6,3.8)
Y = c("versicolor","versicolor","versicolor","versicolor","versicolor","virgini-
ca","virginica","virginica","virginica","virginica")
testdata = data.frame(X1,X2,X3,X4,Y)
```

运行结果如下：

```
>testdata
   X1   X2   X3   X4        Y
1  6.5  2.6  1.7  5.8  versicolor
```

```
2  6.9  3.9  1.4  5.9  versicolor
3  5.8  3.6  1.9  6.1  versicolor
4  5.9  4.3  1.6  5.9  versicolor
5  6.6  4.7  1.6  5.1  versicolor
6  6.7  3.9  1.7  6.2  virginica
7  7.7  2.9  1.3  5.8  virginica
8  6.2  2.9  1.6  4.9  virginica
9  5.1  2.5  1.1  3.6  virginica
10 5.7  2.8  1.3  3.8  virginica
```

再将测试数据输入模型进行测试：

```
test.output = predict(C50_treeModel,testdata[, -5],type = "class")
levels = levels(testdata)
table.testdata = table(testdata[,5],test.output)
table.testdata
```

运行结果如下：

```
>table.testdata
                test.output
                versicolor virginica
versicolor          2          3
virginica           3          2
```

本节完整的R程序如下：

```
#下载并加载“C50”安装包
install.packages("C50")
library(C50)
#整理训练数据
X1 = c(5.5,6.1,5.8,5,5.6,5.7,5.7,6.2,5.1,5.7,6.3,5.8,7.1,6.3,6.5,7.6,4.9,7.3,
6.7,7.2)
X2 = c(2.6,3,2.6,2.3,2.7,3,2.9,2.9,2.5,2.8,3.3,2.7,3,2.9,3,3,2.5,2.9,2.5,3.6)
X3  = c(1.5,1.6,1.7,1.5,1.7,1.6,1.8,1.3,1.1,1.3,2.5,1.9,2.1,1.8,2.2,2.1,1.7,1.8,
1.8,2.5)
X4 = c(5.7,4.9,6.7,4.9,5.7,6,4.8,4.9,5.6,5.8,6.1,6.4,5.6,5.1,5.6,6.1,5.6,5.5,
4.8,5.4)
```

```
Y = c("versicolor","versicolor","versicolor","versicolor","versicolor","versico-
lor","versicolor","versicolor","versicolor","versicolor","virginica","virginica",
"virginica","virginica","virginica","virginica","virginica","virginica","virgini-
ca","virginica")
traindata = data.frame(X1,X2,X3,X4,Y)
#输入 C50 决策树模型
c = C5.0Control(winnow = FALSE,noGlobalPruning = FALSE,CF = 0.25,minCases = 1)
C50_treeModel< - C5.0(x = traindata[, - 5],y = traindata$Y,control = c)
summary(C50_treeModel)
plot(C50_treeModel);text(C50_treeModel)
#准备测试数据
X1 = c(6.5,6.9,5.8,5.9,6.6,6.7,7.7,6.2,5.1,5.7)
X2 = c(2.6,3.9,3.6,4.3,4.7,3.9,2.9,2.9,2.5,2.8)
X3 = c(1.7,1.4,1.9,1.6,1.6,1.7,1.3,1.6,1.1,1.3)
X4 = c(5.8,5.9,6.1,5.9,5.1,6.2,5.8,4.9,3.6,3.8)
Y = c("versicolor","versicolor","versicolor","versicolor","versicolor","virgini-
ca","virginica","virginica","virginica","virginica")
testdata = data.frame(X1,X2,X3,X4,Y)
#再将测试数据输入模型进行测试
test.output = predict(C50_treeModel,testdata[, - 5],type = "class")
levels = levels(testdata)
table.testdata = table(testdata[,5],test.output)
table.testdata
```

13.3　CART 决策树

CART 决策树的应用也非常普遍，与 C50 类似，也适用于离散型类别预测和连续型数值预测，在分支准则上采用二元递归分割技术。CART 算法对每次样本集的分割是计算基尼（GINI）系数，该数值越小，分割越合理。CART 决策树是将当前样本集分割为两个子样本集，使得生长的决策树的每个非叶节点都只有二元分支，因此，CART 算法生成的决策树是结构简洁的二元树。在 R 语言中，可以采用“rpart”安装包运行 CART 决策树，rpart 控制函数的格式大致如下：

```
c<-rpart.control(minsplit=2,
                 maxdepth=10,
                 xval=10,
                 cp=0)
```

其中，常用参数包括：

minsplit：事前修剪的最小节点的观测数量；

maxdepth：事前修剪预计决策树的最大深度；

xval：事后修剪的交叉验证次数；

cp：事后修剪不会因为误差的增加而剪枝。

本节同样以 R 语言内置数据集“iris”鸢尾花为例。在该数据集中，X1 为“Sepal. Length”、X2 为“Sepal. Width”、X3 为“Petal. Length”、X4 为“Petal. Width”，而 Y 为“Species”。取出 20 组数据作为训练数据建立 CART 决策树模型，并将数据放入表 13.3.1 供读者参考。

表 13.3.1　R 语言内置数据集“iris”中的 20 组训练数据

Y	ver	ver	ver	ver	ver	ver	ver	ver	ver	ver
X1	5.5	6.1	5.8	5	5.6	5.7	5.7	6.2	5.1	5.7
X2	2.6	3	2.6	2.3	2.7	3	2.9	2.9	2.5	2.8
X3	1.5	1.6	1.7	1.5	1.7	1.6	1.8	1.3	1.1	1.3
X4	5.7	4.9	6.7	4.9	5.7	6	4.8	4.9	5.6	5.8
Y	vir	vir	vir	vir	vir	vir	vir	vir	vir	vir
X1	6.3	5.8	7.1	6.3	6.5	7.6	4.9	7.3	6.7	7.2
X2	3.3	2.7	3	2.9	3	3	2.5	2.9	2.5	3.6
X3	2.5	1.9	2.1	1.8	2.2	2.1	1.7	1.8	1.8	2.5
X4	6.1	6.4	5.6	5.1	5.6	6.1	5.6	5.5	4.8	5.4

注：表中“ver”代表“versicolor”，“vir”代表”virginica”。

下载并加载“rpart”安装包：

```
install.packages("rpart")
library(rpart)
```

运行结果如下：

```
Installing package into 'C:/Users/Pan/Documents/R/win-library/3.6'
(as 'lib' is unspecified)
—Please select a CRAN mirror for use in this session—
...
```

整理好训练数据：

```
X1 = c(5.5,6.1,5.8,5,5.6,5.7,5.7,6.2,5.1,5.7,6.3,5.8,7.1,6.3,6.5,7.6,4.9,7.3,
6.7,7.2)
X2 = c(2.6,3,2.6,2.3,2.7,3,2.9,2.9,2.5,2.8,3.3,2.7,3,2.9,3,3,2.5,2.9,2.5,3.6)
X3 = c(1.5,1.6,1.7,1.5,1.7,1.6,1.8,1.3,1.1,1.3,2.5,1.9,2.1,1.8,2.2,2.1,1.7,1.8,
1.8,2.5)
X4 = c(5.7,4.9,6.7,4.9,5.7,6,4.8,4.9,5.6,5.8,6.1,6.4,5.6,5.1,5.6,6.1,5.6,5.5,
4.8,5.4)
Y = c("versicolor","versicolor","versicolor","versicolor","versicolor","versico-
lor","versicolor","versicolor","versicolor","versicolor","virginica","virginica",
"virginica","virginica","virginica","virginica","virginica","virginica","virgini-
ca","virginica")
traindata = data.frame(X1,X2,X3,X4,Y)
```

运行结果如下：

```
>traindata
   X1  X2  X3  X4        Y
1  5.5 2.6 1.5 5.7 versicolor
2  6.1 3.0 1.6 4.9 versicolor
3  5.8 2.6 1.7 6.7 versicolor
4  5.0 2.3 1.5 4.9 versicolor
5  5.6 2.7 1.7 5.7 versicolor
...
```

将测试数据输入 rpart 函数，建立 CART 决策树：

```
c<-rpart.control(minsplit = 2,maxdepth = 10,xval = 10,cp = 0)
rpart_treeModel = rpart(Y~X1 + X2 + X3 + X4,method = "class",data = traindata,method
 = "class",parms = list(split = "gini"),control = tc_0)
```

```
rpart_treeModel
summary(rpart_treeModel)
plot(rpart_treeModel);text(rpart_treeModel)
```

运行结果如下：

```
…
Node number 1:20 observations,    complexity param = 0.8
predicted class = versicolor  expected loss = 0.5  P(node) = 1
class counts:    10    10
probabilities:0.500  0.500
left son = 2(12 obs) right son = 3(8 obs)
  Primary splits:
      X1< 6.25 to the left,   improve = 6.6666670,(0 missing)
      X3< 1.75 to the left,   improve = 6.4000000,(0 missing)
      X2< 2.95 to the left,   improve = 0.9890110,(0 missing)
      X4< 5.65 to the right,  improve = 0.4166667,(0 missing)
  Surrogate splits:
      X3< 1.75 to the left,   agree = 0.90,adj = 0.750,(0 split)
      X2< 2.85 to the left,   agree = 0.75,adj = 0.375,(0 split)
Node number 2:12 observations
predicted class = versicolor  expected loss = 0.1666667  P(node) = 0.6
class counts:    10    2
probabilities:0.833  0.167

Node number 3:8 observations
predicted class = virginica   expected loss = 0  P(node) = 0.4
class counts:    0    8
probabilities:0.000  1.000
```

上面为决策树算法大致的计算过程，而图 13.3.1 为 CART 决策树架构。由于样本仅有 20 组数据，因此绘制出来的树形图仅有一层分支，当 X1 大于等于 6.25 时数据往右分类，反之则往左侧分类，进入叶节点。本书为了讲解方便采用少量数据进行示范，建议读者能增加数据，这样决策树架构才能比较完整地生长。

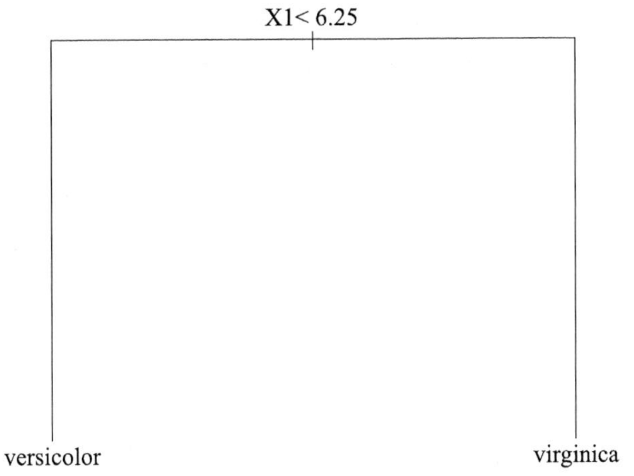

图 13.3.1　CART 决策树模型架构图

测试训练数据分类结果：

```
train.predict = factor(predict(rpart_treeModel,traindata,type = 'class'),levels = lev-
els(traindata[,5]))
table.traindata = table(traindata[,5],train.predict)
table.traindata
```

运行结果如下：

```
>table.traindata
train.predict
             versicolor virginica
versicolor          10         0
virginica            2         8
```

由分类结果我们可以发现，将训练数据输入上面的 CART 决策树分类结果，“versicolor”类别预测为 12 个，错将 2 个“virginica”分类成“versicolor”。

然后整理测试数据：

```
X1 = c(6.5,6.9,5.8,5.9,6.6,6.7,7.7,6.2,5.1,5.7)
X2 = c(2.6,3.9,3.6,4.3,4.7,3.9,2.9,2.9,2.5,2.8)
X3 = c(1.7,1.4,1.9,1.6,1.6,1.7,1.3,1.6,1.1,1.3)
X4 = c(5.8,5.9,6.1,5.9,5.1,6.2,5.8,4.9,3.6,3.8)
```

```
Y = c("versicolor","versicolor","versicolor","versicolor","versicolor","virginica","virginica","virginica","virginica","virginica")
testdata = data.frame(X1,X2,X3,X4,Y)
```

运行结果如下：

```
>testdata
   X1   X2   X3   X4        Y
1  6.5  2.6  1.7  5.8  versicolor
2  6.9  3.9  1.4  5.9  versicolor
3  5.8  3.6  1.9  6.1  versicolor
4  5.9  4.3  1.6  5.9  versicolor
5  6.6  4.7  1.6  5.1  versicolor
…
```

将测试数据输入模型进行预测：

```
test.predict = factor(predict(rpart_treeModel,testdata,type = 'class'),levels = levels(testdata[,5]))
table.testdata = table(testdata[,5],test.predict)
table.testdata
```

运行结果如下：

```
>table.testdata
test.predict
              versicolor virginica
versicolor         2          3
virginica          3          2
```

由测试数据的分类结果我们可以发现，输入上面的 CART 决策树分类结果，“versicolor”预测为 5 个，错将 3 个“virginica”分类成“versicolor”，“virginica”预测为 5 个，错将 3 个“versicolor”分类成“virginica”。由于模型训练数据多寡会影响到决策树模型的准确性，建议读者要充分准备样本数据，才能提升决策树的准确性。

本节完整的程序如下：

```
install.packages("rpart")
library(rpart)
X1 = c(5.5,6.1,5.8,5,5.6,5.7,5.7,6.2,5.1,5.7,6.3,5.8,7.1,6.3,6.5,7.6,4.9,7.3,
6.7,7.2)
X2 = c(2.6,3,2.6,2.3,2.7,3,2.9,2.9,2.5,2.8,3.3,2.7,3,2.9,3,3,2.5,2.9,2.5,3.6)
X3 = c(1.5,1.6,1.7,1.5,1.7,1.6,1.8,1.3,1.1,1.3,2.5,1.9,2.1,1.8,2.2,2.1,1.7,1.8,
1.8,2.5)
X4 = c(5.7,4.9,6.7,4.9,5.7,6,4.8,4.9,5.6,5.8,6.1,6.4,5.6,5.1,5.6,6.1,5.6,5.5,
4.8,5.4)
Y = c("versicolor","versicolor","versicolor","versicolor","versicolor","versico-
lor","versicolor","versicolor","versicolor","versicolor","virginica","virginica",
"virginica","virginica","virginica","virginica","virginica","virginica","virgini-
ca","virginica")
traindata = data.frame(X1,X2,X3,X4,Y)
c< - rpart.control(minsplit = 2,maxdepth = 10,xval = 10,cp = 0)
rpart_treeModel = rpart(Y~X1 + X2 + X3 + X4,method = "class",data = traindata,method
= "class",parms = list(split = "gini"),control = tc_0)
rpart_treeModel
summary(rpart_treeModel)
plot(rpart_treeModel);text(rpart_treeModel)
train.predict = factor(predict(rpart_treeModel,traindata,type = 'class'),levels = lev-
els(traindata[,5]))
table.traindata = table(traindata[,5],train.predict)
table.traindata
X1 = c(6.5,6.9,5.8,5.9,6.6,6.7,7.7,6.2,5.1,5.7)
X2 = c(2.6,3.9,3.6,4.3,4.7,3.9,2.9,2.9,2.5,2.8)
X3 = c(1.7,1.4,1.9,1.6,1.6,1.7,1.3,1.6,1.1,1.3)
X4 = c(5.8,5.9,6.1,5.9,5.1,6.2,5.8,4.9,3.6,3.8)
Y = c("versicolor","versicolor","versicolor","versicolor","versicolor","virgini-
ca","virginica","virginica","virginica","virginica")
```

```
testdata = data.frame(X1,X2,X3,X4,Y)
test.predict = factor(predict(rpart_treeModel,testdata,type = 'class'),levels = levels
(testdata[,5]))
table.testdata = table(testdata[,5],test.predict)
table.testdata
```

13.4 CHAID 决策树

CHAID（chi-squared automatic interaction detection，卡方自动交互检测）的前身是 AID，主要特征是多向分叉，前向修剪，其标准就是卡方检测；另外，CHAID 只能处理离散型输入变量，因此连续型输入变量首先要进行离散处理。在 R 语言中，可以采用“CHAID”安装包运行 CHAID 决策树，CHAID 决策树函数的格式如下：

```
chaid_control (minsplit = 20,
               minbucket = 7,
               minprob = 0.01,
               stump = FALSE,
               maxheight = -1
               )
```

其中，常用参数包括：

minsplit：分支响应中不需要进一步分支的观测数；

minbucket：终端节点中的最小观测数；

minprob：终端节点观测的最小概率；

stump：只执行根节点拆分；

maxheight：树的最大高度。

由于决策树需要较多数据，因此本节以 R 语言内置数据集“USvote”（美国总统选举民意调查数据）为例。在该数据集中 X1 为“gender”、X2 为“ager”、X3 为“empstat”、X4 为“educr”、X5 为“marstat”，而 Y 为“vote3”。程序如下：

下载并加载“CHAID”及相应的安装包：

```
install.packages("partykit")
install.packages("CHAID",repos = "http://R-Forge.R-project.org")
library(grid)
library(partykit)
library(CHAID)
```

运行结果如下：

```
Installing package into'C:/Users/Pan/Documents/R/win-library/3.6'
(as 'lib' is unspecified)
installing the source package 'CHAID'
...
```

选取 500 组投票数据：

```
set.seed(290875)
#整理 500 组训练数据
USvoteS_train<-USvote[sample(1:nrow(USvote),500),]
```

运行结果如下：

```
>head(USvote)
  vote3 gender ager empstat educr marstat
1  Bush   male 45-54     yes  >HS married
2  Bush   male 45-54     yes  >HS married
3  Bush   male 45-54     yes  >HS married
4  Bush   male 45-54     yes  >HS married
5  Bush   male 45-54     yes  >HS married
6  Bush   male 45-54     yes  >HS married
...
```

将数据输入 CHAID 模型：

```
ctrl<-chaid_control(
minsplit=20,
minbucket=7,
minprob=0.01,
```

```
stump = FALSE,

maxheight = - 1
)
chaidUS_tree〈 - chaid(vote3～.,data = USvoteS_train,control = ctrl)
print(chaidUS_tree)
plot(chaidUS_tree)
```

运行结果（相关图形见图 13.4.1）如下：

```
〉print(chaidUS)
〉plot(chaidUS)
Model formula:
vote3～gender + ager + empstat + educr + marstat
...
```

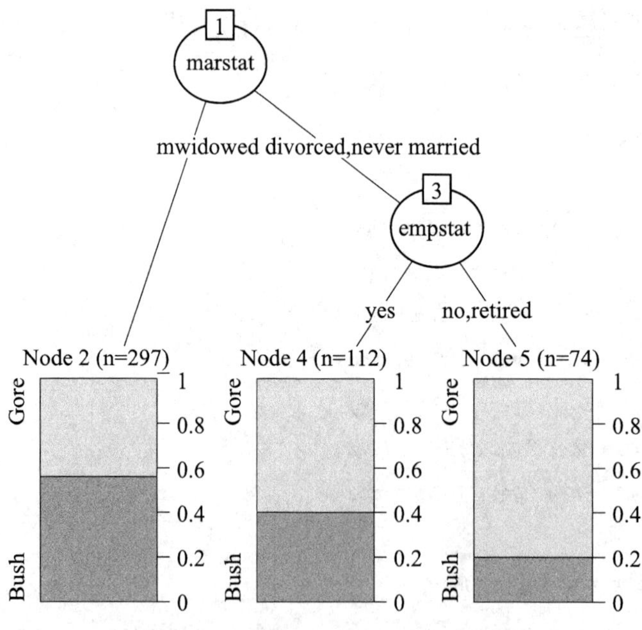

图 13.4.1　CHAID 决策树模型架构图

由图 13.4.1 可知，当变量 marstat 为“mwidowed”（已婚）时往左分枝至叶节点 Node 2，样本数为 297 且其中 Bush 的占比比 Gore 稍微多一点；当变量 marstat 为“divorced”或“never married”时往右分枝至变量 empstat 再进行判断；当变量 empstat 为 "yes" 时往左分枝至叶节点 Node 4，样本数为 112 且其中 Bush 约占 40%、Gore 约占 60%；当变量 empstat 为 "no" 或 "retired" 时往右分枝至叶节点 Node 5，样本数为 74 且其中 Bush 约占 20%、Gore 约占 80%。

然后整理测试数据：

```
#整理 100 组测试数据
USvoteS_test<-USvote[sample(1:nrow(USvote),100),]
```

运行结果如下：

```
>head(USvoteS_test,5)
      vote3 gender  ager    empstat  educr    marstat
312   Gore  male    35-44   yes      HS       divorced
5959  Bush  male    35-44   yes      College  married
8754  Bush female   35-44   yes      >HS      divorced
411   Bush female   35-44   no       HS       married
4093  Gore female   55-64   no       College  married
…
```

然后进行预测：

```
test.predict=predict(chaidUS_tree,USvoteS_test)
table.testdata=table(USvoteS_test$vote3,test.predict)
table.testdata
```

运行结果如下：

```
>table.testdata
       test.predict
       Gore Bush
  Gore   30   30
  Bush   15   25
```

由预测结果我们可以发现，真实值 Gore 共有 60 位，将 Gore 预测成 Gore 有 30 位、预测成 Bush 有 30 位；真实值 Bush 共有 40 位，将 Bush 预测成 Gore 有 15 位、预测成 Bush 有 25 位。读者可以增加数据组数，以提升 CHAID 的准确性。

本节完整的程序如下：

```
install.packages("partykit")
install.packages("CHAID",repos = "http://R-Forge.R-project.org")
library(grid)
library(partykit)
library(CHAID)
set.seed(290875)
#整理500组训练数据
USvoteS_train<-USvote[sample(1:nrow(USvote),500),]
ctrl<-chaid_control(
minsplit = 20,
minbucket = 7,
minprob = 0.01,
stump = FALSE,
maxheight = -1
)
chaidUS_tree<-chaid(vote3~.,data = USvoteS_train,control = ctrl)
print(chaidUS_tree)
plot(chaidUS_tree)
#整理测试数据
USvoteS_test<-USvote[sample(1:nrow(USvote),100),]
test.predict = predict(chaidUS_tree,USvoteS_test)
table.testdata = table(USvoteS_test$vote3,test.predict)
table.testdata
```

13.5 随机森林

在本章最后一节我们将讲解一种很特别的决策树，称为随机森林。它是一种包含多个决策树的分类器，并且它输出的类别由个别树输出的类别的众数决定。随机森林的算法如下：

（1）用 N 表示训练样本的组数，M 表示特征变量数。

（2）输入特征变量数 m，用来确定决策树上一个节点的决策结果，m 应该远小于 M。

（3）从 N 组训练数据中以放回抽样的方式取样 N 次（Bootstrap），形成一个数据集，并且用未抽到的样本作为测试数据并评估其误差。

（4）对于每一个节点，随机选择 m 个特征变量，决策树上每个节点的确定都是基于这些特征变量。根据这 m 个特征变量，计算其最佳的分割方式。

（5）每棵树都会完整成长而不剪枝。

在 R 语言中，可以采用“randomForest”安装包运行随机森林，它的函数的常用格式如下：

```
rf〈 - randomForest (f,
                   data = traindata,
                   ntree = 10
                   importance = TRUE
                   proximity = TRUE
                   mtry = 3
                   )
```

其中，常用参数包括：

f：方程式 Y＝X1＋X2＋…；

data：训练数据名称；

ntree：随机森林构建几棵树；

importance：是否应该评估预测变量的重要性；

proximity：是否应计算行之间的接近度；

mtry：在每次分割中随机抽样作为候选变量的变量数。

决策树需要较多的数据，但是为了说明方便，本节仍利用 13.2 节的数据作说明，R 程序如下。

下载并加载“randomForest”包：

```
install.packages("randomForest")
library(randomForest)
```

运行结果如下：

```
Error in library(randomForest):
there is no package called 'randomForest'
```

若发生上面的错误信息，该原因如图 13.5.1 所示：

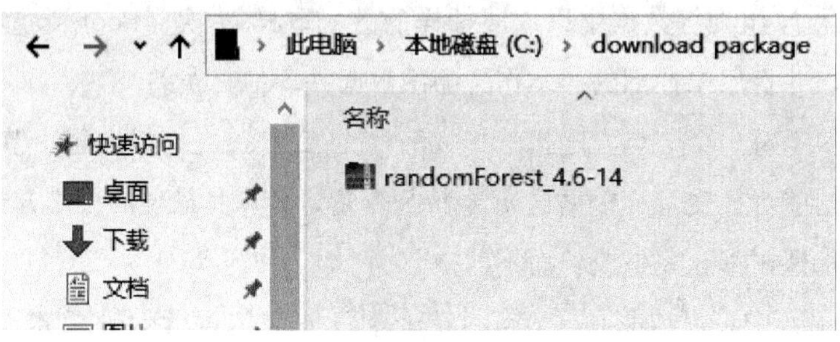

图 13.5.1

由图 13.5.1 我们可以发现，“randomForest”下载完后并未解压缩，因此必须手动处理，笔者将该压缩文件复制到“C：\”根目录并解压缩，会出现一个“randomForest”文件夹，之后就可以运行如下命令：

```
>library(randomForest,lib = "c:/")
randomForest 4.6 - 14
TyperfNews()to see new features/changes/bug fixes.
Warning message:
package 'randomForest' was built under R version 3.6.1
```

上面的警告信息可以忽略，目前已经加载完成“randomForest”。

然后整理训练数据：

```
X1 = c(5.5,6.1,5.8,5,5.6,5.7,5.7,6.2,5.1,5.7,6.3,5.8,7.1,6.3,6.5,7.6,4.9,7.3,
6.7,7.2)
X2 = c(2.6,3,2.6,2.3,2.7,3,2.9,2.9,2.5,2.8,3.3,2.7,3,2.9,3,3,2.5,2.9,2.5,3.6)
X3 = c(1.5,1.6,1.7,1.5,1.7,1.6,1.8,1.3,1.1,1.3,2.5,1.9,2.1,1.8,2.2,2.1,1.7,1.8,
1.8,2.5)
X4 = c(5.7,4.9,6.7,4.9,5.7,6,4.8,4.9,5.6,5.8,6.1,6.4,5.6,5.1,5.6,6.1,5.6,5.5,
4.8,5.4)
```

```
Y = c("versicolor","versicolor","versicolor","versicolor","versicolor","versicolor","versicolor","versicolor","versicolor","versicolor","virginica","virginica",
"virginica","virginica","virginica","virginica","virginica","virginica","virginica","virginica")
traindata = data.frame(X1,X2,X3,X4,Y)
```

运行结果如下：

```
>traindata
   X1   X2   X3   X4        Y
1  5.5  2.6  1.5  5.7  versicolor
2  6.1  3.0  1.6  4.9  versicolor
3  5.8  2.6  1.7  6.7  versicolor
…
```

将训练数据输入随机森林：

```
rf<-randomForest(Y~.,data = traindata, ntree = 100, importance = TRUE, proximity =
TRUE,mtry = 10)
trainPred<-predict(rf,newdata = traindata)
table(trainPred,traindata$Y)
```

运行结果如下：

```
trainPred      versicolor  virginica
versicolor      10            0
virginica        0           10
```

由训练结果交叉表我们可以发现，“versicolor”和“virginica”皆正确，位于负斜率的对角线上的数据表示预测正确数。

然后整理测试数据：

```
X1 = c(6.5,6.9,5.8,5.9,6.6,6.7,7.7,6.2,5.1,5.7)
X2 = c(2.6,3.9,3.6,4.3,4.7,3.9,2.9,2.9,2.5,2.8)
X3 = c(1.7,1.4,1.9,1.6,1.6,1.7,1.3,1.6,1.1,1.3)
X4 = c(5.8,5.9,6.1,5.9,5.1,6.2,5.8,4.9,3.6,3.8)
Y = c("versicolor","versicolor","versicolor","versicolor","versicolor","virginica","virginica","virginica","virginica","virginica")
```

```
testdata = data.frame(X1,X2,X3,X4,Y)
```

运行结果如下：

```
>testdata
   X1   X2   X3   X4        Y
1  6.5  2.6  1.7  5.8  versicolor
2  6.9  3.9  1.4  5.9  versicolor
3  5.8  3.6  1.9  6.1  versicolor
…
```

最后，进行测试数据预测：

```
testPred<-predict(rf,newdata = testdata)
table(testPred,testdata$Y)
```

运行结果如下：

```
testPred     versicolor virginica
versicolor        3         4
virginica         2         1
```

由测试结果交叉表我们可以发现，“versicolor”实际有5个，随机森林预测有3个，另外2个错误预测为“virginica”；同样地，“virginica”实际有5个，随机森林预测有1个，另外4个错误预测为“versicolor”。预测正确的有4个，预测错误的有6个，因此在相同的数据组数中随机森林的预测能力不如C50和CART。读者可以尝试增加数据，再测试随机森林、C50和CART三种决策树模型的分类能力。

本节完整的程序如下：

```
install.packages("randomForest")
library(randomForest)
X1 = c(5.5,6.1,5.8,5,5.6,5.7,5.7,6.2,5.1,5.7,6.3,5.8,7.1,6.3,6.5,7.6,4.9,7.3,
6.7,7.2)
X2 = c(2.6,3,2.6,2.3,2.7,3,2.9,2.9,2.5,2.8,3.3,2.7,3,2.9,3,3,2.5,2.9,2.5,3.6)
X3 = c(1.5,1.6,1.7,1.5,1.7,1.6,1.8,1.3,1.1,1.3,2.5,1.9,2.1,1.8,2.2,2.1,1.7,1.8,
1.8,2.5)
```

```
X4 = c(5.7,4.9,6.7,4.9,5.7,6,4.8,4.9,5.6,5.8,6.1,6.4,5.6,5.1,5.6,6.1,5.6,5.5,
4.8,5.4)
Y = c("versicolor","versicolor","versicolor","versicolor","versicolor","versico-
lor","versicolor","versicolor","versicolor","versicolor","virginica","virginica",
"virginica","virginica","virginica","virginica","virginica","virginica","virgini-
ca","virginica")
traindata = data.frame(X1,X2,X3,X4,Y)
rf<-randomForest(Y~.,data = traindata, ntree = 100, importance = TRUE, proximity =
TRUE,mtry = 5)
trainPred<-predict(rf,newdata = traindata)
table(trainPred,traindata$Y)
X1 = c(6.5,6.9,5.8,5.9,6.6,6.7,7.7,6.2,5.1,5.7)
X2 = c(2.6,3.9,3.6,4.3,4.7,3.9,2.9,2.9,2.5,2.8)
X3 = c(1.7,1.4,1.9,1.6,1.6,1.7,1.3,1.6,1.1,1.3)
X4 = c(5.8,5.9,6.1,5.9,5.1,6.2,5.8,4.9,3.6,3.8)
Y = c("versicolor","versicolor","versicolor","versicolor","versicolor","virgini-
ca","virginica","virginica","virginica","virginica")
testdata = data.frame(X1,X2,X3,X4,Y)
testPred<-predict(rf,newdata = testdata)
table(testPred,testdata$Y)
```

第 14 章

智能算法

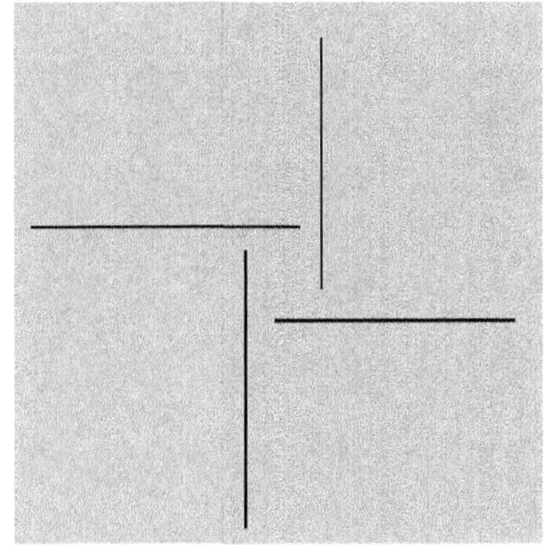

本章要点

- 智能算法简介
- 遗传算法
- 粒子群算法
- 人工蜂群算法

14.1　智能算法简介

智能算法要解决的一般是最优化问题。最优化问题可以分为：

（1）求解一个函数中，使得函数值最小（最大）的自变量取值的函数优化问题。

（2）在一个解空间中，寻找最优解，使目标函数值最小（最大）的组合优化问题。

典型的组合优化问题有：旅行商问题（traveling salesman problem，TSP），加工调度问题（scheduling problem），0－1 背包问题（knapsack problem），装箱问题（bin packing problem），等等。优化算法有很多，经典数学算法包括线性规划、动态规划等；改进型局部搜索算法包括爬山法、最速下降法等。另外一类算法称为群智能算法，例如蚁群算法、粒子群算法、遗传算法、细菌趋药性算法、模拟退火算法、萤火虫算法、布谷鸟算法、禁忌搜索算法、人工蜂群算法以及本书作者提出的果蝇优化算法。

优化思想中经常提到邻域函数，它的作用是指出如何由当前解得到一组新解。其具体实现方式要根据具体问题来确定。一般而言，局部搜索就是基于贪婪思想，利用邻域函数进行搜索，若找到一个比现有值更优的解就弃前者而取后者。但是，它一般只可以得到“局部极小解”。而模拟粒子群算法、遗传算法、禁忌搜索算法、神经网络等从不同的角度和利用不同的策略实现了改进，取得了较好的“全局最小解”。

$$F(X)=W\times\sqrt{(H_1-X_1)^2+(V_1-X_2)^2}+W\times\sqrt{(H_2-X_1)^2+(V_2-X_2)^2}$$

$$+W\times\sqrt{(H_3-X_1)^2+(V_3-X_2)^2}+W\times\sqrt{(H_4-X_1)^2+(V_4-X_2)^2}$$

此问题为简单的物流选址问题，本例将货运量 W 固定，H 和 V 分别代表四个分销点的位置，而 X_1 和 X_2 代表要优化的物流中心地址坐标（见图 14.1.1）。从成本的角度看，货运成本随着距离的增加而增加，因此上式为求极小化函数。

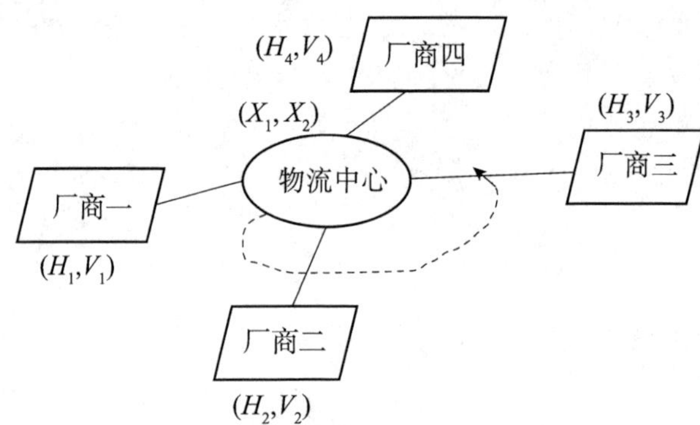

图 14.1.1　简单的物流中心选址模型

14.2　遗传算法

遗传算法是最早的优化算法，它由 J. H. Holland（1975）教授提出，其中心思想是“物竞天择，适者生存”，这可以很好地用于优化问题。它以一个群体中的所有个体为对象，利用随机化技术指导对一个被编码的参数空间进行高效搜索。其中，选择、交叉和变异构成了遗传算法的遗传操作；参数编码、初始群体的设定、适应度函数的设计、遗传操作设计、控制参数设定五个要素组成了遗传算法的核心内容。

遗传算法是从代表问题潜在的解集的一个种群开始的，而一个种群则由经过基因编码（如：0，1）的一定数目的个体组成。每个个体实际上是具有染色体所带特征的实体。染色体作为遗传物质的主要载体，即多个基因的集合，其内部表现是某种基因组合，它决定了个体的外部表现。

它的遗传操作包括如下几个步骤：

初始族群，假设采用（0，1）编码两条染色体，每一条 8 个个体：

0 1 1 0 1 1 0 0

1　1　0　0　0　0　1　0

计算这两条染色体的适应度值，利用精英主义，保留最好的染色体不作遗传操作。

复制操作，将两条染色体复制出来。

交配操作，通常用单点或多点交配，如下：

0　1　1　0　1　1　0　0

1　1　0　0　0　0　1　0

⬇

0　1　1　0　0　0　0　0

1　1　0　0　1　1　1　0

突变操作，通常用单点或多点突变，如下：

0　1　1　0　0　0　0　0

1　1　0　0　1　1　1　0

⬇

0　1　1　0　0　0　0　0

1　1　0　1　1　1　1　0

重新插入族群：

0　1　1　0　0　0　0　0

1　1　0　1　1　1　1　0

第一次迭代结束，进入第二次迭代。

遗传算法的 R 安装包是“mcga”，mcga 函数的格式如下：

```
mcga(popsize,
    chsize,
    crossprob = 1.0,
    mutateprob = 0.01,
    elitism = 1,
    minval,
    maxval,
    maxiter = 10,
    evalFunc
    )
```

其中，常用参数包括：

popsize：设定族群大小；

chsize：设定参数个数；

crossprob：设定交配概率值；

mutateprob：设定突变概率值；

elitism：直接复制到下一代的最佳染色体数目，默认为 1；

minval，maxval：随机初始族群的上下限；

maxiter：最大迭代数；

evalFunc：设定求解的函数。

本节以实际例子来说明该函数的用法。

例 1 试求出如下函数优化问题。

$$f(x) = -25 + x^2$$

求解极小值的 R 程序如下：

下载并加载安装包：

```
install.packages("mcga")
library(mcga)
```

运行结果如下：

```
Installing package into 'C:/Users/Pan/Documents/R/win-library/3.6'
(as 'lib' is unspecified)
...
```

若加载时有错误产生，请到下载目录"C:\Users\Pan\AppData\Local\Temp\RtmpsrH0AR\downloaded_packages"查看安装包是否没解压缩成功，出现图 14.2.1 所示的画面：

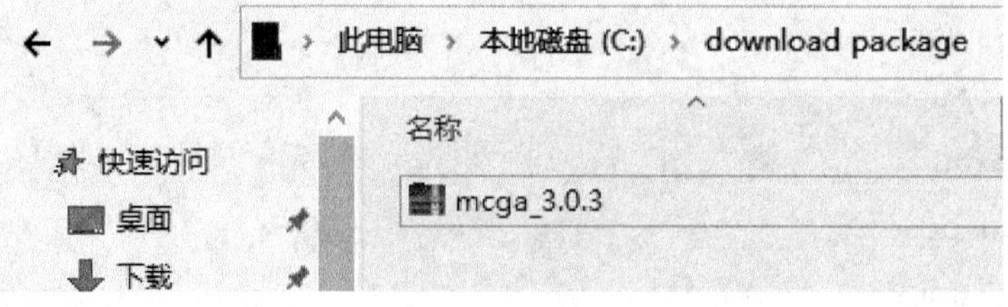

图 14.2.1 mcga 安装包解压缩未成功界面

若出现此画面，请将其解压缩后放入“C：\ ”根目录，重新输入加载命令 library (mcga，lib= “C：/”)，即可成功载入此安装包。

设定优化函数：

```
f< - function(x){
return( - 25 + x^2)
}
```

运行结果如下：

```
>f
function(x){
    return( - 25 + x^2)
}
```

运行“mcga”包求解，族群大小设定为 200，个体参数个数设定为 5，最大迭代数设定为 2 500，交配率设定为 1，突变率设定为 0.01：

```
m< - mcga(popsize = 200,
         chsize = 5,
         minval = 0.0,
         maxval = 999999999.9,
         maxiter = 2500,
         crossprob = 1.0,
         mutateprob = 0.01,
         evalFunc = f)
```

运行结果如下：

```
>m
$ population
            [,1]            [,2]            [,3]            [,4]            [,5]
  [1,]1.113600e-41  1.305775e+22  2.385537e-11  6.834787e+37  9.379555e+46
  [2,]1.699219e-46  2.082527e+17  2.476484e-11  1.467554e+28  6.146991e+51
  [3,]4.782276e-32  3.453100e+12  3.779359e-16  6.568954e+37  6.149920e+51
…
```

显示最佳的染色体以及函数极小值：

```
cat("Best chromosome:\n")
print(m$population[1,])
cat("Cost:",m$costs[1],"\n")
```

运行结果如下：

```
>cat("Best chromosome:\n")
Best chromosome:
>  print(m$population[1,])
[1]1.113600e-41 1.305775e+22 2.385537e-11 6.834787e+37 9.379555e+46
>  cat("Cost:",m$costs[1],"\n")
Cost:   -25
```

结果发现，“m＄costs [1]”为目标函数的最小值，该值为－25；“m＄population [1,]”为mcga最佳的染色体数目，5个个体分别是1.113 600e－41，1.305 775e＋22，2.385 537e－11，6.834 787e＋37，9.379 555e＋46。

例1的全部R程序如下：

```
install.packages("mcga")
library(mcga)
f<-function(x){
return(-25+x^2)
}
m<-mcga(popsize=200,
chsize=5,
minval=0.0,
maxval=999999999.9,
maxiter=2500,
crossprob=1.0,
mutateprob=0.01,
evalFunc=f)

cat("Best chromosome:\n")
print(m$population[1,])
cat("Cost:",m$costs[1],"\n")
```

例 2　试求出下列物流中心选址问题，如图 14.1.1 所示，极小化数学模型如下：

$$F(X)=W\times\sqrt{(H_1-X_1)^2+(V_1-X_2)^2}+W\times\sqrt{(H_2-X_1)^2+(V_2-X_2)^2}$$
$$+W\times\sqrt{(H_3-X_1)^2+(V_3-X_2)^2}+W\times\sqrt{(H_4-X_1)^2+(V_4-X_2)^2}$$

求解极小值的 R 程序如下：

下载及加载安装包：

```
install.packages("mcga")
library(mcga)
```

运行结果如下：

```
Installing package into 'C:/Users/Pan/Documents/R/win-library/3.6'
(as 'lib' is unspecified)
…
```

设定 4 个分销点坐标（H，V）以及固定运量值 W：

```
V = rnorm(4)
H = rnorm(4)
W = 100
```

运行结果如下：

```
>V
[1] -0.1155919  -2.0678448  0.8950490  -1.1368327
>H
[1] -0.9112095  -0.3228557  1.1682608  -1.0834800
>W
[1]100
```

定义最小化物流选址函数：

```
f<-function(x){
    return(W*((H[1]-x[1])^2+(V[1]-x[2])^2)^0.5+W*((H[2]-x[1])^2+(V[2]-x[2])^2)^
0.5+W*((H[3]-x[1])^2+(V[3]-x[2])^2)^0.5+W*((H[4]-x[1])^2+(V[4]-x[2])^2)^0.5)
}
```

运行结果如下：

```
>f
function(x){
    return(W*((H[1]-x[1])^2+(V[1]-x[2])^2)^0.5+W*((H[2]-x[1])^2+(V[2]-x[2])
^2)^0.5+W*((H[3]-x[1])^2+(V[3]-x[2])^2)^0.5+W*((H[4]-x[1])^2+(V[4]-x[2])^2)
^0.5)
}
```

运行“mcga”包求解，族群大小设定为200，个体参数个数设定为5，最大迭代数设定为1 000，交配率设定为1，突变率设定为0.01：

```
m<-mcga(popsize=200,
chsize=5,
minval=0.0,
maxval=999999999.9,
maxiter=1000,
crossprob=1.0,
mutateprob=0.01,
evalFunc=f)
```

运行结果如下：

```
>m
$population
            [,1]         [,2]         [,3]         [,4]         [,5]
[1,]1.146505e-18 5.341913e-23 8.794614e+08 6.230114e+13 9.190858e-02
[2,]1.584308e-23 3.500029e-18 1.188349e+04 2.582104e+23 1.551299e+18
[3,]1.092506e-18 3.936248e-18 1.969529e-01 1.348160e+04 8.018983e-02
…
```

显示最佳的染色体以及函数极小值：

```
cat("Best chromosome:\n")
print(m$population[1,])
cat("Cost:",m$costs[1],"\n")
```

运行结果如下：

```
>cat("Best chromosome:\n")
Best chromosome:
> print(m$population[1,])
[1]1.146505e-18  5.341913e-23  8.794614e+08  6.230114e+13  9.190858e-02
> cat("Cost:",m$costs[1],"\n")
Cost:  605.3576
```

结果发现，“m$costs”[1] 为目标函数的最小值，该值为 605.357 6；“m$population [1,]”为 mcga 最佳的染色体数目，5 个个体分别是 1.146 505e−18，5.341 913e−23，8.794 614e+08，6.230 114e+13，9.190 858e−02。

例 2 的全部 R 程序如下：

```
install.packages("mcga")
library(mcga)
V=rnorm(4)
H=rnorm(4)
W=100
f<-function(x){
    return(W*((H[1]-x[1])^2+(V[1]-x[2])^2)^0.5+W*((H[2]-x[1])^2+(V[2]-x
[2])^2)^0.5+W*((H[3]-x[1])^2+(V[3]-x[2])^2)^0.5+W*((H[4]-x[1])^2+(V[4]-x
[2])^2)^0.5)
}
m<-mcga(popsize=200,
chsize=5,
minval=0.0,
maxval=999999999.9,
maxiter=1000,
crossprob=1.0,
mutateprob=0.01,
evalFunc=f)
cat("Best chromosome:\n")
```

```
print(m$population[1,])
cat("Cost:",m$costs[1],"\n")
```

14.3 粒子群算法

粒子群算法（粒子群优化，particle swarm optimization，PSO）又称鸟群觅食算法，是由 J. Kennedy 和 R. C. Eberhart（1995）等开发的一种新的生物进化算法。PSO 算法是受鸟群觅食行为的启发，属于群智能算法的一种，与人工蚁群算法、人工蜂群算法和近年来流行的果蝇优化算法（fruit fly optimization algorithm，FOA）相似。PSO 算法也是从随机解出发，通过迭代寻找最优解，也是通过适应度来评价解的质量，但它比遗传算法的规则更简单，没有遗传算法的“交叉”（crossover）和“变异”（mutation）操作，它通过追随当前搜索到的最优值来寻找全局最优。这种算法以其实现容易、精度高、收敛快等优点引起了学术界的重视，并且在解决实际问题时展示了其优越性。粒子群算法的步骤如下：

假设一个 D 维搜寻空间里包含由 N 个粒子组成的族群，其中第 i 个粒子表示成 D 维空间中的一个向量：

$$X_i=(x_{i1},x_{i2},\cdots,x_{iD}),i=1,2,\cdots,N$$

第 i 个粒子的飞行速度也看成 D 维空间中的一个向量，记为：

$$V_i=(v_{i1},v_{i2},\cdots,v_{iD}),i=1,2,\cdots,N$$

第 i 个粒子搜寻到的最优位置称为个体极值解，记为：

$$P_i=(p_{i1},p_{i2},\cdots,p_{iD}),i=1,2,\cdots,N$$

整个粒子群搜寻到的最优位置称为全局极值解，记为：

$$g_i=(g_1,g_2,\cdots,g_D)$$

我们找到这两个最优值时，粒子会根据式（14.3.1）和式（14.3.2）更新自己的速度和位置：

$$v_{ij}(t+1)=v_{ij}(t)+c_1r_1(t)[p_{ij}(t)-x_{ij}(t)]+c_2r_2(t)[p_{ij}(t)-x_{ij}(t)] \tag{14.3.1}$$

$$x_{ij}(t+1)=x_{ij}(t)+v_{ij}(t+1) \tag{14.3.2}$$

其中，c_1 和 c_2 为非负常数，一般称为加速因子；r_1 和 r_2 是 0～1 区间的随机数，可以增加粒子飞行的随机性；而 $v_{ij} \in [-v_{max}, v_{max}]$，$v_{max}$ 是用户自行设置的常数，目的是防止粒子盲目搜寻。式（14.3.1）一共分为三部分：第一部分为惯性部分，代表粒子的运动习性；第二部分为认知部分，代表粒子对自己过去经验的记忆；第三部分为社会协作部分，反映粒子之间协同合作、知识共享。在 R 语言中可以采用“pso”包运行粒子群算法，psoptim 函数的格式如下：

```
psoptim(par,
        fn,
        lower = -1,
        upper = 1,
        control = list())
```

其中，常用参数包括：

par：定义优化问题维度的向量；

fn：要优化的函数；

lower，upper：变量的下限和上限；

control：控制参数。

本小节以实际例子来说明该函数的用法。

例 1　试求出下述函数优化问题。

$$f(x) = -\cos x_1 \cos x_2 e^{((-x_1-\pi)^2+(x_2-\pi)^2)}$$

求解极小值的 R 程序如下：

下载及加载安装包：

```
install.packages("pso")
library("pso")
```

运行结果如下：

```
Installing package into 'C:/Users/Pan/Documents/R/win-library/3.6'
(as 'lib' is unspecified)
...
```

设定优化函数：

```
f<-function(x) -cos(x[1])*cos(x[2])*exp(-((x[1]-pi)^2+(x[2]-pi)^2))
```

运行结果如下：

```
>f
function(x) - cos(x[1]) * cos(x[2]) * exp( - ((x[1] - pi)^2 + (x[2] - pi)^2))
```

运行“pso”包求解，变量的上、下限分别设定为100和−100：

```
psoptim(rep(NA,2),f,lower = - 100,upper = 100)
```

运行结果如下：

```
$ par
[1]3.141593   3.141593
$ value
[1] - 1
$ counts
function iteration restarts
    12000        1000          0
$ convergence
[1]2
$ message
[1]"Maximal number of iterations reached"
```

结果发现，“$value”为目标函数的最小值，该值为−1；“$par”为两个变量的最优解，x_1 和 x_2 的最优解分别为 3.141 593 和 3.141 593；“$message”表示最大迭代数已经达成。

例1的全部R程序如下：

```
install.packages("pso")
library("pso")
f< - function(x) - cos(x[1]) * cos(x[2]) * exp( - ((x[1] - pi)^2 + (x[2] - pi)^2))
psoptim(rep(NA,2),f,lower = - 100,upper = 100)
```

例2 试求出下列物流中心选址问题，如图14.1.1所示，极小化数学模型如下：

$$F(X) = W\times\sqrt{(H_1-X_1)^2+(V_1-X_2)^2}+W\times\sqrt{(H_2-X_1)^2+(V_2-X_2)^2}$$
$$+W\times\sqrt{(H_3-X_1)^2+(V_3-X_2)^2}+W\times\sqrt{(H_4-X_1)^2+(V_4-X_2)^2}$$

求解极小值的R程序如下。

下载及加载安装包：

```
install.packages("pso")
library("pso")
```

运行结果如下：

```
Installing package into 'C:/Users/Pan/Documents/R/win-library/3.6'
(as 'lib' is unspecified)
...
```

设定 4 个分销点坐标（H，V）以及固定运量值 W：

```
V = rnorm(4)
H = rnorm(4)
W = 100
```

运行结果如下：

```
>V
[1] -0.1155919  -2.0678448  0.8950490  -1.1368327
>H
[1] -0.9112095  -0.3228557  1.1682608  -1.0834800
>W
[1]100
```

将最小化物流选址函数值输入 psoptim 函数中求解：

```
o = psoptim(rep(NA,2),function(x)W*((H[1]-x[1])^2+(V[1]-x[2])^2)^0.5+W*((H[2]-x[1])^2+(V[2]-x[2])^2)^0.5+W*((H[3]-x[1])^2+(V[3]-x[2])^2)^0.5+W*((H[4]-x[1])^2+(V[4]-x[2])^2)^0.5,lower=c(-100,-100),upper=c(100,100),control=list(s=50,maxit=1000,trace=1,REPORT=1,trace.stats=TRUE))
```

运行结果如下：

```
S=50,K=3,p=0.05881,w0=0.7213,w1=0.7213,c.p=1.193,c.g=1.193
v.max=NA,d=282.8,vectorize=FALSE,hybrid=off
It 1:fitness=6465
It 2:fitness=1534
It 3:fitness=1469
```

```
…
It 998:fitness = 438.6
It 999:fitness = 438.6
It 1000:fitness = 438.6
Maximal number of iterations reached
```

由程序运行结果可知最低成本“Cost”为 438.6，其成本收敛图形如图 14.3.1 所示：

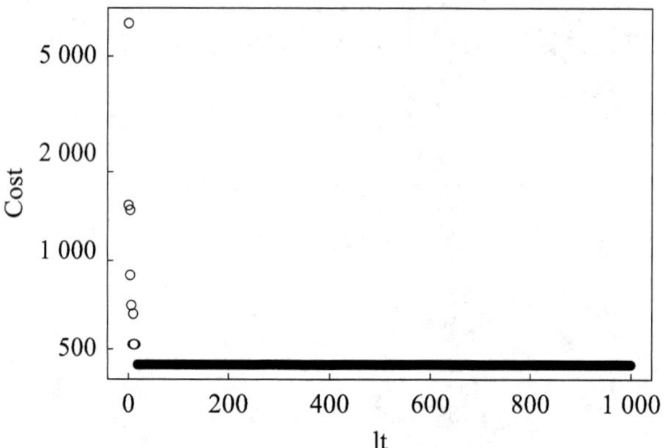

图 14.3.1　物流成本迭代收敛趋势图

由图 14.3.1 我们可以看出，在粒子群算法迭代寻优过程中大约是在第 46 次迭代就达到收敛。由于这个题目简单，因此收敛速度快，读者可以尝试对更复杂的题目利用粒子群进行函数求解。例 2 的全部程序如下：

```
install.packages("pso")
library("pso")
V = rnorm(4)
H = rnorm(4)
W = 100
o = psoptim(rep(NA,2),function(x)W * ((H[1] - x[1])^2 + (V[1] - x[2])^2)^0.5 + W * ((H
[2] - x[1])^2 + (V[2] - x[2])^2)^0.5 + W * ((H[3] - x[1])^2 + (V[3] - x[2])^2)^0.5 + W * ((H
[4] - x[1])^2 + (V[4] - x[2])^2)^0.5, lower = c( - 100, - 100), upper = c(100,100), control
 = list(s = 50, maxit = 1000, trace = 1, REPORT = 1,
trace.stats = TRUE))
plot(o $ stats $ it, o $ stats $ error, log = "y", xlab = "It", ylab = "Cost")
```

14.4 人工蜂群算法

Karaboga（2005）提出了人工蜂群算法（artificial bee colony algorithm, ABC），它是模拟蜜蜂行为而提出的一种优化方法，属于群体智能的一种具体应用。它的特色是只需要对问题进行优劣的比较，经由各只人工蜂个体的局部寻优行为，最终在群体中使全局最优值展现出来，相对于其他算法具有较快的收敛速度。其背景源于蜂群的采蜜行为，蜜蜂根据各自的分工进行不同的活动，并实现蜂群信息的共享和交流，从而找到花蜜量最大的蜜源（找到问题的最优解）。一般人工蜂群算法将人工蜂群分为三类：采蜜蜂、观察蜂和侦察蜂。人工蜂群模型包含三个组成要素：食物源、引领蜂和未被雇用的蜜蜂：

（1）食物源：食物源的好坏由许多因素决定，例如它离蜂巢的远近、包含花蜜的多寡和获得花蜜的难易程度。

（2）引领蜂：它与所采集的食物源对应。引领蜂储存了某个食物源的相关信息，包括相对于蜂巢的距离、方向、食物源的丰富程度等，并且将这些信息以一定的概率与其他蜜蜂分享。

（3）未被雇用的蜜蜂：其主要任务是寻找和开采食物源，包括侦察蜂和跟随蜂。侦察蜂搜索蜂巢附近的新食物源，跟随蜂在蜂巢里面通过与引领蜂分享相关信息找到食物源。通常侦察蜂的数目占蜂群的 5%～20%。

人工蜂群在搜寻蜜源时有几项重要工作：

1. 蜜源初始化

蜜源 i（$i=1, 2, \cdots, NP$）的质量对应解的适应度值 fit_i，NP 是蜜源的数量。设求解问题的维数为 D，在 t 次迭代时蜜源 i 的位置表示为 $X_i^t=[x_{i1}^t, x_{i2}^t, \cdots, x_{iD}^t]$，其中 t 表示当前的迭代次数；$x_{id}\in(L_d, U_d)$，L_d 和 U_d 分别表示搜索空间的下限和上限，$d=1, 2, \cdots, D$。蜜源 i 的初始位置按照式（14.4.1）在搜索空间随机生成。

$$x_{id}=L_d+\text{rand}(0,1)(U_d-L_d) \tag{14.4.1}$$

2. 新蜜源的更新搜索公式

在搜索的初始阶段，引领蜂会在蜜源 i 的附近根据式（14.4.2）搜寻一个新的蜜源。

$$v_{id} = x_{id} + \varphi(x_{id} - x_{jd}) \tag{14.4.2}$$

式中，$j \neq i$，表示在 NP 个蜜源中随机选取一个不等于 i 的蜜源；φ 是 $[-1, 1]$ 上的随机数，决定扰动的程度。当新蜜源 V_i 的适应度优于 X_i 时，用新蜜源代替原来的蜜源，否则保留 X_i 。所有的引领蜂完成式（14.4.2）的运算之后，就飞回信息交流区共享蜜源。

3. 跟随蜂选择引领蜂的概率

跟随蜂根据引领蜂分享的蜜源信息，按式（14.4.3）计算的概率进行跟随。

$$p_i = fit_i / \sum_{i=1}^{NP} fit_i \tag{14.4.3}$$

在 ABC 算法中，解的适应度评价依据式（14.4.4）来计算。

$$fit_i = \begin{cases} 1/(1 + f_i), f_i \geqslant 0 \\ 1 + abs(f_i), \text{其他} \end{cases} \tag{14.4.4}$$

式中，f_i 表示解的函数值。

4. 产生侦察蜂

在搜索过程中，如果蜜源 X_i 经过 $trial$ 次迭代搜索到达阈值 $limit$ 而没有找到更好的蜜源，该蜜源 X_i 就会被放弃，与之对应的采蜜蜂的角色变为侦察蜂。侦察蜂将在搜索空间随机产生一个新的蜜源来代替 X_i。

上述过程如式（14.4.5）所示：

$$X_i^{t+1} = \begin{cases} L_d + \text{rand}(0,1)(U_d - L_d), \ trial_i \geqslant limit \\ X_i^t, \ trial_i < limit \end{cases} \tag{14.4.5}$$

算法流程如下：

（1）产生初始种群；

（2）引领蜂根据式（14.4.1）搜索食物源 X_i，并计算其适应值；

（3）选择较好的食物源；

（4）根据式（14.4.3）计算食物源 X_i 被跟随蜂选择的概率；

（5）跟随蜂采用轮盘选择法选择引领蜂，跟随蜂根据式（14.4.2）在蜜源 i

附近产生一个新的蜜源；

（6）选择较好的蜜源；

（7）判断是否有被抛弃的蜜源，如果有，引领蜂转化为侦察蜂，侦察蜂根据式（14.4.1）随机寻找新的食物源；

（8）记录迄今为止最好的蜜源；

（9）判断是否满足终止条件，如果是，则输出最优解，否则回到步骤（2）。

在 R 语言中可以采用“ABCoptim”安装包运行人工蜂群算法，运行 ABCoptim内的“abc _ optim”函数的格式如下：

```
abc_optim(par,
          fn, …,
          lb = rep( - Inf, length(par)),
          ub = rep( + Inf, length(par)),
          maxCycle  = 1000,
          criter = 50,
          )
```

其中，常用参数包括：

par：待优化参数的初始值；

fn：要优化的函数；

lb，ub：优化参数（变量）的下限和上限；

maxCycle：最大迭代次数；

criter：停止条件。

本节以实际例子来说明该函数的用法。

例 1　试求出下述函数的优化问题。

$$f(x) = -\cos x_1 \cos x_2 \, e^{-((x_1-\pi)^2+(x_2-\pi)^2)}$$

求解极小值的 R 程序如下：

下载及加载安装包：

```
install.packages("ABCoptim")
library(ABCoptim)
```

运行结果如下：

```
Installing package into 'C:/Users/Pan/Documents/R/win-library/3.6'
```

```
(as 'lib' is unspecified)
…
```

设定优化函数：

```
f<-function(x) -cos(x[1]) * cos(x[2]) * exp(-((x[1]-pi)^2+(x[2]-pi)^2))
```

运行结果如下：

```
>f
function(x) -cos(x[1]) * cos(x[2]) * exp(-((x[1]-pi)^2+(x[2]-pi)^2))
```

运行 abc _ optim 函数求解，变量的上、下限分别设定为 20 和－20，迭代次数设定为 1 000：

```
abc_optim(rep(0,2),f,lb=-20,ub=20,maxCycle =1000,criter=1000)
```

运行结果如下：

```
An object of class -abc_answer- (Artificial Bee Colony Optim.):
par:
  x[1]:3.141593
  x[2]:3.141593
value:
        -1.000000
counts:
        1000
```

结果发现，“value”为目标函数的最小值，该值为－1；“par”为两个变量的最优解，x_1 和 x_2 的最优解分别为 3. 141 593，3. 141 593；“counts”表示最大迭代数。例 1 的全部 R 程序如下：

```
install.packages("ABCoptim")
library(ABCoptim)
fun<-function(x){-cos(x[1]) * cos(x[2]) * exp(-((x[1]-pi)^2+(x[2]-pi)^2))}
abc_optim(rep(0,2),fun,lb=-20,ub=20,maxCycle =1000,criter=1000)
```

例 2 试求出下列物流中心选址问题，如图 14. 1. 1 所示，极小化数学模型如下：

$$F(X)=W\times\sqrt{(H_1-X_1)^2+(V_1-X_2)^2}+W\times\sqrt{(H_2-X_1)^2+(V_2-X_2)^2}$$
$$+W\times\sqrt{(H_3-X_1)^2+(V_3-X_2)^2}+W\times\sqrt{(H_4-X_1)^2+(V_4-X_2)^2}$$

求解极小值的 R 程序如下。

下载及加载安装包：

```
install.packages("ABCoptim")
library(ABCoptim)
```

运行结果如下：

```
Installing package into 'C:/Users/Pan/Documents/R/win-library/3.6'
(as 'lib' is unspecified)
…
```

设定 4 个分销点坐标（H，V）以及固定运量值 W：

```
V = rnorm(4)
H = rnorm(4)
W = 100
```

运行结果如下：

```
>V
[1] -0.1155919   -2.0678448   0.8950490   -1.1368327
>H
[1] -0.9112095   -0.3228557   1.1682608   -1.0834800
>W
[1]100
```

定义优化物流选址函数：

```
f<-function(x){
    return(W*((H[1]-x[1])^2+(V[1]-x[2])^2)^0.5+W*((H[2]-x[1])^2+(V[2]-x
[2])^2)^0.5+W*((H[3]-x[1])^2+(V[3]-x[2])^2)^0.5+W*((H[4]-x[1])^2+(V[4]-x
[2])^2)^0.5)
}
```

运行结果如下：

```
>f
function(x){
    return(W*((H[1]-x[1])^2+(V[1]-x[2])^2)^0.5+W*((H[2]-x[1])^2+(V[2]-x[2])^2)^
0.5+W*((H[3]-x[1])^2+(V[3]-x[2])^2)^0.5+W*((H[4]-x[1])^2+(V[4]-x[2])^2)^0.5)
}
```

运行 abc _ optim 函数求解，优化参数的下限设定为−20，上限设定为 20，最大迭代数设定为 1 000：

```
abc_optim(rep(0,2),f,lb = -20,ub = 20,maxCycle  = 1000,criter = 1000)
```

运行结果如下：

```
An object of class -abc_answer- (Artificial Bee Colony Optim.):
par:
x[1]: -0.316171
x[2]:1.045857
value:
    618.463532
counts:
    1000
```

由程序运行 1 000 迭代的结果可知，最低成本“value”为 618.463 532，其两个变量 X_1 和 X_2 分别是−0.316 171 和 1.045 857。

例 2 的全部程序如下：

```
install.packages("ABCoptim")
library(ABCoptim)
V = rnorm(4)
H = rnorm(4)
W = 100
fun<-function(x){W*((H[1]-x[1])^2+(V[1]-x[2])^2)^0.5+W*((H[2]-x[1])^2+(V
[2]-x[2])^2)^0.5+W*((H[3]-x[1])^2+(V[3]-x[2])^2)^0.5+W*((H[4]-x[1])^2+(V
[4]-x[2])^2)^0.5}
abc_optim(rep(0,2),fun,lb = -20,ub = 20,maxCycle  = 1000,criter = 1000)
```

第 15 章
人工神经网络

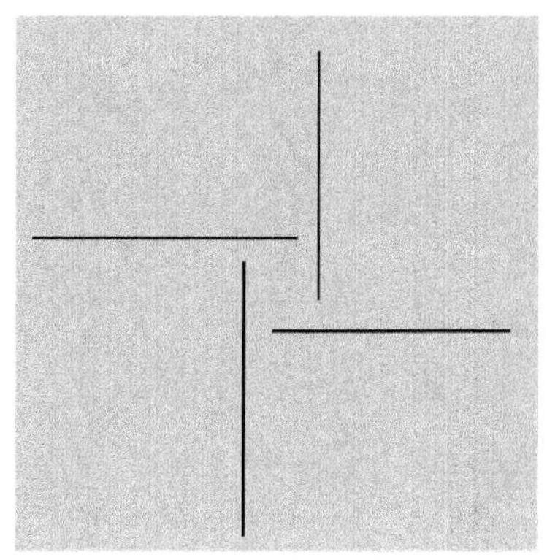

本章要点

- 人工神经网络简介
- 倒传递神经网络
- 支持向量机
- 循环神经网络

15.1　人工神经网络简介

人工神经网络（artificial neural networks，ANN）是一种模仿动物神经网络行为的特征进行分布式并行信息传播处理的算法模型，这种网络依靠系统的复杂程度，通过调整内部大量节点之间相互连接的权重值与门限值，达到处理信息的目的。在一般情况下，人工神经网络模型会用来进行连续型数值预测（以倒传递神经网络为例）或分类预测（以支持向量机为例），此外也用来进行图像识别（以卷积神经网络为例）。本章将介绍倒传递神经网络、支持向量机和循环神经网络。

一个简单的人工神经网络图形如图 15.1.1 所示：

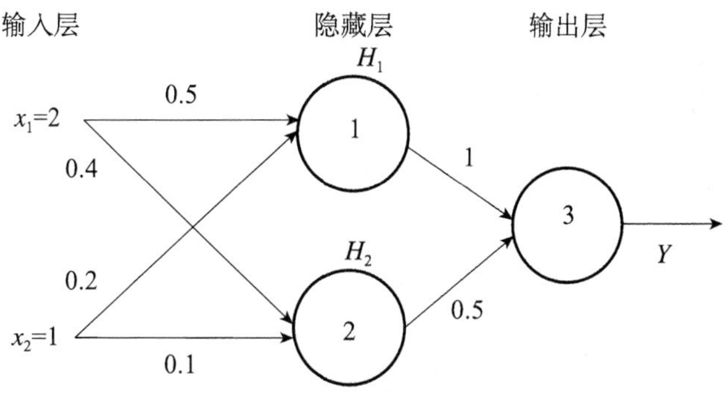

图 15.1.1　人工神经网络节点计算例子

图 15.1.1 中输入层包括两个输入节点（x_1，x_2），隐藏层也包括两个输入节点（H_1，H_2），输出层有一个输出节点（Y）。若节点接收的输入向量用 X 表

示，节点与上一层的网络权重向量用 W 表示，节点的门限值用 θ 表示，则第 j 个节点的加法器 U_j 定义为：

$$U_j = \sum_{i=1}^{n} w_{ij} x_i + \theta_j$$

其中，n 为上层节点个数，x_i 为上层第 i 个节点的输出，w_{ij} 为上层第 i 个节点与本层第 j 个节点的连接权重值。此外，一般人工神经网络的启动函数 $y=f(U)$ 大多采用 Sigmoid 函数，定义为：

$$f(U_j) = \frac{1}{1+\mathrm{e}^{-U_j}}$$

启动函数的作用是将加法器的函数值转换为 0～1 之间的数值，非常适合用于分类问题的预测。以图 15.1.1 为例，假设门限值 θ 为 0，计算隐藏层节点 1（H_1）、节点 2（H_2）和输出层节点 3（Y）的值，计算过程如下：

节点 1（H_1）：$H_1=2\times0.5+1\times0.2=1.2$；启动函数 $y=f(1.2)=0.77$；

节点 2（H_2）：$H_2=2\times0.4+1\times0.1=0.9$；启动函数 $y=f(0.9)=0.71$；

节点 3（Y）：$Y=0.77\times1+0.71\times0.5=1.125$；启动函数 $y=f(1.125)=0.75$。

R 程序计算过程如下：

```
>H1 = 2 * 0.5 + 1 * 0.2
>H1
[1]1.2
>y = 1/(1 + exp( - 1.2))
>y
[1]0.7685248
>H2 = 2 * 0.4 + 1 * 0.1
>H2
[1]0.9
>y = 1/(1 + exp( - 0.9))
>y
[1]0.7109495
>Y = 0.77 * 1 + 0.71 * 0.5
>Y
[1]1.125
```

```
>y = 1/(1 + exp( - 1.125))
>y
[1]0.754915
```

15.2　倒传递神经网络

倒传递神经网络（back propagation network，BPN）是最广泛应用的人工神经网络，它是一种按误差反向传播（简称误差反传）训练的多层前馈网络，其算法称为 BPN，它的基本思想是利用梯度下降法搜索技术，使网络的预测输出值和期望输出值的误差均方差最小。在倒传递阶段节点之间的连接权重会根据预测误差反向进行修正，如此反复修正后会使得 BPN 网络的预测输出值趋近于目标值。误差函数公式如下：

$$err = \frac{1}{2}\sum_{i=1}^{n}(T_i - Y_i)^2$$

其中：

T_i ：输出层第 i 个输出神经元的期望输出值；

Y_i ：输出层第 i 个输出神经元的预测输出值。

而误差函数对权重值的偏导数如下：

$$\Delta\omega = - n\frac{\partial err}{\partial \omega}$$

其中：

$\Delta\omega$ ：为各层神经元的连接权重值的修正量；

n：为神经网络的学习速率参数，主要控制 BPN 的学习速度，学习速率不宜太快，也不宜太慢，一般取 0.01～0.1。

在 R 语言中一般采用“neuralnet”软件包运行倒传递神经网络，其函数的格式大致如下：

```
neuralnet (formula,data,
           hidden = 1,
           threshold = 0.01,
```

```
rep = 1,
learningrate = NULL,
algorithm = "rprop + ",
linear.output = TRUE)
```

其中，常用参数包括：

formula：公式 y～x1＋x2＋…＋xn，习惯尽可能不要将公式填入函数中，尽可能用一个参数表示。

data：所要进行分析的数据。

hidden：神经网络隐藏层数。若设定“hidden＝3”，表示隐藏层有一层，有 3 个神经元；若要设定多层，请用 c 函数，如“hidden＝c(5，3)”表示隐藏层有两层，第一层有 5 个神经元，第二层有 3 个神经元。

threshold：神经网络误差函数的停止门限值。

rep：神经网络训练重复次数。

learningrate：学习速率（只针对“backprop”）。

algorithm：计算神经网络的算法，算法包括 backprop，rprop＋，rprop－，sag，sir。

linear.output：是否为连续型数值输出。若设定“TRUE”，则输出为数值型；反之输出为二元（0 或 1）离散型。

本节以一个实例操作让读者了解如何运用 R 程序中 neuralnet 函数构建倒传递神经网络预测模型。由于 neuralnet 函数中一般倒传递参数“backprop”经笔者测试效果不佳，因此下面的实例采用弹性倒传递“rprop”构建神经网络预测模型。

例 1 弹性倒传递（rprop）神经网络连续型数值预测。

我们先看一个连续型数值预测的例子，样本数据如表 15.2.1 所示：

表 15.2.1

X	1	2	3	4	5	6	7	8	9	10
Y	1	4	9	16	25	36	49	64	81	100

按照表中的规则，若输入神经网络的数值为 1，则期望输出为 1；若输入神经网络的数值为 2，则期望输出为 4；若输入神经网络的数值为 3，则期望输出为 9；依此类推。程序中尝试输入“2.1，5.3，7.7”三个数值，而期望输出为

“4，25，64”，本例构建弹性倒传递（rprop）神经网络，并观察其预测能力，R程序如下。

首先下载并加载安装包：

```
install.packages("neuralnet")
library(neuralnet)
```

运行结果如下：

```
Installing package into 'C:/Users/Pan/Documents/R/win-library/3.6'
(as 'lib' is unspecified)
…
```

输入训练数据并处理格式：

```
traininginput<-as.data.frame(c(1,2,3,4,5,6,7,8,9,10))
trainingoutput<-as.data.frame(c(1,4,9,16,25,36,49,64,81,100))
trainingdata<-cbind(traininginput,trainingoutput)
trainingdata
colnames(trainingdata)<-c("Input","Output")
trainingdata
```

运行结果如下：

```
>trainingdata
    Input  Output
1     1     1
2     2     4
3     3     9
4     4     16
5     5     25
6     6     36
7     7     49
8     8     64
9     9     81
10    10    100
```

构建神经网络模型并绘制神经网络图：

```
f = Output~Input
net.sqrt<-neuralnet(f,trainingdata,hidden = c(5,3),rep = 2,algorithm = 'rprop+',
threshold = 0.01,linear.output = T)
print(net.sqrt)
plot(net.sqrt)
```

运行结果如图 15.2.1 所示：

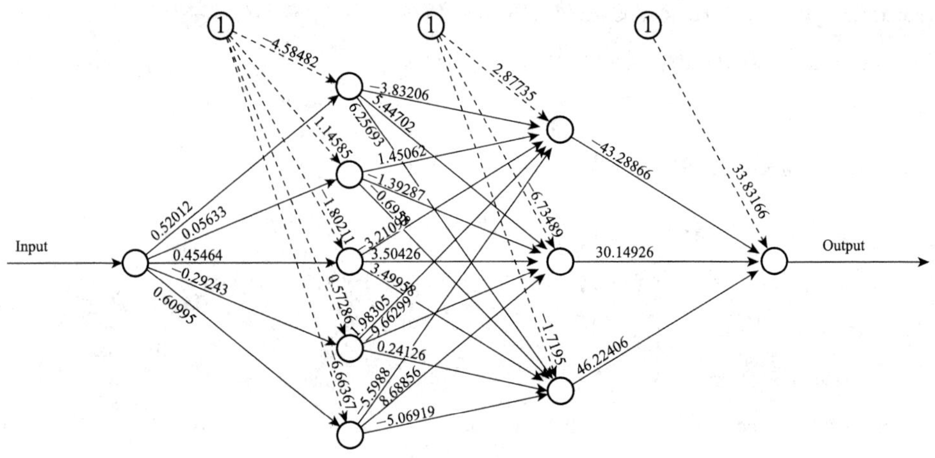

图 15.2.1 弹性倒传递神经网络图 1

在图 15.2.1 中实线的数值代表神经元之间的连接权重值，而虚线的数值表示神经网络拟合过程中，每一步被添加到虚线的误差项。然后整理好测试数据（2.1，5.3，7.7）并输入神经网络，程序如下：

```
testdata<-as.data.frame(c(2.1,5.3,7.7))
testdataout<-as.data.frame(c(4,25,64))
testdata<-cbind(testdata)
colnames(testdata)<-c("testdata")
testdata
```

运行结果如下：

```
>testdata
    testdata
1       2.1
```

```
2         5.3
3         7.7
```

将测试数据输入神经网络中进行预测：

```
net.results<-compute(net.sqrt,testdata)
cleanoutput<-cbind(testdata,testdataout,as.data.frame(net.results$net.result))
colnames(cleanoutput)<-c("testdata","Expected Output","Neural Net Output")
print(cleanoutput)
```

运行结果如下：

```
>print(cleanoutput)
   testdata Expected Output Neural Net Output
1        2.1          4              4.408391
2        5.3         25             28.167276
3        7.7         64             60.259614
```

由输出结果我们可以发现，数值“2.1”、“5.3”和“7.7”接近“2”、“5”和“8”，期望输出分别为“4”、“25”和“64”，与神经网络的 3 个输出值“4.408 391”、“28.167 276”和“60.259 614”非常接近，代表此弹性倒传递神经网络预测能力很好。读者可将测试数据改为自己的研究数据尝试建模和预测。本例完整的程序如下：

```
install.packages("neuralnet")
library(neuralnet)
traininginput<-as.data.frame(c(1,2,3,4,5,6,7,8,9,10))
trainingoutput<-as.data.frame(c(1,4,9,16,25,36,49,64,81,100))
trainingdata<-cbind(traininginput,trainingoutput)
trainingdata
colnames(trainingdata)<-c("Input","Output")
trainingdata
f=Output~Input
net.sqrt<-neuralnet(f,trainingdata,   hidden=c(5,3),rep=2,algorithm='rprop+',
threshold=0.01,linear.output= T)
print(net.sqrt)
plot(net.sqrt)
```

```
testdata<-as.data.frame(c(2.1,5.3,7.7))
testdataout<-as.data.frame(c(4,25,64))
testdata<-cbind(testdata)
colnames(testdata)<-c("testdata")
testdata
net.results<-compute(net.sqrt,testdata)
cleanoutput<-cbind(testdata,testdataout,as.data.frame(net.results$net.result))
colnames(cleanoutput)<-c("testdata","Expected Output","Neural Net Output")
print(cleanoutput)
```

例 2 弹性倒传递（rprop）神经网络预测离散二元值。

本节再以弹性倒传递神经网络进行二元值（0，1）预测，一个常用的例子是解 XOR 闸问题，数据如下：

X1	0	0	1	1
X2	0	1	0	1
Y	0	1	1	0

若 X1 和 X2 输入相同的值，则 Y 输出 0；若 X1 和 X2 输入不同的值，则 Y 输出 1。以这个例子来测试弹性倒传递神经网络进行二元值预测的准确性。程序如下：

首先下载并加载安装包：

```
install.packages("neuralnet")
library(neuralnet)
```

运行结果如下：

```
Installing package into 'C:/Users/Pan/Documents/R/win-library/3.6'
(as 'lib' is unspecified)
…
```

输入训练数据与处理格式：

```
traininginput1<-as.data.frame(c(0,0,1,1))
traininginput2<-as.data.frame(c(0,1,0,1))
trainingoutput<-as.data.frame(c(0,1,1,0))
```

```
trainingdata<-cbind(traininginput1,traininginput2,trainingoutput)
trainingdata
colnames(trainingdata)<-c("Input1","Input2","Output")
trainingdata
```

运行结果如下：

```
>trainingdata
   Input1  Input2  Output
1     0       0       0
2     0       1       1
3     1       0       1
4     1       1       0
```

构建神经网络模型并绘制神经网络图：

```
f = Output~Input1 + Input2
net.sqrt<-neuralnet(f,trainingdata,hidden = 3,rep = 2,algorithm = 'rprop + ',learningrate =
0.1,threshold = 0.01,linear.output =  F)#
print(net.sqrt)
plot(net.sqrt)
```

运行结果如图 15.2.2 所示。

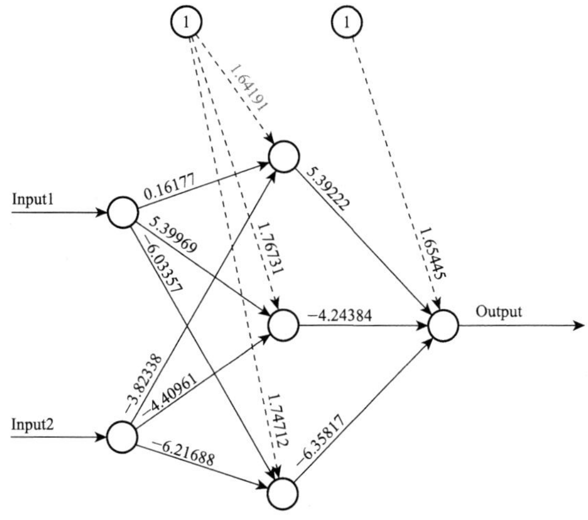

图 15.2.2　弹性倒传递神经网络图 2

在图 15.2.2 中实线的数值代表神经元之间的连接权重值，而虚线的数值表示神经网络拟合过程中每一步被添加到虚线的误差项。然后整理好测试数据 X1 =(1.1，0.9，0.2)，X2=(0.8，0.1，0.3) 并输入神经网络，程序如下。

```
testdata1<-as.data.frame(c(1.1,0.9,0.2))
testdata2<-as.data.frame(c(0.8,0.1,0.3))
testdataout<-as.data.frame(c(0,1,0))#期望输出值
testdata<-cbind(testdata1,testdata2)
colnames(testdata)<-c("testdata1","testdata2")
testdata
```

运行结果如下：

```
>testdata
  testdata1 testdata2
1       1.1       0.8
2       0.9       0.1
3       0.2       0.3
```

由于第一行数值“1.1”接近“1”、数值“0.8”也接近“1”，两者相同，因此期望输出应该接近 0，其余数值类推。

将测试数据输入神经网络进行预测：

```
net.results<-compute(net.sqrt,testdata)
cleanoutput<-cbind(testdata1, testdata2, testdataout, as.data.frame(net.results
$net.result))
colnames(cleanoutput)<-c("testdata1","testdata2","Expected Output","Neural Net
Output")
print(cleanoutput)
```

运行结果如下：

```
>print(cleanoutput)
  testdata1 testdata2 Expected Output Neural Net Output
1       1.1       0.8               0         0.1935007
2       0.9       0.1               1         0.8298831
```

3　　0.2　　0.3　　　　0　　　0.2223071

由输出结果我们可以发现，第一行 X1 数值“1.1”和 X2 数值“0.8”的期望输出分别为“0”，与神经网络的输出值“0.193 500 7”非常接近；第二行 X1 数值“0.9”和 X2 数值“0.1”的期望输出均为“1”，与神经网络的输出值“0.829 883 1”非常接近；第三行 X1 数值“0.2”和 X2 数值“0.3”的期望输出均为“0”，与神经网络的输出值“0.222 307 1”非常接近。由此可以看出弹性倒传递神经网络预测能力很好。读者可将测试数据改为自己的研究数据尝试建模和预测。本例完整的程序如下：

```
install.packages("neuralnet")
library(neuralnet)
traininginput1<-as.data.frame(c(0,0,1,1))
traininginput2<-as.data.frame(c(0,1,0,1))
trainingoutput<-as.data.frame(c(0,1,1,0))
trainingdata<-cbind(traininginput1,traininginput2,trainingoutput)
trainingdata
colnames(trainingdata)<-c("Input1","Input2","Output")
trainingdata
f = Output~Input1 + Input2
net.sqrt<-neuralnet(f,trainingdata,hidden = 3,rep = 2,algorithm = 'rprop + ',learningrate =
0.1,threshold = 0.01,linear.output = F)#
print(net.sqrt)
plot(net.sqrt)
testdata1<-as.data.frame(c(1.1,0.9,0.2))
testdata2<-as.data.frame(c(0.8,0.1,0.3))
testdataout<-as.data.frame(c(0,1,0))
testdata<-cbind(testdata1,testdata2)
colnames(testdata)<-c("testdata1","testdata2")
testdata
net.results<-compute(net.sqrt,testdata)
```

```
cleanoutput <- cbind(testdata1, testdata2, testdataout, as.data.frame(net.results
 $net.result))
colnames(cleanoutput) <- c("testdata1","testdata2","Expected Output","Neural Net
Output")
print(cleanoutput)
```

15.3 支持向量机

支持向量机（support vector machine，SVM）由 Vapnik（1995）提出，是一种有监督式机器学习算法，基本模型是在特征空间中找到最佳的分离超平面使得训练集上正负样本间隔最大，最常用来进行分类预测。本节以图 15.3.1 解释支持向量机的特性。

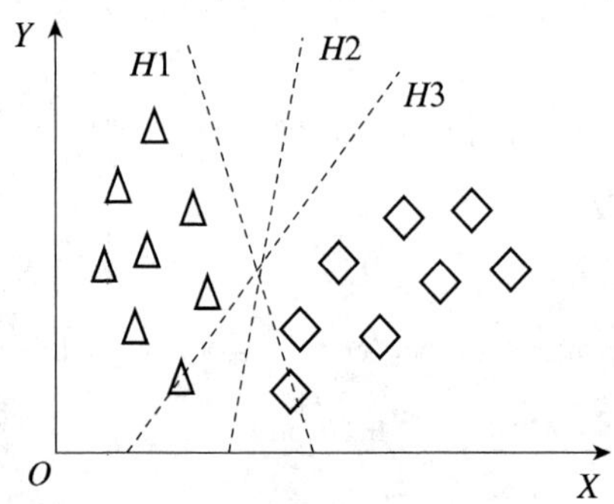

图 15.3.1 支持向量机的特性

图 15.3.1 中分别有三个超平面 $H1$、$H2$ 和 $H3$，其中 $H1$ 超平面会切割到下方菱形样本点，$H3$ 超平面则会切割到下方三角形样本点，只有 $H2$ 可以均匀切割开三角形和菱形样本点，因此超平面以 $H2$ 切割样本点最佳。图 15.3.1 中三角形和菱形各有 8 个样本点。假设三角形样本点标记为 $Y=1$，菱形样本点标记为 $Y=-1$，则共有 16 个样本，如下所示：

$$\{(X_1,Y_1),(X_2,Y_2),(X_3,Y_3),\cdots,(X_{16},Y_{16})\}$$

超平面分割线为 $wx+b=0$，因此样本点到超平面的几何距离为

$$\frac{y_i \cdot (w^{\mathrm{T}} \cdot \varnothing(x_i) + b)}{\|w\|}$$

然而，超平面就是满足支持向量到其的最小距离最大，也就是：

$$\max\left[\min \frac{y_i(w \cdot x_i + b)}{\|w\|}\right]$$

R 语言运行支持向量机是采用“e1071”包，由于 SVM 用于进行分类预测，本节先采用上一节 XOR 闸问题测试一下 SVM 的分类能力。

例 1　支持向量机（SVM）预测离散二元值。

本节以支持向量机做二元值（0，1）预测，一个常用的例子是解 XOR 闸问题，数据如下：

X1	0	0	1	1
X2	0	1	0	1
Y	0	1	1	0

若 X1 和 X2 输入相同的值，则 Y 输出 0；若 X1 和 X2 输入不同的值，则 Y 输出 1。以这个例子来测试支持向量机进行二元值预测的准确性，程序如下。

下载及加载“e1071”安装包：

```
install.packages("e1071")
library(e1071)
```

运行结果如下：

```
Installing package into 'C:/Users/Pan/Documents/R/win-library/3.6'
(as 'lib' is unspecified)
…
```

整理 SVM 训练数据：

```
X1 = c(0,0,1,1)
X2 = c(0,1,0,1)
Y = c(0,1,1,0)
alldata = data.frame(X1,X2,Y)
```

运行结果如下：

```
>alldata
```

```
  X1 X2 Y
1  0  0 0
2  0  1 1
3  1  0 1
4  1  1 0
```

SVM 建模：

```
svm.model<-svm(alldata$Y~.,kernel="radial",type="C-classification",cost=
10,gamma=10,alldata)
```

其中，cost 和 gamma 这两个参数会影响整体分类预测模型的准确性，读者可以试着采用“tune. svm”函数进行调整。

然后整理测试数据：

```
X1 =c(1.1,0.1,0.9)
X2 =c(0.9,1.1,0.9)
testdata=data.frame(X1,X2)
```

运行结果如下：

```
   X1   X2
1  1.1  0.9
2  0.1  1.1
3  0.9  0.9
```

将测试数据输入模型进行分类预测：

```
svm.pred<-predict(svm.model,testdata)
```

运行结果如下：

```
>svm.pred
1 2 3
0 1 0
Levels:0 1
```

由于测试数据中第一行 X1 为“1.1”，接近“1”，X2 为“0.9”，也接近“1”，因此两者相同，分类结果应该为“0”，由预测结果的第一个值为“0”可以看出分类正确。同样地，测试数据中第二行 X1 和 X2 不同，分类结果应该为“1”，由预测结果的第二个值为“1”可以看出分类正确。依此类推，第三个值为“0”，分类结果也正确。由于本例的数据简单，因此分类效果好。若读者的数据复杂导致预测结果不佳，建议采用下列程序调整 cost 和 gamma 参数，程序如下：

```
tuned< - tune.svm(Y~X1 + X2,data = alldata,gamma = 10^( - 3: - 1),
cost = 10^( - 1:1))
summary(tuned)
```

运行结果如下：

```
>summary(tuned)
Parameter tuning of 'svm':
- sampling method:10 - fold cross validation
- best parameters:
gamma cost
0.1   10
…
```

由函数输出我们可以看出，这组数据用于 SVM 模型最佳的参数设置是 gamma 设为“0.1”、cost 设为“10”，读者可以利用自己的数据尝试 SVM 的分类预测能力。本节完整的程序如下：

```
install.packages("e1071")
library(e1071)
#训练数据(使用 tune.svm 时数据数必须超过 10 组)
X1 = c(0,0,1,1,0,0,1,1,0,0,1,1)
X2 = c(0,1,0,1,0,1,0,1,0,1,0,1)
Y  = c(0,1,1,0,0,1,1,0,0,1,1,0)
alldata = data.frame(X1,X2,Y)
#建立 SVM 模型
svm_model< - svm(alldata $ Y~.,kernel = "radial",type = "C - classification",cost =
10,gamma = 10,alldata)
#测试数据
X1  = c(1.1,0.1,0.9)
X2  = c(0.9,1.1,0.9)
```

```
testdata = data.frame(X1,X2)
svm.pred<-predict(svm_model,testdata)
#调整参数
tuned<-tune.svm(Y~X1+X2,data=alldata,gamma=10^(-3:-1),cost=10^(-1:1))
summary(tuned)
```

15.4 循环神经网络

在人工神经网络中，基于隐藏层的数量和数据流量有几个版本，其中的一个版本就是循环神经网络（recurrent neural network，RNN）。它的神经元之间的连接可以形成一个循环，并且 RNN 可以使用内部的储存器进行处理，其特征在于隐藏层之间的连接按照时间传递以便学习序列。RNN 不仅将当前输入到网络的数据作为输入，而且将长期以来的经验作为输入，一个循环神经网络在特定时刻作出的决策会影响其下一刻作出的决策，因此循环神经网络会有两个输入源，也就是当前和过去相结合。循环神经网络是一种人工神经网络之间存在连接并且形成有向循环的神经网络，一个简单的 RNN 图形如图 15.4.1 所示。要运行 RNN 可以下载 RNN 安装包“rnn”，该安装包有两个重要的函数“trainr”和“predictr”。“trainr”用于训练数据构建 RNN 网络模型，而“predictr”将测试数据输入 RNN 网络模型进行测试。不论是训练阶段还是测试阶段，都可以运用已知的因变量（Y）计算出训练阶段和测试阶段的预测准确率。

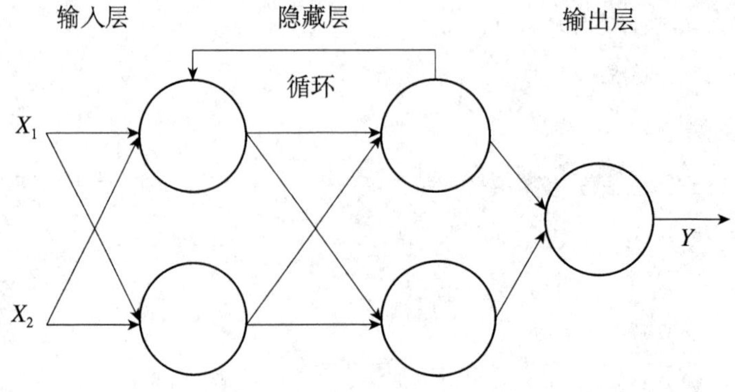

图 15.4.1 循环神经网络架构图

训练阶段称为“样本内预测”，而测试阶段称为“样本外预测”。由“样本内预测”结果可以看出 RNN 网络模型构建得是否恰当；由“样本外预测”结果可以比较出 RNN 网络模型和其他人工神经网络模型的优劣，这也是一些常见的参考文献所采用的方式。

RNN 网络模型的“trainr”函数的格式如下：

```
trainr(Y,X,model = NULL,learningrate,learningrate_decay = 1,
momentum = 0,hidden_dim = c(10),network_type = "rnn",
numepochs = 1,sigmoid = c("logistic","Gompertz","tanh"),
use_bias = F,batch_size = 1,seq_to_seq_unsync = F,
update_rule = "sgd",epoch_function = c(epoch_print,
epoch_annealing),loss_function = loss_L1, … )
```

常用参数如下：

Y：神经网络输出数据数组；

X：神经网络输入数据数组；

learningrate：神经网络学习速率；

hidden _ dim：神经网络隐藏层维度；

numepochs：神经网络训练迭代次数。

RNN 网络模型的“predictr”函数的格式如下：

```
predictr(model,X,hidden = FALSE,real_output = T, … )
```

常用参数如下：

model：训练完成的 RNN 神经网络模型；

X：神经网络测试输入数据数组。

本节以一个实例操作让读者了解如何运用 R 程序中的 rnn 函数构建 RNN 神经网络预测模型。由于构建神经网络预测模型需要大量数据，碍于版面限制，本节利用 R 程序随机产生 10 000 组训练数据和 5 000 组测试数据。

R 程序如下：

```
install.packages("rnn")
library(rnn)
```

运行结果如下：

```
Warning message:
package 'rnn' was built under R version 3.6.1
```

然后生成训练数据：

```
#生成 10 000 组随机网络训练数据
X1 = sample(0:127,10000,replace = TRUE)
X2 = sample(0:127,10000,replace = TRUE)
Y<-X1 + X2
```

运行结果如下：

```
>X1
[1] 23  118  71  26   83  116  18   118  111  103  20  112  97  113  0  83  80
[18]50  54   49  84   24  127  32   110  43   120  114 44   63  126  78 115 67
[35]54  96   39  122  90  78   111  52   22   93   31  101  5   72   82 115 25
…
```

```
#将数据转换为二进制数值(0,1)
X1<-int2bin(X1)
X2<-int2bin(X2)
Y  <-int2bin(Y)
```

运行结果如下：

```
>head(X1,5)
     [,1] [,2] [,3] [,4] [,5] [,6] [,7] [,8]
[1,]    1    1    1    0    1    0    0    0
[2,]    0    1    1    0    1    1    1    0
[3,]    1    1    1    0    0    0    1    0
[4,]    0    1    0    1    1    0    0    0
[5,]    1    1    0    0    1    0    1    0
…
```

建立三维数组：

```
# RNN 要求建立三维数组:维度 1:样本; 维度 2:时间; 维度 3:变量.
X<-array( c(X1,X2),dim = c(dim(X1),2))
```

运行结果如下：

```
>head(X,10)
[1]1  0  1  0  1  0  0  0  1  1  …
```

开始网络训练：

```
#训练网络模型
model<-trainr(Y=Y[,dim(Y)[2]:1],
              X=X[,dim(X)[2]:1,],
              learningrate=1,
              hidden_dim   =16,
              numepochs    =100)
```

运行结果如下：

```
Trained epoch:1 - Learning rate:1
Epoch error:3.54183024203641
Trainedepoch:2 - Learning rate:1
Epoch error:3.42496515788242
…
```

绘制收敛趋势：

```
#绘制误差收敛趋势图
plot(colMeans(model$error),type='l',xlab='epoch',ylab='errors')
```

运行结果如图 15.4.2 所示。

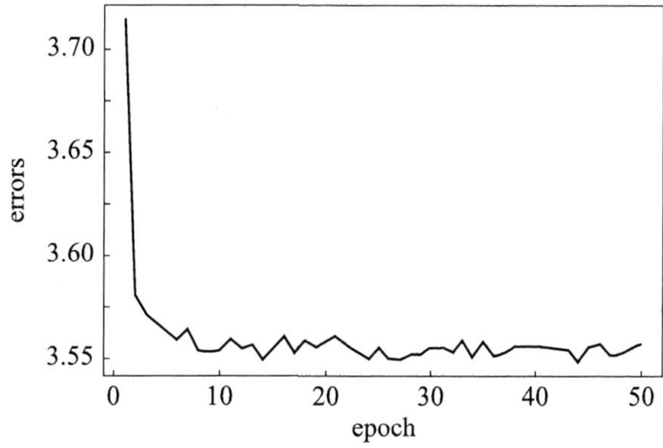

图 15.4.2　训练阶段误差收敛趋势图

由图 15.4.2 我们可以发现，在 RNN 训练阶段随着迭代次数的增加，训练误差递减。

生成测试数据：

```
#生成 5 000 组随机网络测试数据
A1 = int2bin( sample(0:127,5000,replace = TRUE))
A2  = int2bin( sample(0:127,5000,replace = TRUE))
```

运行结果如下：

```
>head(A1,5)
      [,1] [,2] [,3] [,4] [,5] [,6] [,7] [,8]
[1,]    1    1    1    1    0    1    0    0
[2,]    1    1    0    1    1    1    0    0
[3,]    0    1    0    1    1    1    1    0
[4,]    0    1    1    0    0    0    0    0
[5,]    0    1    0    1    1    1    1    0
…
```

建立三维数组：

```
# RNN 要求建立三维数组:维度 1:样本; 维度 2:时间; 维度 3:变量.
A< - array( c(A1,A2),dim = c(dim(A1),2))
```

运行结果如下：

```
>head(A,10)
[1]1  1  0  0  0  0  1  1  1  1  …
```

绘制预测结果图形：

```
#预测
B  < - predictr(model,
A[,dim(A)[2]:1,]      )
B = B[,dim(B)[2]:1]
#转换为整数
A1< - bin2int(A1)
A2< - bin2int(A2)
```

```
B  <-bin2int(B)
#绘制误差直方图
table( B-(A1+A2))
hist(  B-(A1+A2))
```

运行结果如图 15.4.3 所示。

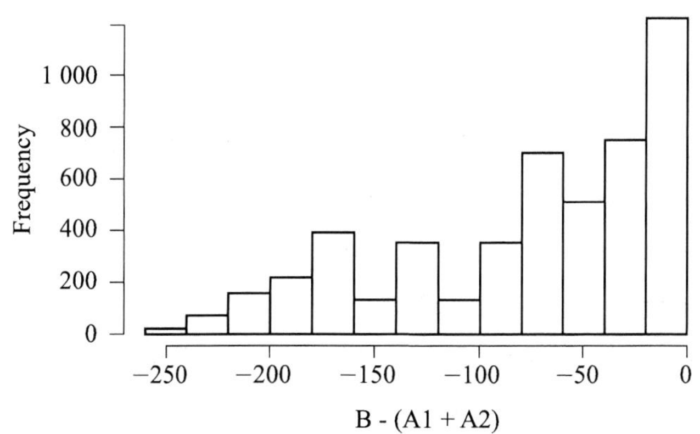

图 15.4.3　RNN 预测误差区间次数统计

由图 15.4.3 我们可看出，误差为 0 的次数相对于其他误差数值要多，误差值很大的部分次数相对也较少，这说明此 RNN 神经网络模型具有很好的仿真能力。

RNN 神经网络模型完整的程序如下：

```
#下载 R 安装包
install.packages("rnn")
library("rnn")
#生成 10 000 组随机网络训练数据
X1  =sample(0:127,10000,replace=TRUE)
X2  =sample(0:127,10000,replace=TRUE)
Y<-X1+X2
#将数据转换为二进制数值(0,1)
X1<-int2bin(X1)
X2<-int2bin(X2)
Y  <-int2bin(Y)
# RNN 要求建立三维数组:维度 1:样本; 维度 2:时间; 维度 3:变量.
```

```
X<-array( c(X1,X2),dim=c(dim(X1),2))
#训练网络模型
model<-trainr(Y=Y[,dim(Y)[2]:1],
                  X=X[,dim(X)[2]:1,],
learningrate  =1,
hidden_dim    =16,
numepochs     =100)
#绘制误差收敛趋势图
plot(colMeans(model$error),type='l',xlab='epoch',ylab='errors')
#生成5 000组随机网络测试数据
A1 = int2bin( sample(0:127,5000,replace=TRUE))
A2 = int2bin( sample(0:127,5000,replace=TRUE))
# RNN要求建立三维数组:维度1:样本; 维度2:时间; 维度3:变量.
A<-array( c(A1,A2),dim=c(dim(A1),2))
# 预测
B  <-predictr(model,
A[,dim(A)[2]:1,]      )
B =B[,dim(B)[2]:1]
# 转换为整数
A1<-bin2int(A1)
A2<-bin2int(A2)
B <-bin2int(B)
#绘制误差直方图
table( B-(A1+A2))
#plot the difference
hist(  B-(A1+A2))
```

第 16 章

小波分析

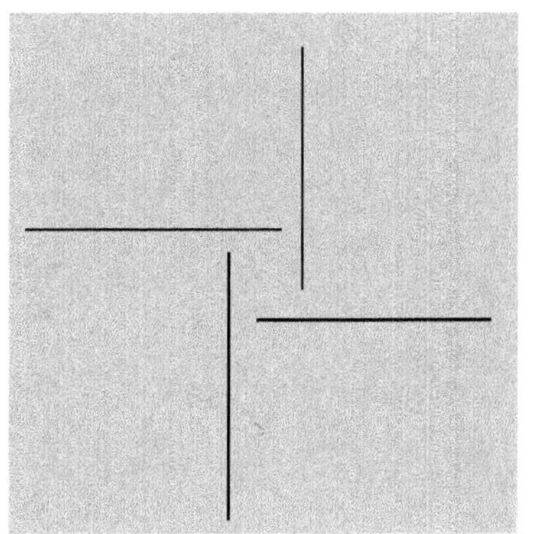

本章要点

- 小波原理与傅立叶变换
- 离散型小波与连续型小波分解示例
- 我国 GDP 数据的时间序列小波分析

16.1 小波原理与傅立叶变换

小波（wavelet）就是小的波形。所谓“小”是指它具有衰减性，“波”则是指它具有波动性，其振幅正负相间。小波分析已经在科技信息产业领域取得了令人瞩目的成就，电子信息技术是六大高新技术中的一个重要领域，它的重要方面是图像和信号处理。现今，信号处理已经成为当代科技工作的重要部分。信号处理的目的就是准确地分析、诊断、编码压缩和量化、快速传递或存储、精确地进行信号重构，目前普遍运用于医学、通信和军事领域。

傅立叶变换（Fourier transformation）是将信号完全放在频率域中分析，因而无法分析出信号在每一个时间点的变化情况，信号在时间轴上任何一点产生突变，都将影响整个频率域的信号。因此，傅立叶变换不能有效地判断出信号中出现的尖峰是由突变部分还是由不平稳的白噪声引起。小波变换（wavelet transformation）是以某些特定的函数为基底，将数据信号扩展成级数数列，它是时间和频率的局部变换，因此小波变换也可以通过伸缩平移运算，同时在时间域和频率域中对数据信号进行多尺度共同分析，从而能有效地从信号中提取信息。正因为如此，可以在不同的小波基底函数下对信号的突变部分和噪声进行有效的判别，从而消除信号的噪声。

小波变换可以分为四类：

（1）连续小波变换。

（2）离散参数小波变换，也就是连续小波变换中的参数 a、b 离散化。

$$a = a_0^{-m}$$

$$b = n \times b_0 \times a_0^{-m}$$

（3）离散时间小波变换，也就是连续小波变换中的时间变量 t 离散化。

$$t = k_T \text{，一般 } T=1$$

（4）离散小波变换，也就是离散参数小波变换中的 $a_0=2$，$b_0=1$，又称二进制小波变换。

离散小波变换在 R 中可以通过“waveslim”包实现，其中的函数 dwt( ) 可以计算离散小波的系数，该函数的格式如下：

```
dwt(x,  wf = "la8", n.levels = 4, boundary = "periodic" )
```

其中，常用参数包括：

x：欲分解的时间序列向量，向量长度必须是 2 的次幂；

wf：要在分解中使用的小波滤波器的名称，在预设情况下设置为“la8”，即长度为 L=8 的小波；

n.levels：指定分解的深度，必须小于或等于 log(length(x)，2)。

boundary：分解的水平，如果 boundary= “periodic”是默认值，则假设分解的向量在其定义的间隔内是周期性的。

逆离散小波分解函数为：

```
idwt(wt, fast = TRUE)
```

其中，常用参数包括：

wt：dwt 分解结果；

fast：如果是“TRUE”，则指示逆金字塔算法是用内部 c 函数计算的，否则，在所有计算中只使用 R 代码。

此外，我们也可以采用最大重叠离散小波变换函数“modwt”进行小波分解。函数格式为：

```
modwt(x, wf = “la8”, n.levels = 4, boundary = “periodic”)
```

该函数参数类似于 dwt，但是 x 向量的长度没有限制，因此容易操作，建议采用该函数进行小波变换，逆最大重叠离散小波变换函数为 imodwt( )。

16.2 离散型小波与连续型小波分解示例

本节讲解离散型小波分解与连续型小波分解的案例程序示范，首先针对离散型小波，程序如下。

首先下载并加载小波分析包“waveslim”：

```
#下载并加载小波分析包
install.packages("waveslim")
library(waveslim)
```

运行结果如下：

```
Installing package into'C:/Users/Pan/Documents/R/win-library/3.6'
(as 'lib' is unspecified)
…
```

仿真含有噪声的波形：

```
#仿真波形数据
f=128#取样频率
t=seq(1/f,2,1/f)#样本数要是2^J
X=2*sin(2*pi*6*t)+3*sin(2*pi*25*t)+4*sin(2*pi*50*t)
```

运行结果如下：

```
>X
[1]5.942775e+00   -9.088208e-01   3.531398e+00   -2.625331e+00   3.890393e-01
[6]7.933213e+00   5.956998e-03   3.094590e+00   -2.445661e+00   -2.702954e+00
[11]6.041350e+00   -1.966476e+00   -1.121402e-01   -3.868132e+00   -6.288588e+00
```

运行小波分解：

```
d<-dwt(X,wf="la8",n.levels=3)
```

运行结果如下：

```
>d
```

```
$ d1
[1]4.19618432  0.94272771  -4.66878279  -4.19339311  6.10125847  3.28807304
…
$ d2
[1]-4.8474103  0.8116075  5.7201276  0.9898633  -5.0302975  -2.9349811
…
$ d3
[1]2.35995331  -1.11280644  -0.52844361  1.00633677  -2.70851664  1.36611170
…
$ s3
[1]2.025672  -4.717215  4.594153  -1.651471  -2.407671  5.250563  -5.197652
…
attr(,"class")
[1]"dwt"
attr(,"wavelet")
[1]"la8"
attr(,"boundary")
[1]"periodic"
```

高频小波细节系数噪声设为 0：

```
d$d1<-rep(0,length(d$d1))
d$d2<-rep(0,length(d$d2))
d$d3<-rep(0,length(d$d3))
```

运行结果如下：

```
$ d1
[1]  0 0 0 0 0 0 00 0 0 0 0 0 0 0 0 0 0 0 0 0 0 0 0 0 0 0 0 0 0 0 0 0 0 0 0 0 0
[37] 0 0 0 0 0 0 0 0 0 0 0 0 0 0 0 0 0 0 0 0 0 0 0 0 0 0 0 0 0 0 0 0 0 0 0 0
[73] 0 0 0 0 0 0 0 0 0 0 0 0 0 0 0 0 0 0 0 0 0 0 0 0 0 0 0 0 0 0 0 0 0 0 0 0
…
```

运行离散型小波重构：

```
#离散型小波逆变换
id<-idwt(d)
```

运行结果如下：

```
>id
[1]  0.56503294  1.37759635  2.11582757  2.17179806  1.93057103  1.61406536
[7]  1.19448344  0.79011438  0.39105322  -0.10214206  -0.57723647  -0.79031740
[13] -0.90088662  -0.91205036  -0.87638925  -1.00777782  -1.14513552  -1.28888564
…
```

若比较原始波形数据会发现数据已经产生变异，波形已经发生变动。最后我们绘图看看：

```
#输出 2 个图形
op<-par(mfrow=c(2,1))
plot(X~t,t='l',ylab='原始数据趋势')
plot(id~t,t='l',ylab='除噪声后数据趋势')
par(op)
```

运行结果如图 16.2.1 所示：

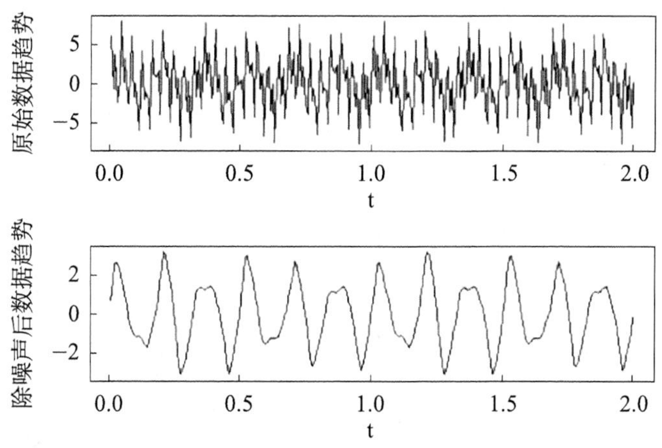

图 16.2.1　去除高频噪声前后的波形变化图

由图 16.2.1 可以看出，去除高频噪声后的图形相较于原始数据图形更能够看出整体走势，对于我们进行时间序列相关研究会有很大的帮助。

紧接着针对连续型小波分解进行案例程序示范，在此案例中我们采用另一种 R 包“Rwave”，程序如下。

首先下载并加载安装包：

```
install.packages("Rwave")
library(Rwave)
```

运行结果如下：

```
Installing package into 'C:/Users/Pan/Documents/R/win-library/3.6'
(as 'lib' is unspecified)
…
```

创建512组样本数据并绘制图形：

```
x<-1:512
chirp<-sin(2*pi*(x+0.002*(x-256)^2)/16)
plot(chirp~x,ylab='原始数据趋势')
```

运行结果如图16.2.2所示。

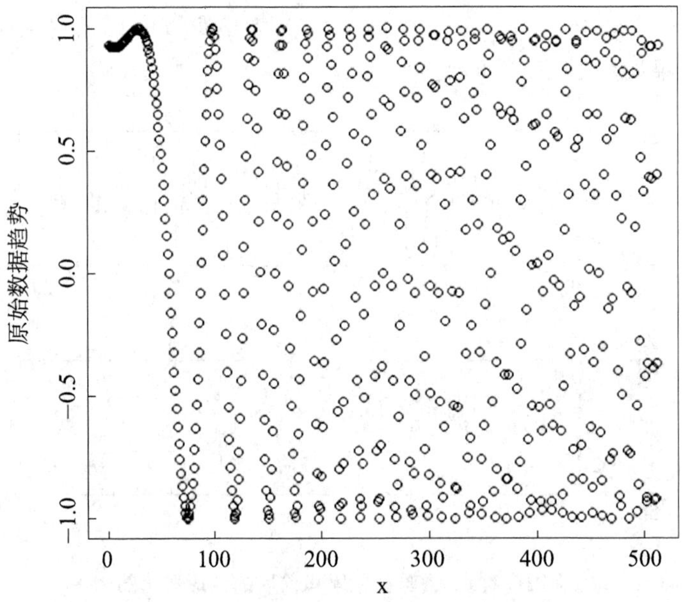

图16.2.2 连续型小波分解样本数据

连续型小波分解并绘图：

```
#如果plot设置为T,则在图形设备上显示连续型小波变换的模.
retChirp<-cwt(chirp,noctave=5,nvoice=12,twoD=T,plot=T)
```

运行结果如图16.2.3所示。

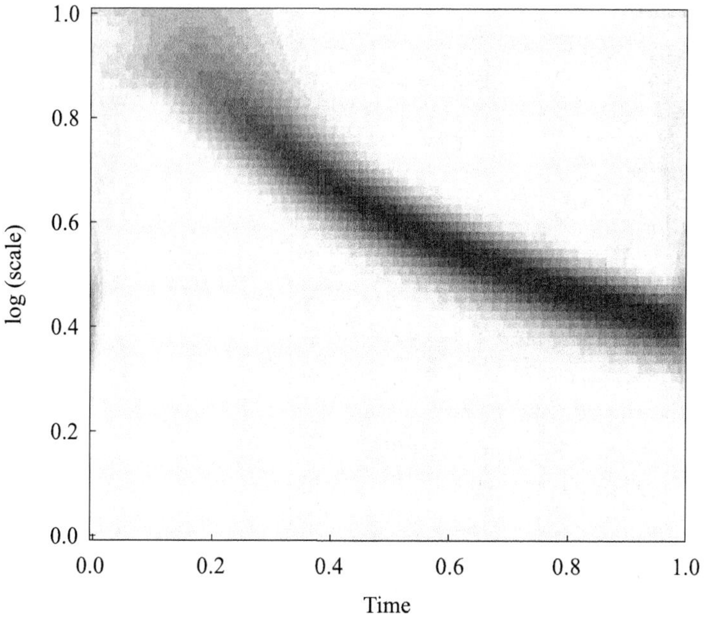

图 16.2.3　连续型小波变换图形

比较图 16.2.2 的原数据趋势图及图 16.2.3 的连续型小波变换图可以看出，通过小波变换可以明显看出原始数据趋势，为我们分析样本数据提供进一步的参考。

16.3　我国 GDP 数据的时间序列小波分析

本节探讨实际案例数据，选取我国 1960 年到 2018 年的国内生产总值（GDP）作为样本（见表 16.3.1），进行时间序列小波分析，步骤如下：

（1）原始样本数据取对数（log）；

（2）采用“modwt”包进行小波分解，并分解成 4 个不同尺度高频小波细节系数（d1，d2，d3，d4）及一个平滑尺度系数向量 S4；

（3）绘制原始样本数据趋势图、不同尺度高频小波细节系数及尺度系数趋势图；

（4）将不同尺度高频小波细节系数设置为零，以消除噪声并进行小波重构；

（5）绘制原始样本数据时间序列趋势图及小波重构后的时间序列趋势图。

表 16.3.1 我国国内生产总值(GDP)数据

DATE	1960	1961	1962	1963	1964	1965	1966	1967	1968	1969
GDP	59 716	50 057	47 209	50 707	59 708	70 436	76 720	72 882	70 847	79 706
DATE	1970	1971	1972	1973	1974	1975	1976	1977	1978	1979
GDP	92 603	99 801	113 688	138 544	144 182	163 432	153 940	174 938	149 541	178 281
DATE	1980	1981	1982	1983	1984	1985	1986	1987	1988	1989
GDP	191 149	195 866	205 090	230 687	259 947	309 488	300 758	272 973	312 354	347 768
DATE	1990	1991	1992	1993	1994	1995	1996	1997	1998	1999
GDP	360 858	383 373	426 916	444 731	564 325	734 548	863 747	961 604	1 029 043	1 093 997
DATE	2000	2001	2002	2003	2004	2005	2006	2007	2008	2009
GDP	1 211 347	1 339 396	1 470 550	1 660 288	1 955 347	2 285 966	2 752 132	3 550 342	4 594 307	5 101 702
DATE	2010	2011	2012	2013	2014	2015	2016	2017	2018	
GDP	6 087 165	7 551 500	8 532 231	9 570 406	10 438 529	11 015 542	11 137 946	12 143 491	13 608 152	

资料来源:美国联储经济数据(FRED)。

该样本共有 59 组数据，由于 dwt 函数对于数据量要求较为严谨，因此本例使用 modwt 函数进行小波分析，程序如下。

首先下载并加载安装包，利用 c 函数排列好样本时间序列数据，并将数据取对数。

```
install.packages("waveslim")
library(waveslim)
data = c(59716, 50057, 47209, 50707, 59708, 70436, 76720, 72882, 70847, 79706, 92603,
99801,113688, 138544, 144182, 163432, 153940, 174938, 149541, 178281, 191149, 195866,
205090,230687,259947,309488, 300758, 272973, 312354, 347768, 360858, 383373, 426916,
444731, 564325, 734548, 863747, 961604, 1029043, 1093997, 1211347, 1339396, 1470550,
1660288, 1955347, 2285966, 2752132, 3550342, 4594307, 5101702, 6087165, 7551500,
8532231,9570406,10438529,11015542,11137946,12143491,13608152)
ibm.returns< - diff(log(data))
```

运行结果如下：

```
>gdp
[1] - 0.17643764  - 0.05857780  0.07147942  0.16340205  0.16523848  0.08545793
[7] - 0.05132074  - 0.02831907  0.11782224  0.14997667  0.07485666  0.13027965
[13]0.19773011   0.03988843  0.12532061  - 0.05983409  0.12786871  - 0.15686102
...
```

进行小波分解：

```
#LA(8)
gdp.la8< - modwt(gdp,"la8")
```

运行结果如下：

```
>gdp.la8
$d1
[1] - 0.0072354881  - 0.0374206268  0.0382607597  0.0825865560  - 0.1290194369
...
$d2
[1]  0.0047327197  - 0.0463079104  - 0.0068743807  0.0332052267  0.0049225150
```

```
…
$ d3
[1]  0.069692867  0.060939856  0.026682977  - 0.013780892  - 0.053028378
…
$ d4
[1]  0.0173882854  0.0241837237  0.0336645225  0.0423261820  0.0419227629
…
$ s4
[1]0.06748650  0.06625470  0.06500344  0.06386402  0.06237274  0.06235087
…
attr(,"class")
[1]"modwt"
attr(,"wavelet")
[1]"la8"
attr(,"boundary")
[1]"periodic"
```

绘制小波分解各部分系数趋势图：

```
par(mfcol = c(6,1),pty = "m",mar = c(5 - 2,4,4 - 2,2)) # 图形 6 行 1 列
plot.ts(gdp,axes = FALSE,ylab = "",main = "小波分解") # 原始数据
for(i in 1:5)
plot.ts(gdp.la8[[i]],axes = FALSE,ylab = names(gdp.la8)[i]) # 各个细节系数数据
axis(side = 1,at = seq(0,60,by = 10),
labels = c(0,10,20,30,40,50,60))
```

运行结果如图 16.3.1 所示。

图 16.3.1 中，中间为高频细节系数 d1，d2，d3，d4 的图形，最上方为样本数据取对数后的趋势，最下方为低频尺度系数 s4。也就是说，原始数据受到高频细节系数的影响变得无法看清未来走势。若能将这些高频杂音去除，则能更加明显地看出趋势，因此接下来我们将高频细节系数 d1，d2，d3，d4 设置为零并且运行小波重构。

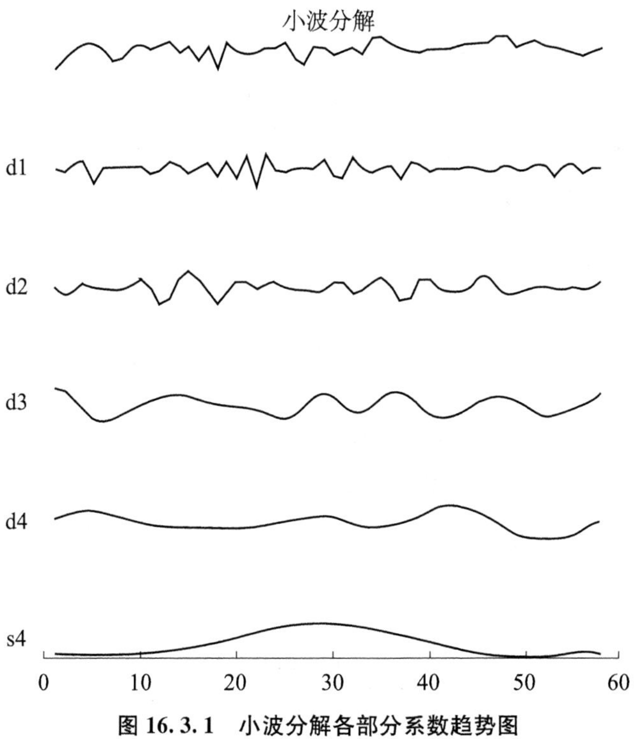

图 16.3.1　小波分解各部分系数趋势图

```
gdp.la8$d1<-rep(0,length(gdp.la8$d1))
gdp.la8$d2<-rep(0,length(gdp.la8$d2))
gdp.la8$d3<-rep(0,length(gdp.la8$d3))
gdp.la8$d4<-rep(0,length(gdp.la8$d3))
y<-imodwt(gdp.la8)
```

运行结果如下：

```
>y
[1]0.07708762  0.07281956  0.06909361  0.06593356  0.06334970  0.06133802
[7]0.05988618  0.05895267  0.05845930  0.05830629  0.05838787  0.05861810
[13]0.05894554  0.05934304  0.05980046  0.06032537  0.06093121  0.06164271
…
```

此数据与原 GDP 数据不同，是通过小波重构产生的，下面我们绘制图形来比较一下原始取对数数据和小波重构所产生的数据的时间序列趋势图。

```
##绘制原始数据和小波重构后的数据趋势
par(mfcol=c(2,1),pty="m",mar=c(5-2,4,4-2,2))
```

```
plot.ts(gdp,axes = FALSE,ylab = "",main = "原始数据")
plot.ts(y,axes = FALSE,ylab = "",main = "去噪重构")
axis(side = 1,at = seq(0,60,by = 10),
labels = c(0,10,20,30,40,50,60))
```

运行结果如图 16.3.2 所示。

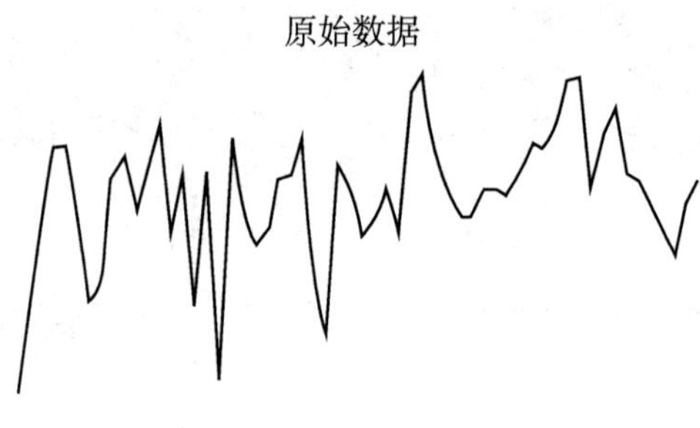

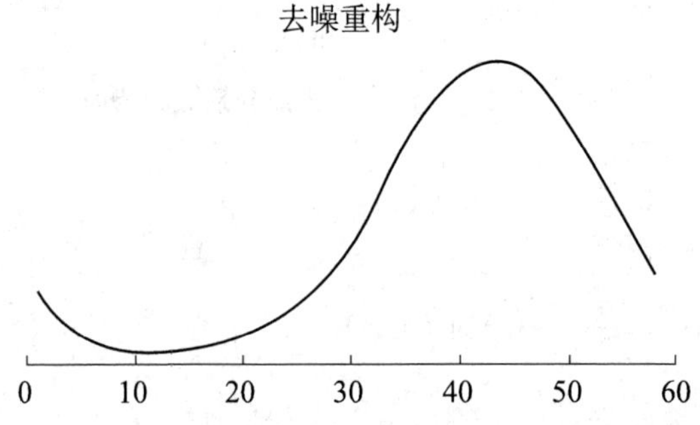

图 16.3.2　原始取对数数据和小波重构时间序列趋势图

由图 16.3.2 我们可以清楚地看出，重构后的原始数据的趋势已经没有噪声干扰，未来的 GDP 走势可能是向下发展，因此该趋势能够为政府相关单位提供信息以提前防范并应对未来 GDP 消退的情况。本节完整的程序如下：

```
install.packages("waveslim")
library(waveslim)
data = c(59716, 50057, 47209, 50707, 59708, 70436, 76720, 72882, 70847, 79706, 92603,
99801,113688, 138544, 144182, 163432, 153940, 174938, 149541, 178281, 191149, 195866,
205090,230687, 259947, 309488, 300758, 272973, 312354, 347768, 360858, 383373, 426916,
444731,564325,734548,863747,961604,1029043,1093997,1211347,1339396,1470550,1660288,
```

```
1955347, 2285966, 2752132, 3550342, 4594307, 5101702, 6087165, 7551500, 8532231,
9570406,10438529,11015542,11137946,12143491,13608152)
gdp<-diff(log(data))
#LA(8)
gdp.la8<-modwt(gdp,"la8")
##绘制小波分解各部分系数趋势图
par(mfcol=c(6,1),pty="m",mar=c(5-2,4,4-2,2))
plot.ts(gdp,axes=FALSE,ylab="",main="小波分解")
for(i in 1:5)
plot.ts(gdp.la8[[i]],axes=FALSE,ylab=names(gdp.la8)[i])
axis(side=1,at=seq(0,60,by=10),
labels=c(0,10,20,30,40,50,60))
##将高频细节系数 d1,d2,d3,d4 设置为零并且运行小波重构
gdp.la8$d1<-rep(0,length(gdp.la8$d1))
gdp.la8$d2<-rep(0,length(gdp.la8$d2))
gdp.la8$d3<-rep(0,length(gdp.la8$d3))
gdp.la8$d4<-rep(0,length(gdp.la8$d3))
y<-imodwt(gdp.la8)
##绘制原始数据和小波重构后的数据趋势
par(mfcol=c(2,1),pty="m",mar=c(5-2,4,4-2,2))
plot.ts(gdp,axes=FALSE,ylab="",main="原始数据")
plot.ts(y,axes=FALSE,ylab="",main="去噪重构")
axis(side=1,at=seq(0,60,by=10),
labels=c(0,10,20,30,40,50,60))
```

第 17 章

混沌时间序列

本章要点

- 混沌理论简介
- logistic 方程模拟 100 个混沌时间序列
- 其他混沌时间序列生成函数介绍
- 混沌时间序列实例研究

17.1 混沌理论简介

混沌理论（chaos theory）解释了确定系统可能产生随机结果，该理论的最大贡献是用简单的模型获得明确的非周期结果，目前在工程、金融、气象、航空及航天等领域都有重大的研究成果。一般而言，混沌理论认为在混沌系统中，虽然初始条件发生的变化十分微小，但是经过不断放大，对其未来状态会造成非常大的改变，而这个概念就是所谓的"蝴蝶效应"。

具体来说，混沌现象发生于易变动的物体或系统，该物体或系统在行动之初极为单纯，但经过一定规则的连续变动之后，却产生了始料未及的后果，也就是混沌状态。但是此种混沌状态不同于一般杂乱无章的混乱状况，此混沌现象经过长期及完整的分析之后，可以从中理出某种规则。虽然混沌现象最先用于解释自然界，但是在人文社会领域中因为事物之间相互牵引，混沌现象尤其多见，如股票市场或汇率市场的复杂交易过程。

所谓"蝴蝶效应"，一种说法是在一个动力系统中，初始条件下微小的变化能带动整个系统的长期的巨大的连锁反应，这是一种混沌现象。任何事物的发展均存在定数与变量，事物在发展过程中其发展轨迹有规律可循，同时也存在不可测的"变量"，而且往往一个微小的变化能影响事物的发展，说明事物的发展具有复杂性。另有一说法是，某地上空一只小小的蝴蝶扇动翅膀而扰动了空气，长时间后可能导致遥远的彼地发生一场暴风雨，以此比喻长期大范围的气象往往因一点微小的因素造成难以预测的严重后果。微小的偏差是难以避免的，从而使长期天气预报具有不可预测性或不准确性。

然而，目前大多数研究都是通过一些不同的混沌系统函数产生混沌时间序列数据，根据此数据以各种方法来构建混沌时间序列预测模型。下一节我们先介绍混沌序列 R 包“DChaos”中的 logistic 函数来生成混沌时间序列，并将这些数据嵌入向量。

17.2 logistic 方程模拟 100 个混沌时间序列

本节我们介绍如何利用混沌序列 R 包“DChaos”中的 logistic 函数生成混沌时间序列数据，并将这些数据嵌入向量。logistic 函数的格式如下：

```
logistic.ts(u.min = 1,
            u.max = 4,
            sample = 1000,
            transient = 100,
            B = 100,
            doplot = TRUE
            )
```

其中，常用参数包括：

u. min：表示参数 u 的下限的非负整数（默认值为 1）；

u. max：表示参数 u 的上限的非负整数（默认值为 4）；

sample：一个非负整数，表示每个时间序列的长度（默认值为 1 000）；

transient：一个非负整数，表示将丢弃的观测值的数量，以确保每个时间序列的值都在吸引子中（默认值为 100）；

B：一个非负整数，表示模拟序列的数目，必须至少为 100（默认值为 100）；

doplot：一个逻辑值，表示是否绘制图形，如果为“TRUE”，则显示四个图，包括一个初始阶段、整个阶段的演化、吸引子及其笛卡儿平面上的投影和分叉图（默认为 TRUE）。

此外，嵌入向量函数的格式如下：

```
embedding(x,
          m = 3,
          lag = 1,
          timelapse = c("FIXED","VARIABLE")
          )
```

其中，常用参数包括：

x：一个数值向量、时间序列、数据框或矩阵；

m：表示嵌入维度或字段元数的非负整数（默认值为 3）；

lag：表示滞后期数的非负整数（默认值为 1）；

timelapse：一个字符，表示观测是在固定的时间间隔内采样（默认为 FIXED）或者在可变的时间间隔内采样。

首先我们下载并加载混沌序列 R 包“DChaos”，程序如下：

```
install.packages("DChaos")
library(DChaos)
```

运行结果如下：

```
Registered S3 method overwritten by 'xts':
method      from
as.zoo.xts zoo
```

然后用 logistic 方程模拟 100 个时间序列的 u 参数值，其中该系统表现出混沌行为：

```
data<-logistic.ts(u.min = 3.57,u.max = 4,B = 100,doplot = TRUE)
ts<-data$'Logistic 100'$time.serie
```

运行结果如下：

```
>ts
Time Series:
Start = 1
End = 1000
Frequency = 1
```

```
[1]0.8350453841   0.5509783625   0.9896048262   0.0411484565   0.1578210442
[6]0.5316542488   0.9959920341   0.0159676083   0.0628505753   0.2356015218
[11]0.7203737790  0.8057415902   0.6260883201   0.9364069421   0.2381959235
```

同时产生如图 17.2.1 所示的四个图，包括一个初始阶段、整个阶段的演化、吸引子及其笛卡儿平面上的投影和分叉图。

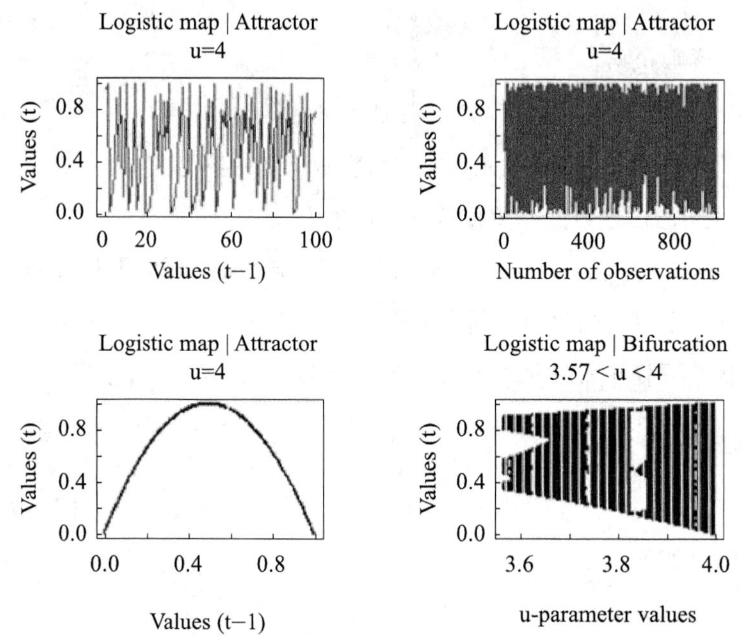

图 17.2.1 logistic. ts 产生的四个图形

然后将数据输入向量，分为三个字段。

```
embed< - embedding(ts,m = 3,lag = 1,timelapse = "FIXED")
show(head(embed,10))
```

运行结果如下：

```
        Xt          Xt - 1lag   Xt - 2lag
t = 1   0.98960483  0.55097836  0.83504538
t = 2   0.04114846  0.98960483  0.55097836
t = 3   0.15782104  0.04114846  0.98960483
t = 4   0.53165425  0.15782104  0.04114846
t = 5   0.99599203  0.53165425  0.15782104
t = 6   0.01596761  0.99599203  0.53165425
```

```
t = 7    0.06285058   0.01596761   0.99599203
t = 8    0.23560152   0.06285058   0.01596761
t = 9    0.72037378   0.23560152   0.06285058
t = 10   0.80574159   0.72037378   0.23560152
```

从上面的程序输出结果我们可以发现，数据选取 10 组，一共分为三栏，第一栏为原始数据、第二栏为滞后一期的数据、第三栏为滞后二期的数据。

17.3　其他混沌时间序列生成函数介绍

本节介绍另外三种不同的生成混沌时间序列的函数，分别是 Lorenz、Hénon 和 Rössler 函数。

1. Lorenz 混沌时间序列

该系统方程为：

$$\dot{x} = \sigma(y - x)$$

$$\dot{y} = \rho x - y - xz$$

$$\dot{z} = -\beta x + xy$$

当 $\sigma=10$，$\beta=8/3$，$\rho=28$ 时，Lorenz 混沌时间序列系统处于混沌状态。其 R 函数的格式如下：

```
lorenz.ts(sigma.min = 10,
          sigma.max = 10,
          rho.min = 27,
          rho.max = 27,
          beta.min = 2.67,
          beta.max = 2.67,
          time = seq(0,10,0.01),
          transient = 100,
          B = 100,
          doplot = TRUE)
```

其中，常用参数包括：

sigma. min、sigma. max：一个非负整数，表示参数 σ 的下界与上界（默认值分别是 8 和 10）。

rho. min、rho. max：一个非负整数，表示参数 ρ 的下界与上界（默认值分别是 25 和 27）。

beta. min、beta. max：一个非负整数，表示参数 β 的下界和上界（默认值分别是 1 和 2. 67）。

time：表示时间推移和时间步长的数字向量（默认时间推移为 1 000，时间步长为 0. 01 秒）。

transient：一个非负整数，表示将丢弃的观测数，以确保每个时间序列的值都在吸引子中（默认值为 1 000）。

B：一个非负整数，表示将根据不同的参数 σ，ρ 和 β 生成时间序列，模拟序列的数目必须至少为 100（默认值为 100）。

doplot：一个逻辑值，表示是否绘制正确的图形。如果是“TRUE”，则显示六个图：整个周期的时间轨迹的演化、吸引子及其在笛卡儿平面上的投影，它们都考虑“x 坐标”、“y 坐标”和“z 坐标”（默认为 TRUE）。

例如，从 Lorenz 系统模拟 100 个混沌时间序列，用于参数 σ，ρ 和 β 的不同值，程序如下：

```
install.packages("DChaos")
library(DChaos)
ts<-lorenz.ts(sigma.min = 10, sigma.max = 10, rho.min = 27, rho.max = 27, beta.min = 2.67, beta.max = 2.67, time = seq(0,10,0.01), transient = 100, B = 100, doplot = TRUE)
```

运行结果如下：

```
…
$'Lorenz 97'$time.serie
$'Lorenz 97'$time.serie$Xt
Time Series:
Start = 1
End = 901
```

```
Frequency = 1
[1]  6.709565e+00  6.150226e+00  5.625782e+00  5.138600e+00  4.689918e+00
[6]  4.280038e+00  3.908509e+00  3.574297e+00  3.275935e+00  3.011659e+00
[11]  2.779513e+00  2.577445e+00  2.403382e+00  2.255284e+00  2.131195e+00
…
```

根据参数设定产生了 100 个 Lorenz 混沌时间序列。

2. Hénon 混沌时间序列

该系统方程为：

$$x(n+1)=1-\alpha x_n^2+y_n$$

$$y(n+1)=\beta x_n$$

当 $\alpha=1.4$，$\beta=0.3$ 时，Hénon 混沌时间序列系统处于混沌状态。其 R 函数的格式如下：

```
henon.ts(a.min = 0.4,
         a.max = 1.4,
         b.min = 0.1,
         b.max = 0.3,
         sample = 1000,
         transient = 100,
         B = 100,
         doplot = TRUE
         )
```

其中，常用参数包括：

a.min、a.max：一个非负整数，表示参数 α 的下界与上界（默认值分别是 0.4 和 1.4）；

b.min、b.max：一个非负整数，表示参数 β 的下界与上界（默认值分别是 0.1 和 0.3）；

sample：一个非负整数，表示时间序列的长度（默认值为 1 000）；

transient：一个非负整数，表示将丢弃的观测数，以确保每个时间序列的值都在吸引子中（默认值为 100）；

B：一个非负整数，表示将根据不同的参数 α，β 生成时间序列，模拟序列的数目必须至少为 100（默认值为 100）；

doplot：一个逻辑值，表示是否绘制正确的图形。如果是“TRUE”，则显示六个图：整个周期的时间轨迹的演化、吸引子及其在笛卡儿平面上的投影，它们都考虑“x 坐标”、“y 坐标”和“z 坐标”（默认为 TRUE）。

例如，从 Hénon 系统模拟 100 个混沌时间序列，用于参数 α 和 β 的不同值，程序如下：

```
install.packages("DChaos")
library(DChaos)
ts<-
henon.ts(a.min=0.7,a.max=1.4,b.min=0.1,b.max=0.3,B=100,doplot=TRUE)
```

运行结果如下：

```
…
$'Henon 100'
$'Henon 100'$a
[1]1.4
$'Henon 100'$b
[1]0.3
$'Henon 100'$xo
[1]-0.4133465
$'Henon 100'$yo
[1]0.4009037
$'Henon 100'$time.serie
$'Henon 100'$time.serie$Xt
Time Series:
Start=1
End=1000
Frequency=1
  [1]  1.165399612  -0.853146579  0.330617165  0.591025233  0.610149993
  [6]  0.656111351  0.580370051  0.725272250  0.437683244  0.949388404
  [11] -0.130568706  1.260949060  -1.265160155  -0.862597587  -0.421252483
…
```

根据参数设定产生了 100 个 Hénon 混沌时间序列。

3. Rössler 混沌时间序列

该系统方程为：

$$\frac{\mathrm{d}x}{\mathrm{d}t}=y+Ax$$

$$\frac{\mathrm{d}y}{\mathrm{d}t}=-(x+z)$$

$$\frac{\mathrm{d}z}{\mathrm{d}t}=z(y-C)+B$$

其中，参数 A 和 B 等于 0.2，参数 C 在 R 函数中默认为 5.7，取该值时 Rössler 时间序列系统处于混沌状态。其 R 函数的格式如下：

```
rossler.ts( a.min = 0.1,
          a.max = 0.2,
          b.min = 0.1,
          b.max = 0.2,
          c.min = 4,
          c.max = 5.7,
          xo.min = -2,
          xo.max = 2,
          yo.min = -10,
          yo.max = 10,
          zo.min = -0.2,
          zo.max = 0.2,
          time = seq(0,100,0.01),
          transient = 1000,
          B = 100,
          doplot = TRUE
          )
```

其中，常用参数包括：

a.min、a.max：一个非负整数，表示参数 A 的下界与上界（默认值分别是 0 和 0.2）。

b. min、b. max：一个非负整数，表示参数 B 的下界与上界（默认值分别是 0 和 0.2）。

c. min、c. max：一个非负整数，表示参数 C 的下界和上界（默认值分别是 4 和 5.7）。

xo. min、xo. max：一个非负整数，表示 x 的下界与上界（默认值分别是 －2 和 2）。

yo. min、yo. max：一个非负整数，表示 y 的下界与上界（默认值分别是 －10 和 10）。

zo. min、zo. max：一个非负整数，表示 z 的下界与上界（默认值分别是 －0.2 和 0.2）。

time：表示时间推移和时间步长的数字向量（默认时间推移等于 1 000，时间步长为 0.01 秒）。

transient：一个非负整数，表示将丢弃的观测数，以确保每个时间序列的值都在吸引子中（默认值为 1 000）。

B：一个非负整数，表示将根据不同的参数 A，B 和 C 生成时间数列，模拟序列的数目必须至少为 100（默认值为 100）。

doplot：一个逻辑值，表示是否绘制正确的图形。如果是“TURE”，则显示六个图：整个周期的时间轨迹的演化、吸引子及其在笛卡儿平面上的投影，它们都考虑“x 坐标”、“y 坐标”和“z 坐标”（默认为 TRUE）。

例如，从 Rössler 系统模拟 100 个混沌时间序列，用于参数 A，B 和 C 的不同值，程序如下：

```
install.packages("DChaos")
library(DChaos)
ts<-rossler.ts(a.min=0.2,a.max=0.2,b.min=0.2,b.max=0.2,c.min=5.7,c.max=
5.7,time=seq(0,10,0.01),transient=100,B=100,doplot=TRUE)
```

运行结果如下：

```
…
$'Rossler 99'$time.serie$Yt
Time Series:
```

```
Start = 1
End = 901
Frequency = 1
 [1]  8.59442189  8.52939321  8.46337905  8.39638404  8.32841295
 [6]  8.25947062  8.18956203  8.11869226  8.04686647  7.97408997
 [11] 7.90036813  7.82570645  7.75011054  7.67358610  7.59613894
 …
```

由于这三种混沌序列函数在 R 程序中都设定了图形绘制，因此会画出 x，y 和 z 迭代的混沌时间序列系统趋势图，以及 x，y 和 z 两两之间吸引子变化的趋势图，以 Rössler 系统模拟 100 个混沌时间序列为例，如图 17.3.1 所示。

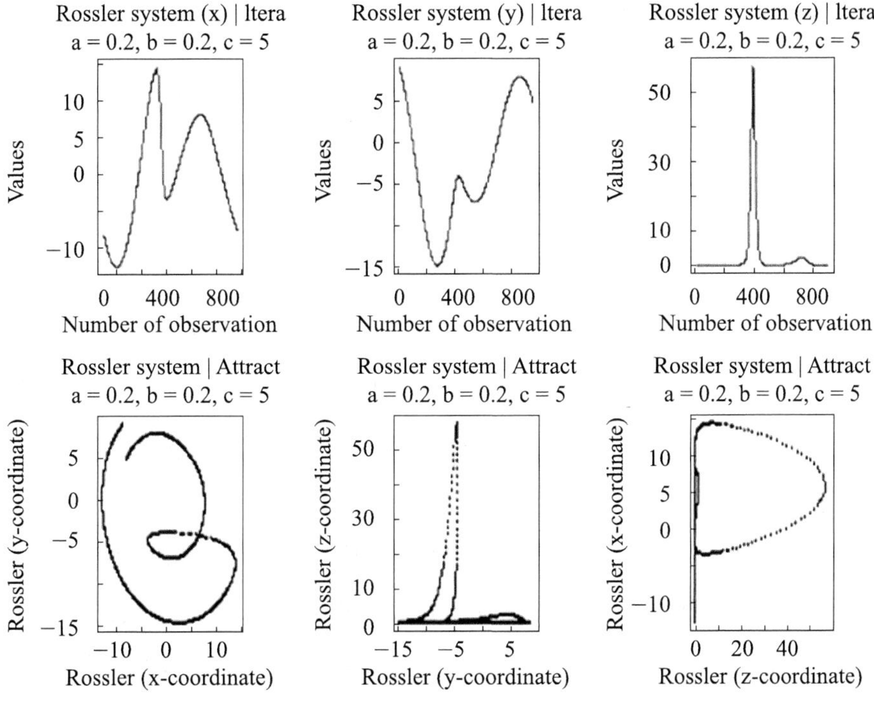

图 17.3.1　x，y 和 z 迭代的混沌时间序列及吸引子变化趋势图

17.4　混沌时间序列实例研究

在分析之前我们先介绍雅可比（Jacobian）矩阵及 lyapunov 指数。在向量分析中，雅可比矩阵是函数的一阶偏导数以一定方式排列成的矩阵，其行列式称为雅可比行列式。若在 n 维欧式空间中的一个向量映射成 m 维的另一个向量的对应法则为 F，F 由 m 个实数函数组成，即

$$\begin{cases} y_1 = f_1(x_1, x_2, \cdots, x_n) \\ y_2 = f_2(x_1, x_2, \cdots, x_n) \\ \cdots \\ y_m = f_m(x_1, x_2, \cdots, x_n) \end{cases}$$

那么雅可比矩阵是一个 $m \times n$ 矩阵：

$$J = \left| \frac{\partial(f_1, f_2, \cdots, f_m)}{\partial(x_1, x_2, \cdots, x_n)} \right| = \begin{vmatrix} \dfrac{\partial f_1}{\partial x_1} & \cdots & \dfrac{\partial f_1}{\partial x_n} \\ \vdots & & \vdots \\ \dfrac{\partial f_m}{\partial x_1} & \cdots & \dfrac{\partial f_m}{\partial x_n} \end{vmatrix}$$

输入向量及输出向量分别是：

$$x = (x_1, x_2, \cdots, x_n); y = (y_1, y_2, \cdots, y_m)$$

其中：

$$x \in R_n$$

$$y = f(x) \in R_m$$

雅可比矩阵的重要性在于它体现了一个可微方程与给定点的最优线性逼近，因此，雅可比矩阵类似于多元函数的导数。

混沌系统的基本特点就是系统对初始值极端敏感，两个相差无几的初始值所产生的轨迹，随着时间的推移按指数方式分离，lyapunov 指数就是定量地描述这一现象的量。一个正的 lyapunov 指数意味着在系统相空间中，无论两条轨线的初始间距多么小，其差别都会随着时间的推移而呈指数方式增加以至达到无法预测，这就是混沌现象。另外，lyapunov 指数的 QR（正交三角）分解法是求一般矩阵的全部特征值时广泛应用的方法。一般矩阵先经过正交相似变换化为 Hessenberg 矩阵，然后应用 QR 方法求特征值和特征向量。它是将矩阵分解成一个正规正交矩阵 Q 与上三角矩阵 R，所以称为 QR 分解法，与此正规正交矩阵的通用符号 Q 有关。

本节利用 R 包内常用的 logistic. ts 函数产生混沌时间序列，并选取第 100 次产生的混沌时间序列数据；再利用 R 包内的 jacobi 函数，通过雅可比矩阵输入混沌时间序列数据并采用单层人工神经网络进行迭代训练；最后利用 lyapunov 指数的 QR 分解法求 lyapunov 指数谱列表，内容包括数据集估计的 lyapunov 指数值的标准误差、z 检验值和 p 值。

首先采用 logistic. ts 函数产生混沌时间序列，并选取第 100 次产生的混沌时间序列数据：

```
data<-logistic.ts(u.min=4,u.max=4,B=100,doplot=FALSE)
ts<-data$'Logistic 100'$time.serie
```

运行结果如下：

```
>ts
Time Series:
Start = 1
End = 1000
Frequency = 1
[1]4.282307e-01   9.793967e-01   8.071532e-02   2.968014e-01   8.348413e-01
[6]5.515251e-01   9.893807e-01   4.202630e-02   1.610404e-01   5.404254e-01
[11]9.934631e-01   2.597652e-02   1.012069e-01   3.638564e-01   9.258597e-01
…
```

然后利用 jacobi 函数，通过雅可比矩阵输入混沌时间序列数据并采用单层人工神经网络进行迭代训练：

```
jacob<-jacobi(ts,M0=4,M1=4,doplot=TRUE)#采用默认滞后一期的方式 lag=1
deriv<-jacob$Jacobian.net
```

运行结果如下：

```
#weights:  11
initial  value  1399.504865
iter  10  value  111.830543
iter  20  value  50.177842
…
```

```
iter  280  value  0.000102
iter  280  value  0.000095
iter  280  value  0.000095
final  value      0.000095
converged
```

由运行结果发现神经网络的训练误差已经降到0.000 095且已经收敛，再由图17.4.1可以看出单层神经网络架构输入层包含3个输入，隐藏层包含2个神经元。

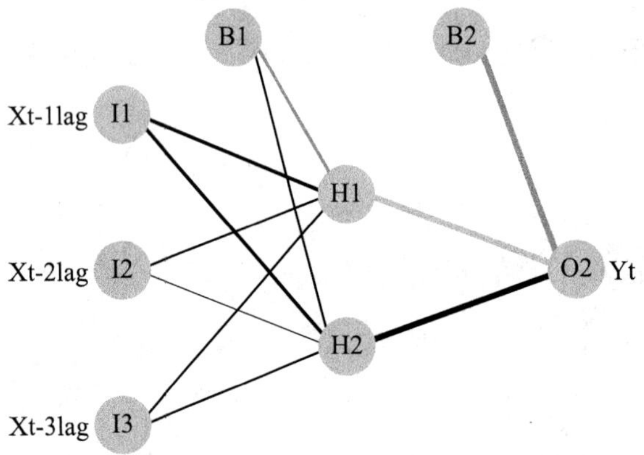

图 17.4.1　利用 jacobi 函数产生单层神经网络架构

```
>deriv
        Derivative Xt - 1lag Derivative Xt - 2lag Derivative Xt - 3lag
t = 1         - 0.41067114      - 5.255620e - 05      1.959516e - 05
t = 2         - 3.88862990      - 8.822548e - 05     - 5.074842e - 06
t = 3         3.65197930        - 5.856355e - 05      7.060810e - 05
…
t = 992       2.91942809        - 5.440084e - 05      5.997602e - 05
t = 993       0.23140850        - 5.003258e - 05      2.604049e - 05
t = 994       - 3.94210553      - 8.896568e - 05     - 5.364877e - 06
```

最后通过 lyapunov 指数的 QR 分解法求 lyapunov 指数谱列表：

```
lyapu< - lyapunov.spec(deriv,blocking = "BOOT",B = 10)
show(lyapu $ Exponent)
```

运行结果如下：

	Estimate	Std. Error	z value	Pr(>|z|)
Exponent－Mean　1	0.7059974	0.08577073	74.53683	1
Exponent－Mean　2	－5.7928216	0.11751061	－446.39571	0
Exponent－Mean　3	－6.1515391	0.13751540	－405.07868	0
Exponent－Median　1	0.6834399	0.08227102	75.22469	1
Exponent－Median　2	－5.7308511	0.12126015	－427.96469	0
Exponent－Median　3	－6.1274190	0.13613617	－407.57823	0

其中，每个区块保存的数据集是估计的 lyapunov 指数值、标准误差、z 检验值和 p 值。如果我们选择不重叠的样本，则显示等间距样本或纠偏样本 lyapunov 的均值和中位数。还有一些关于嵌入维度、样本大小、块的细节记录长度和块号的数据。z value 是回归系数除以标准差，如果 | z | 值太大，则表示对应的回归系数不为 0，对应的 Exponent-Mean 变量起作用。由结果可以看出，对应的 Exponent-Mean 2、Exponent-Mean 3、Exponent-Median 2 和 Exponent-Median 3 的 p 值小于 0.05，回归系数不为 0，因此这些指数起作用。此外，对于任何混沌运动，都至少有一个正的 lyapunov 指数值。从程序运行结果我们可以发现，Exponent-Mean 1 及 Exponent-Median 1 两个指数的估计值皆大于零，代表这个时间序列肯定有混沌运动存在。

本节仅利用 logistic. ts 函数产生混沌时间序列，并通过单层神经网络进行网络架构建模。读者可尝试利用 17.3 节介绍的三种混沌时间序列函数，通过单层神经网络进行网络架构建模，并比较它们之间的差别。本节的全部 R 程序如下：

```
install.packages("DChaos")
library(DChaos)
data<-logistic.ts(u.min=4,u.max=4,B=100,doplot=FALSE)
ts<-data$'Logistic 100'$time.serie
jacob<-jacobi(ts,M0=4,M1=4,doplot=TRUE)#采用默认滞后一期的方式 lag=1
deriv<-jacob$Jacobian.net
lyapu<-lyapunov.spec(deriv,blocking="BOOT",B=10)
show(lyapu$Exponent)
```

第 18 章

文本挖掘

本章要点

- R 语言文本挖掘简介
- 词频与词云图

18.1　R 语言文本挖掘简介

文本挖掘是近年来流行的一种研究方向，它不强调对数据的分析处理，而是注重文本内的隐含理论与知识，通过分析文本内各段落的内容，整理归纳成一种理论知识，因此又称为质化分析或质性分析。文本挖掘从文本中提取有用的信息，这些信息经过分类与整理后可供未来进一步分析时使用。常用的文本挖掘方法包括词频分析、关联分析、聚类分析和各种可视化图表统计等。目前在国内文本挖掘已经成功应用于网络论坛研究、信息检索、内容管理、市场监测、市场分析与教育改革等方面。在分析软件方面，较为知名的有 NVivo 12 以及 MAXQDA 12。本章以 R 语言为研究工具，介绍中文文档和英文文档文本挖掘的实现过程，内容浅显易懂，非常适合初学者学习。一般而言，进行 R 语言文本挖掘的步骤包括：

（1）取得文档。可分析文档包括网络论坛中所抒发的情感意见、网络报道短篇文章或网络问卷，一般搜集后以文本文件（.txt）格式储存。网络报道、期刊文章或者访谈问卷可能采用 Word 或 PDF 格式储存。另外，网络论坛中交谈讨论等意见可能采用 Excel（.csv）格式或是网页 XML 格式储存。

（2）整理文档。整理文档中有问题的文字部分，并且将文档转换成容易分析的格式，输入 R 语言程序中等待处理。

（3）过滤文档。在英文文档中，可能需要过滤掉特殊字符和停用词（例如“to”“a”），在中文文档中，可能需要过滤掉无用字符（例如“0－9”“a－z”“A－Z”），之后便可形成各分词。

（4）统计分词词频。这一步非常重要，后续的词频分析、词云图和聚类分析都需要做这一步。

（5）绘制图表、词云。文本挖掘可以通过可视化的图表进行分析，词频统计图和词云是最常用的分析工具。

本节举一个简单的例子，以四句与春天相关的英文诗进行词频分析。文本文件如下：

```
"April hath put a spirit of youth in everything."——莎士比亚
"An optimist is the human personification of spring."——苏珊·J. 比索内特
"Spring is when you feel like whistling even with a shoe full of slush."——道格·拉森
"Spring is when life's alive in everything."——克里斯蒂娜·罗塞蒂
```

步骤一：取得文档。

这四句与春天相关的英文诗是我们取得的文本文件，接下来我们尝试进行简单的词频分析。通过 R 语言进行词频分析，必须先下载并加载相关安装包，程序如下：

```
install.packages("dplyr")
install.packages("tidytext")
library(dplyr)
library(tidytext)
```

步骤二：整理文档。

将这四句诗后面的中文部分及其他符号去掉并整理好，然后输入 R 程序中。本节通过 R 语言数据框的形式，将文本诗句输入程序中等待处理，程序如下：

```
#输入R程序中
text<-c("April hath put a spirit of youth in everything.",
"An optimist is the human personification of spring.",
"Spring is when you feel like whistling even with a shoe full of slush.",
"Spring is when life's alive in everything.")
```

运行结果如下：

```
>text
```

```
[1]"April hath put a spirit of youth in everything. "
[2]"An optimist is the human personification of spring. "
[3]"Spring is when you feel like whistling even with a shoe full of slush. "
[4]"Spring is when life's alive in everything. "
```

```
#输入数据框
text_df<-data_frame(line=1:4,text=text)
```

运行结果如下：

```
>text_df
# Atibble:4 x 2
  line text
 <int><chr>
1      1 April hath put a spirit of youth in everything.
2      2 An optimist is the human personification of spring.
3      3 Spring is when you feel like whistling even with a shoe full of slush.
4      4 Spring is when life's alive in everything.
```

步骤三：过滤文档。

过滤掉英文文档的特殊字符和停用词，然后转换为分词，程序如下：

```
text_df %>%
unnest_tokens(word,text)
```

运行结果如下：

```
# Atibble:38 x 2
    line word
 <int><chr>
1     1     april
2     1     hath
3     1     put
4     1     a
5     1     spirit
6     1     of
```

```
7     1     youth
8     1     in
9     1     everything
10     2     an
# …with 28 more rows
```

其中，unnest _ tokens 使用的两个基本参数是列名：第一个参数为输出结果的列名，第二个参数为输入列（文本）。使用 unnest _ tokens 后，为保证新数据框中每行只有一个分词，必须拆分每行；unnest _ tokens( ) 函数默认是对单个词进行拆分。

```
data(stop_words)#载入停用词
text_df〈-text_df %〉%
unnest_tokens(word,text)
text_df〈-text_df %〉%
anti_join(stop_words)#去掉停用词
```

运行结果如下：

```
Joining,by="word"
〉text_df
# Atibble:16 x 2
    line word
  〈int〉〈chr〉
1     1  april
2     1  hath
3     1  spirit
4     1  youth
5     2  optimist
6     2  human
7     2  personification
8     2  spring
9     3  spring
10     3  feel
```

```
11      3  whistling
12      3  shoe
13      3  slush
14      4  spring
15      4  life's
16      4  alive
```

由以上结果我们可以看出，停用词如“a”“of”“in”等皆被剔除。

步骤四：统计分词词频。

本节采用排序的方式观察常用词频，程序如下：

```
text_df %>%
count(word, sort = TRUE) # 排序最常用的分词
```

运行结果如下：

```
# Atibble:14 x 2
  word          n
  <chr>       <int>
1 spring        3
2 alive         1
3 april         1
4 feel          1
5 hath          1
   …
```

由程序运行结果发现，“spring”出现次数最多，统计有 3 次，其余单词皆只出现 1 次，因此“spring”在四句诗中为最常用的分词（因为这四句诗是专门针对春天所写，名副其实）。完整的程序如下：

```
install.packages("dplyr")
install.packages("tidytext")
library(dplyr)
library(tidytext)
text<-c("April hath put a spirit of youth in everything. ",
```

```
"An optimist is the human personification of spring. ",
"Spring is when you feel like whistling even with a shoe full of slush. ",
"Spring is when life's alive in everything. ")
text
text_df< - data_frame(line = 1:4, text = text)
text_df
text_df %>%
unnest_tokens(word, text)
data(stop_words) # 载入停用词
text_df< - text_df %>%
unnest_tokens(word, text)
text_df< - text_df %>%
anti_join(stop_words) # 去掉停用词
text_df %>%
count(word, sort = TRUE) # 排序最常用的分词
```

18.2 英文词频与词云图

在进行文本分析时，让分析结果可视化是一项很重要的工作。若通过可视化的图表来解释分析结果，必可以取得更好的效果。在完成词频统计后，就可以将统计结果通过图形和表格呈现出来，常用的图形包括统计图形及词云图。本节将在网络上搜集的 18 句英文会话当作案例，详细说明如何进行统计图形及词云图的制作。

在网络上搜集的英文会话的中英文对照如图 18.2.1 所示。

本节将这 18 句会话的中英文利用文本格式（. txt）各保存一份至计算机 C 盘根目录，文件名分别为 18S. txt 和 18SCN. txt，利用 R 语言输入后进行文本分析。

首先，本节进行英文文本分析。关于英文文本分析的进阶使用，读者可以参考 Julia Silge 和 David Robinson（2017），按照先前的步骤一一进行 R 语言程序操作。

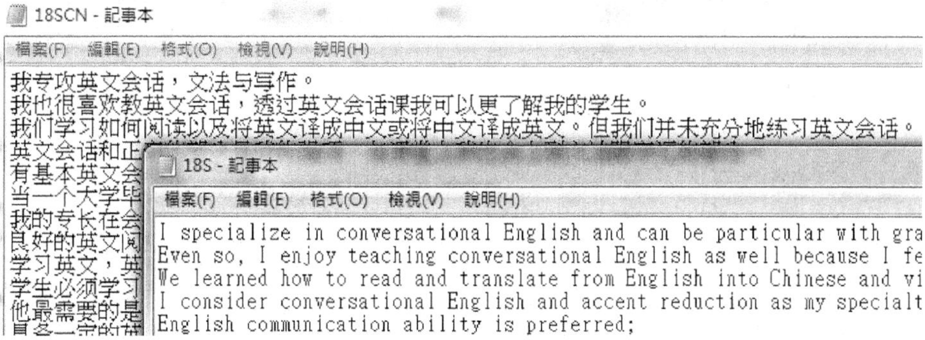

图 18.2.1　英文会话 18 句截图范例

步骤一：取得文档。

下载及加载分析所需的 R 包并从计算机 C 盘根目录读取 18S.txt，程序如下：

```
install.packages("dplyr")#下载安装包
install.packages("ggplot2")
install.packages("tidytext")
library(dplyr)#加载安装包
library(tidytext)
library(ggplot2)
text<-scan(file='C:\\18S.txt',what='',encoding='UTF-8')#加载文本295行
```

运行结果如下：

```
>text
[1]"I"              "specialize"    "in"               "conversational"
[5]"English"        "and"           "can"              "be"
[9]"particular"     "with"          "grammar"          "and"
[13]"writing."      "Even"          "so,"              "I"
[17]"enjoy"         "teaching"      "conversational"   "English"
[21]"as"            "well"          "because"          "I"
…
```

步骤二：整理文档。

将这 18 句英文会话用数据框整理好，程序如下：

```
text_df<-data_frame(line=1:295,text=text)#设置数据框,注意单词组数(295组)
```

运行结果如下：

```
>text_df
# Atibble:295 x 2
   line text
  <int><chr>
1     1  I
2     2  specialize
3     3  in
4     4  conversational
5     5  English
6     6  and
7     7  can
8     8  be
9     9  particular
10    10 with
# …with 285 more rows
```

步骤三：过滤文档。

过滤掉英文文档的特殊字符和停用词，然后转换为分词，程序如下：

```
text_df %>%
unnest_tokens(word,text)#分词重构
data(stop_words)#载入停用词
text_df<-text_df %>%
unnest_tokens(word,text)
text_df<-text_df %>%
anti_join(stop_words)#去掉停用词
```

运行结果如下：

```
>text_df
# Atibble:140 x 2
   line word
```

```
  <int><chr>
1    2  specialize
2    4  conversational
3    5  english
4    11 grammar
5    13 writing
6    17 enjoy
7    18 teaching
8    19 conversational
9    20 english
10   25 feel
# …with 130 more rows
```

由输出结果可知，在程序剔除了停用词后，分词数量明显下降。

步骤四：统计分词词频。

本节采用排序方式展现，程序如下：

```
text_df %>%
count(word, sort = TRUE) # 排序最常用的分词
```

运行结果如下：

```
# Atibble:73 x 2
word              n
<chr>           <int>
1 english          29
2 conversation     6
3 conversational   5
4 reading          5
5 practice         4
6 speaking         4
7 ability          3
8 communication    3
9 learn            3
10 listening       3
```

```
# …with 63 more rows
```

以上结果显示，“english”出现 29 次，次数最多；“conversation”出现 6 次，次数次之。

步骤五：词频可视化分析。

本节采用统计直方图和词云图展现分析结果。程序如下：

```
text_df %>%
count(word, sort = TRUE) %>%
filter(n>2) %>%
mutate(word = reorder(word, n)) %>%
ggplot(aes(word, n)) +
geom_col() +
xlab(NULL) +
coord_flip()#绘制词频直方图
```

运行结果如图 18.2.2 所示。

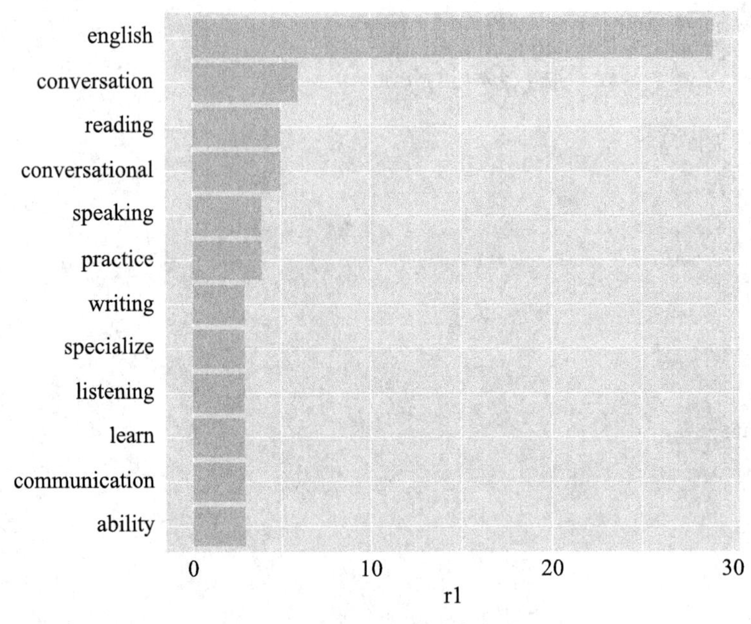

图 18.2.2 分词统计直方图

由图 18.2.2 可以看出，“english”出现次数最多，“conversation”出现次数次之。再进一步绘制词云图，程序如下：

```
library(wordcloud)
text_df %>%
anti_join(stop_words) %>%
count(word) %>%
with(wordcloud(word,n,max.words = 100)) # 绘制词云图
```

运行结果如图 18.2.3 所示。

图 18.2.3　英文分词的词云图

由图 18.2.3 可知，词云图内的分词大小是由分词出现的次数决定的，出现次数越多，则字号越大。在下一节中文词云图的部分，我们将进一步探讨词云图的形状问题。本节完整的 R 程序如下：

```
install.packages("dplyr") # 下载安装包
install.packages("ggplot2")
install.packages("tidytext")
library(dplyr) # 加载安装包
library(tidytext)
library(ggplot2)
text<- scan(file = 'C:\\18S.txt',what = '',encoding = 'UTF-8') # 加载文本 295 行
text_df<- data_frame(line = 1:295,text = text) # 设置数据框,注意单词组数
text_df
text_df %>%
unnest_tokens(word,text) # 分词重构
data(stop_words) # 载入停用词
text_df<- text_df %>%
```

```
unnest_tokens(word,text)
text_df<-text_df %>%
anti_join(stop_words)#去掉停用词
text_df %>%
count(word,sort=TRUE)#排序最常用的分词
text_df %>%
count(word,sort=TRUE) %>%
filter(n>2) %>%
mutate(word=reorder(word,n)) %>%
ggplot(aes(word,n))+
geom_col()+
xlab(NULL)+
coord_flip()#绘制词频直方图
library(wordcloud)
text_df %>%
anti_join(stop_words) %>%
count(word) %>%
with(wordcloud(word,n,max.words=100))#绘制词云图
```

18.3 中文词频与词云图

本节进行中文文本分析。由于中文文本分析的相关方法与R安装包的介绍分散在各R语言中文文本分析论坛上，迄今没有进行较为完整的介绍的相关书籍。本节整理了常用的中文文本挖掘的R包并介绍了这些R包的使用方法，希望能起到抛砖引玉的作用，让读者了解如何进行中文文本分析。对于中文文本分析的进阶使用，读者可以参考网络论坛上的介绍，首先按照先前的步骤一一进行R语言程序操作。

步骤一：取得文档。

下载及加载分析所需的R包并从计算机C盘根目录读取“18SCN.txt”，程

序如下：

```
install.packages("jiebaR")
install.packages("wordcloud2")
library(wordcloud2)#导入 wordcloud2 包
library(jiebaR)
report<-scan(file='C:\\18SCN.txt',what='',encoding='UTF-8')#加载文本文件
```

运行结果如下：

```
>report
[1]"我专攻英文会话、文法与写作.\n 我也很喜欢教英文会话,透过英文会话课我可以更了解我的学生…
[2]"当一个大学毕业生,我专攻商用英文以及会话英文.\n 我的专长在会话英文、商用英文、实用英文和青少年的课程.我是个适应性高且喜欢挑战的人.\n 良好的英文阅读和会话能力.…
```

步骤二：整理文档。

调用分词模块进行拆分，程序如下：

```
seg<-qseg[report]#调用分词模块进行拆分
```

运行结果如下：

```
>seg
[1]"我"      "专攻"      "英文会话"  "文法"  "与"    "写作"
[7]"我"      "也"        "很"        "喜欢"  "教"    "英文会话"
[13]"透过"   "英文会话"  "课"        "我"    "可以"  "更"
[19]"了解"   "我"        "的"        "学生"  "我们"  "学习"
…
```

步骤三：过滤文档。

过滤掉中文文档的特殊字符和停用词，程序如下：

```
gsub('[0-9,a-z,A-Z]','',seg)->seg
seg<-seg[nchar(seg)>1]#去除字符长度小于 1 的词
```

运行结果如下：

```
>seg
[1]"专攻"   "英文会话"   "文法"   "写作"   "喜欢"   "英文会话"
```

```
[7]"透过"    "英文会话"   "可以"    "了解"    "学生"    "我们"
[13]"学习"   "如何"      "阅读"    "以及"    "英文"    "译成"
…
```

由输出结果可知，在程序剔除掉停用词和一个字的词后，分词数量明显下降。

步骤四：统计分词词频。

本节在此运用 R 程序返回 TOP30 的热度词以及分词出现次数。

```
seg<-sort(seg,decreasing=T)[1:30]#返回 TOP30 的热度词
table(seg)
```

运行结果如下：

```
>table(seg)
seg
英文会话  英文字  英文系  英文歌曲  要说  能力  适应性  高且
5         1       1       1         1     4     1       1
做事      商用    基本    透过      部分  喜欢  想法    需要
1         2       2       1         2     2     1       1
增强      增进    翻译
1         1       1
```

以上结果显示，“英文会话”出现 5 次，次数最多，“能力”出现 4 次，次数次之。

步骤五：词频可视化分析。

本节采用词云图展现。程序如下：

```
#生成词云图
wordcloud2(table(seg), size = 1, shape = 'cardioid', color = 'random - dark',
backgroundColor="white",fontFamily="微软雅黑")
```

运行结果如图 18.3.1 所示。

图 18.3.1　中文分词的词云图

图 18.3.1 显示，中文会话中“英文会话”分词字形最大，“能力”分词字形次之。此外，本节也探讨了其他图形的显现方式，假设我们要以星形图显示，程序如下：

```
wordcloud2(table(seg),size = 1,shape = 'star') # 星形词云图
```

运行结果如图 18.3.2 所示。

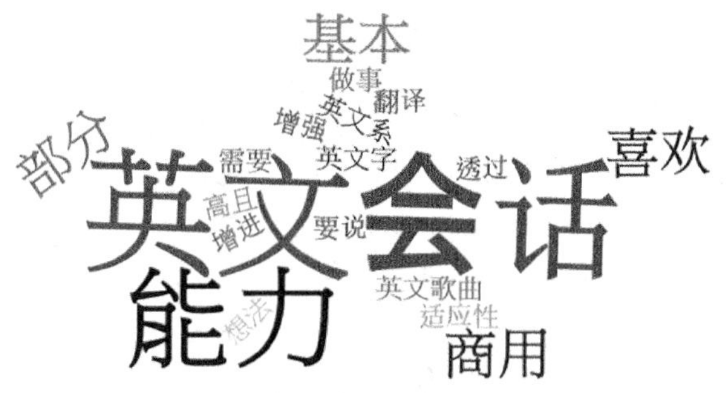

图 18.3.2　中文分词的星形词云图

图 18.3.2 以星形图显示，相同的中文会话中“英文会话”分词字形最大，“能力”分词字形次之。读者要注意的是，分词越多，图形效果越好。我们再看一个例子：

```
wordcloud2(table(seg),size = 1,minRotation = - pi/4,maxRotation = - pi/4)
```

运行结果如图 18.3.3 所示。

图 18.3.3　自定义中文分词的词云图

图 18.3.3 以自定义方式显示，相同的中文会话中“英文会话”分词字形最大，“能力”分词字形次之。同样地，要注意的是，分词越多，图形效果越好。

本节完整的 R 程序如下：

```
install.packages("jiebaR")
install.packages("wordcloud2")
library(wordcloud2)#导入 wordcloud2 包
library(jiebaR)
report<-scan(file='C:\\18SCN.txt',what='',encoding='UTF-8')#加载文本文件
seg<-qseg[report]#调用分词模块进行拆分
gsub('[0-9,a-z,A-Z]','',seg)->seg
seg<-seg[nchar(seg)>1]#去除字符长度小于 1 的词
seg<-sort(seg,decreasing=T)[1:30]#返回 TOP30 的热度词
table(seg)
#生成词云图
wordcloud2(table(seg), size = 1, shape = 'cardioid', color = 'random-dark',
backgroundColor="white",fontFamily="微软雅黑")
```

参考文献

[1] Aigner et al. (1977). Formulation and estimation of stochastic frontier production function models. Journal of Econometrics, 6, 21－37.

[2] Charnes, A., Cooper, W. W. and Rhodes, E. (1978). Measuring the Efficiency of Decision-Making Units. European Journal of Operational Research, 2, 429－444.

[3] Cortes, C. and Vapnik, V. N. (1995). Support Vector Networks. Machine Learning 20, 273－297.

[4] Dantzig, G. B. (1948). Programming in a Linear Structure. Comptroller, USAF, Washington, DC, February.

[5] Deng, J. L. (1982). Control Problems of Grey Systems. Systems & Control Letters, 1, 288－294.

[6] Holland, J. H. (1975). Adaptation in Natural and Artificial Systems: An Introductory Analysis with Applications to Biology, Control, and Artificial Intelligence. University of Michigan Press, Ann Arbor.

[7] Kennedy, J. and Eberhart, R. C. (1995). Partiele Swarm Optimization. IEEE International Conference on Neural Networks, 27 November-1 December 1995, 1942－1948.

[8] Koenker, R. and Bassett, G. (1978). Regression Quantiles. Econometrica, 46, 33－50.

[9] Pan, W. T. (2017). A Newer Equal Part Linear Regression Model: A Case Study of the Influence of Educational Input on Gross National Income. EURASIA Journal of Mathematics Science and Technology Education, 13 (8),

5765－5773.

［10］Pawlak，Z.（1982）. Rough Sets. International Journal of Computer and Information Sciences，11，341－356.

［11］Saaty，T. L.（1980）. The Analytic Hierarchy Process. McGraw-Hill，New York.

［12］Silge，J.，and Robinson，D.（2017）. Text Mining With R：A Tidy Approach，O'Reilly Media.

［13］Simar，L.，and P. W. Wilson.（2000）. A General Methodology for Bootstrapping in Non-parametric Frontier Models. Journal of Applied Statistics，27，779－802.

［14］余锦秀．审美教育视域下高等院校公共艺术教育课程体系建设研究．西部素质教育，2019，5（09）：1－3.

［15］张岐山，郭喜江，邓聚龙．灰关联熵分析方法．系统工程理论与实践，1996，16（8）：7－11.

［16］张小红，曹鹦鹉．模糊 DEA 在高职院校办学效益评价中的应用．运筹与模糊学，2014（4）：52－59.